高等学校电子信息类系列教材

# 单片机基础及应用

主 编 封静敏 杜 玺

参 编 朱 悦 李晓红

西安电子科技大学出版社

# 内 容 简 介

本书以中、小规模单片机应用系统中普遍采用的 8 位单片机典型代表 MCS-51 系列为基础,详细介绍了单片机的基本原理、硬件结构、指令系统、C 语言程序设计、应用系统设计及实例等内容。全书的例题经过实践检验,具有可行性。每章末都配有习题,供读者巩固所学知识。本书可以满足教师课堂教学和学生课程学习的需要。

本书是一本既注重基础知识讲解和逻辑思维训练,又突出职业院校工程实践和工程应用的实用教程。全书内容系统全面、通俗易懂、实例丰富,具有由浅入深、循序渐进、条理清晰、编排合理的特点,采用在实践中构建知识体系的教学方法,引导学生逐步认识、熟知、实践和应用单片机。本书既可作为职业院校本科、专科、函授或培训班教材,也可作为从事单片机系统开发应用的工程技术人员或智能产品开发爱好者的参考用书。

**图书在版编目(CIP)数据**

单片机基础及应用 / 封静敏,杜玺主编. --西安:西安电子科技大学出版社,2024.1
ISBN 978-7-5606-7098-0

Ⅰ.①单…  Ⅱ.①封…  ②杜  Ⅲ.①单片微型计算机  Ⅳ.①TP368.1

中国国家版本馆 CIP 数据核字(2023)第 197766 号

策  划  刘百川  成  毅
责任编辑  赵婧丽
出版发行  西安电子科技大学出版社(西安市太白南路 2 号)
电  话  (029)88202421  88201467    邮  编  710071
网  址  www.xduph.com            电子邮箱  xdupfxb001@163.com
经  销  新华书店
印刷单位  咸阳华盛印务有限责任公司
版  次  2024 年 1 月第 1 版    2024 年 1 月第 1 次印刷
开  本  787 毫米×1092 毫米  1/16    印  张  17
字  数  402 千字
定  价  43.00 元

ISBN 978-7-5606-7098-0 / TP

**XDUP 7400001-1**

\* \* \* 如有印装问题可调换 \* \* \*

# 前　言

　　单片机即单片微型计算机，是以超大规模集成电路组成的微型计算机，也称为嵌入式微控制器。自 20 世纪 70 年代单片机诞生以来，经过 50 多年的发展，各种不同档次的单片机芯片相继推出，以单片机为核心控制器构成的应用系统在工业测控、智能仪器仪表、电子通信、军工、机电一体化和家用电器等领域得到了广泛应用。

　　设计单片机应用系统不仅需要熟练地掌握单片机程序设计和编程技术，还需要具备扎实的硬件基础和实践知识。因为 MCS-51 系列单片机具有典型的单片机硬件结构，在国内外单片机应用中占有重要的地位，所以本书以 MCS-51 单片机为主要学习对象。MCS-51 单片机的原理和方法也适用于其他类型的单片机。

　　本书第 1 章主要针对没有系统学习过计算机知识的读者，主要介绍了微型计算机基础；第 2 章讲述单片机的基本硬件结构及端口应用；第 3～5 章系统地介绍了 MCS-51 单片机的指令系统、汇编语言程序设计和 C51 程序设计；第 6～9 章详细讲述了单片机的中断系统、定时/计数器、系统扩展及串行数据通信；第 10 章讲述了单片机应用系统的硬件、软件设计方法。单片机项目实验的相关内容，读者可通过扫描二维码学习，通过实验的训练，掌握单片机实验的基本方法和基本技能，加深对单片机知识的理解。

　　本书在编写过程中，融入了作者的长期教学和工程实践经验。第 1～2 章、第 5～8 章由封静敏编写，第 3～4 章由李晓红、朱悦编写，第 9～10 章由杜玺编写。全书由封静敏负责统稿，西安汽车职业大学谭宝成教授对本书进行审定。

　　本书编写过程中得到了西安汽车职业大学智能制造工程学院各位老师的大力支持和热情帮助，在此一并表示衷心的感谢。

　　鉴于作者水平有限，加之时间仓促，书中难免存在错误和疏漏之处，敬请广大读者批评指正。

作　者

2023 年 5 月

# 目　录

# 第1章 绪 论

## 内容提要

本章主要讲述了单片机的基本概念、单片机的产生与发展、常用的单片机产品及单片机应用系统的构成和分类。

## 知识要点

### ▶概 念
◇ 单片机、专用单片机应用系统。
◇ 微处理器、微型计算机、微型计算机系统。

### ▶知识点
◇ 51系列单片机的配置。
◇ 单片机电参数。
◇ 存储器的种类及使用。
◇ 单片机的发展趋势。

### ▶重点及难点
◇ 单片机的定义。
◇ 存储器的种类及使用。

## 案例引入

国产单片机的发展经历了从引进仿制到自主创新的过程,目前已经形成了一定的规模和水平。国产单片机的优势在于价格低廉、适应性强、安全性高,可以满足市场的一般需求;其主要不足在于技术水平和品质还有待提高,与国际先进水平还存在着一定的差距,并且对外部供应链有着依赖。随着国家政策的支持,国内市场的需求增加,以及海外市场的不断开拓,单片机的发展机遇也随之到来。目前,国内企业不断加大研发投入,提高自主创新能力,增强核心竞争力,国产单片机朝着提升核心技术研发、扩大应用领域、加强标准化的方向不断发展。

请同学们思考:

1. 国产单片机厂商应该如何利用发展机遇?
2. 我们能为国产单片机的发展做些什么?

# 1.1 单片机的概念

## 1.1.1 微型计算机系统

微型计算机系统的组成如图 1-1 所示,从图中可以看出微处理器、微型计算机和微型计算机系统之间的关系。

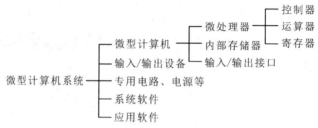

图 1-1 微型计算机系统的组成

微处理器 MP(Microprocessor)是由一片或几片集成电路组成的中央处理器 CPU(Center Processing Unit),包括运算器、控制器和寄存器。

微型计算机 MC(Microcomputer)是由微处理器、内部存储器、输入/输出接口电路等组成的裸机。

微型计算机系统 MCS(Microcomputer System)是由微型计算机配上相应的外围设备和必要的软件构成的能够完成一定功能的系统。

## 1.1.2 单片机

单片机是把中央处理器 CPU、随机存取存储器 RAM(Random Access Memory)、只读存储器 ROM(Read Only Memory)、定时/计数器(Timer/Counter)、I/O 接口(Input/Output),以及 A/D、D/A、脉冲宽度调制 PWM(Pulse Width Modulation)、$I^2C$、外围组件互联 PCI(Peripheral Component Interconnection)等电路集成在一块芯片上构成的单片微型计算机。

虽然只是一个芯片,但是从其内部组成看,该芯片包含了计算机的三要素:CPU、存储器、I/O 接口,即构成了单片微型计算机。从完成的功能看,单片机可以单独实现简单的控制,所以也称为微型控制器。

# 1.2 单片机的产生与发展

## 1.2.1 单片机的产生及现状

单片机的产生与发展和微处理器的产生与发展基本是同步的,迄今为止已有 50 余年的发展历史。单片机发展速度特别快，其品种规格繁多，各种高新性能的单片机不断问世。总体上说，单片机先后经历了 4 位机、8 位机、16 位机、新一代 8 位机、32 位机等几个有代表性的发展阶段，其制造工艺也经历了由 PMOS、NMOS、HMOS 到 CHMOS 的发展阶段。单片机的发展主要可归纳为以下四个阶段。

第一阶段(1971—1974 年)：4 位单片机阶段。1971 年 Intel 公司设计出了包含 4 位微处理器、随机存取存储器、只读存储器和移位寄存器等的 4 位单片机 Intel 4004，之后又研制出了 8 位微处理器 Intel 8008。在此期间，其他公司也研制出了 8 位微处理器。4 位机为单片机的产生和发展奠定了基础，这一阶段也是单片机产生的萌芽阶段。

第二阶段(1974—1978 年)：低档 8 位单片机阶段。1976 年 Intel 公司研制出了第一代 8 位单片机 MCS-48 系列，其内部集成了 8 位 CPU、并行 I/O 口、8 位定时/计数器等，最大寻址范围为 4K。这个阶段的单片机虽然内部集成的电路很少，功能简单，但是以体积小、价格低等优点获得了广泛的应用。

第三阶段(1978—1982 年)：高档 8 位单片机阶段。20 世纪 70 年代中后期 Intel 公司研制出以 MCS-51 系列为代表的单片机，增加了定时/计数器、串行通信控制、存储器容量，更新了存储器种类，强化了中断控制功能，部分单片机芯片内部还集成了 A/D、D/A。如 Intel、Philips、Atmel 公司的 8XC5X 系列，Motorola 公司的 68HC05、68HC5X 系列，Zilog 公司的 Z8 系列，NEC 公司的 μPD7800 系列，MicroChip 公司的 PIC16C 系列，ADI 公司的 6801 系列等。在高档单片机中，以 MCS-51 为内核的 8XC5X 系列，以 6801 为内核的 68HC05、68HC5X 系列是主流单片机芯片。

第四阶段(1982—1990 年)：16 位单片机、8 位单片机巩固发展阶段。20 世纪 90 年代以后，Intel 公司研制出以 MCS-96 系列为代表的 16 位单片机，增加了外设事务服务器、同步串行口和主从及通信的从口、高速输入/输出(HSI/HSO)、PWM 输出等，如 Philips 公司的 80C51XA 系列、Siemens 公司的 SAB167 和面向工业控制的 C166 系列等。

当前，单片机仍在发展，元器件集成度更高，处理速度更快，存储容量更大。随着单片机在各个领域全面深入地发展和应用，单片机正朝着高性能和多品种方向发展，将进一步向着 CMOS 化、低功耗、小体积、大容量、高性能、低价格和外围电路内装化等几个方面发展。例如，PIC 系列和 AVR 系列单片机。

## 1.2.2　单片机的发展趋势

单片机的发展趋势是向着高性能、大容量、外围电路内装化、低功耗、微型化等方向发展，主要表现在以下几个方面。

### 1. CPU 的发展

微处理器在处理速度、寻址能力、支持多任务、低功耗、兼容性等方面有了很大的发展，提高了实时处理能力和处理精度等。

(1) 采用双 CPU 结构，如有的 CPU 中含有 DSP 微处理器，速度达到 20 MHz 以上，大大提高了处理速度和处理能力。

(2) 数据总线宽度，CPU 字长由 8 位向 16 位、32 位发展，提高了数据处理精度和处理能力。

(3) 采用流水线结构，可以同时执行几条指令，单周期缩短为 100 ns，中断响应不超过 400 ns，支持多任务处理。

(4) 串行总线结构，如 $I^2C$ 总线用 3 条数据线代替 8 位数据线，减少了单片机的外部引脚，降低了成本。

(5) 寻址能力增强，寻址范围达到 24 位线性寻址空间，最高可达 16 MB，寻址方式支持间接扩展和相对寻址。

(6) 指令系统，从复杂指令系统向精简指令系统发展。

(7) 兼容性方面，不同厂家、不同系列的产品具有相同的内核。

### 2. 存储器的发展

单片机片内存储容量的增大和存储形式的多样化，减少了外围存储器的扩展，简化了硬件电路，降低了成本，满足了不同用户对存储器读写方式的要求，提高了系统的可靠性和稳定性。

(1) 存储容量增大。单片机片内 ROM 一般达 4~8 KB，有的甚至达到 128 KB；片内 RAM 一般为 256 字节，有的甚至达到几千字节。

(2) 存储器多样化。片内 EPROM 用 $E^2PROM$、Flash ROM 取代。EPROM 要高压编程输入、紫外线擦除，而 $E^2PROM$ 采用电擦除。特别是能在 +5 V 下读/写的 $E^2PROM$，其静态 RAM 读/写操作简便，又有 EPROM 在掉电时不丢失数据的优点。Flash ROM 具有电擦除、速度快、容量大、在线编程等更多优点。

### 3. 功能增强

把常用的外围电路集成到单片机的芯片内，省去了对外扩展，简化了硬件电路，降低了成本，方便用户选用，提高了系统的可靠性和稳定性。

(1) 内部集成了 A/D、D/A、PWM、DMA HSIO、LED 和 LCD 驱动等常用接口，可方便满足输入和输出要求。

(2) 内部集成锁相环、频率合成器、字符发生器、声音发生器、CRT 控制器等专用接口，能满足用户的特殊使用要求。

### 4. 低功耗

单片机芯片采用 CMOS 生产工艺，并设置了空闲、掉电等工作方式，大大降低了所消耗的功率，特别适用于便携式设备和仪器仪表。

(1) 目前，单片机芯片大多采用 CMOS 生产工艺或朝着 CMOS 生产工艺方向发展。8 位单片机大部分都已 CMOS 化，降低了正常运行时的功耗。

(2) 空闲、掉电工作方式消耗的功率比正常工作消耗的功率小得多。如采用 CMOS 工艺的 MCS-51 系列单片机(80C51BH/80C31/87C51)，正常工作时(5 V、12 MHz)工作电流为 12 mA，同样条件下的空闲工作方式时工作电流为 3.7 mA，掉电工作方式时(2 V)工作电流仅为 50 nA。

# 1.3 单片机应用系统

单片机应用系统和其他计算机系统一样，也是由硬件和软件两部分组成的。

## 1.3.1 应用系统的构成方式和分类

### 1. 应用系统的构成方式

单片机应用系统的构成有专用系统、模块化系统和单片单板机系统 3 种方式，开发人员可根据不同情况及产品的数量进行选择。

(1) 专用系统。单片机芯片的资源和系统的扩展与配置完全按照应用系统的功能及性能要求进行设计，系统只配备应用软件，不考虑可能增加的功能等其他因素，系统的软、硬件资源得到充分利用，性能/配置比接近 1∶1，但这种系统无自开发能力，定型产品一般都采用专用系统。

(2) 模块化系统。根据应用系统的功能和性能要求，用典型的模块化功能板组合构成应用系统。模块化系统应用于大、中型应用系统以及新产品的前期开发研制阶段，可减少在硬件上投入的精力，缩短开发周期，批量生产时可定型为专用系统。

(3) 单片单板机系统。按照典型的应用系统配置构成单片单板机系统，系统配有监控程序，具有自开发能力。其应用于新产品的前期开发研制阶段，可减少开发人员在硬件上投入的精力，缩短开发周期，便于现场调试，具有二次开发能力，但产品软、硬件资源浪费很大，所以在大批量生产时可定型为专用系统。

### 2. 应用系统的分类

采用单片机构成应用系统时，由于考虑问题的侧重点不同，一般会形成以下 3 种应用系统。

(1) 最小应用系统。最小应用系统是指能够维持单片机运行的最简单配置的系统。这种系统的功能主要取决于单片机芯片的功能，因其成本低、结构简单、可靠性高，常用于简单的应用系统。例如，片内有程序存储器的单片机配置上电源、晶振和复位电路，就构成了最小应用系统。

(2) 最小功耗系统。最小功耗系统构成的应用系统运行时消耗的功率最小，硬件上所有的芯片都选用 CMOS 产品，其他器件和外设选用功耗低的产品，软件上则充分运用空闲、停止、掉电等运行方式。

(3) 典型应用系统。典型应用系统是完成工业测、控功能必须具备的硬件结构。它的一般扩展有：键盘和显示、模拟量和数字量输入接口、模拟量和数字量输出接口、通用外设接口、必要的数据存储器、程序存储器等。

## 1.3.2 应用系统的软、硬件

### 1. 系统的硬件

硬件结构是经典的计算机结构，可以在最小应用系统的基础上扩展必需的存储器以及相应的输入、输出接口。单片机应用系统属于专用计算机系统，全部软硬件依据应用要求配置，性价比高(从应用系统的构成方式来说，还有通用、混合计算机应用系统)。

### 2. 系统的软件

系统软件就是单片机监控程序，即简单的操作系统软件。应用软件是完成系统全部功能的软件，可以用汇编语言和 C 语言编写。可利用现成的汇编软件通过交叉汇编得到机器码，写入程序存储器。

### 1.3.3　应用领域

#### 1. 单机应用系统

仅使用一个单片机芯片构成的应用系统称为单机应用系统，其在实际中应用最多，被广泛用于各行各业的各类系统。

(1) 测控系统。单片机应用于各种过程控制的测控系统，主要用于完成数据采集、数据处理、数据显示、数据控制等一系列功能。这种系统在工农业生产、航空航天、交通运输、军事设施等领域已广泛应用，并取得了非常好的经济效益和社会效益。

(2) 智能化仪器仪表。单片机应用于各种仪器仪表中，使得仪器仪表智能化，增强了功能，提高了测量精度和实时性。软件代替了部分硬件并完成了常规仪表无法完成的数据处理和其他功能，为构成各种控制系统和通信提供标准接口，同时也大大降低了成本。

(3) 机电一体化产品。单片机应用于机械设备，使得机械产品成为具有智能化特征的机电一体化产品，简化了机械设备结构，提升了机械设备的自动化程度，增强了设备功能，提高了设备的生产能力和生产质量，是集机械、电子、自动化、计算机技术于一体的设备。单片机在机床、纺织、服装等各行业传统机械上都获得了广泛应用，为提高产品的性能和效率提供了强大的支持。

(4) 智能生活。单片机在智能生活中得到了广泛的应用，相关的智能产品功能更加人性化，明显地提高了人们的生活质量，为智能生活带来了无限的可能性。

#### 2. 多机应用系统

多机应用系统由多个单片机共同完成系统的任务，主要用于比较复杂、实时性要求高或者测控点分散的大型应用系统。

(1) 功能集散系统。多个单片机应用于一个装置上的多个子系统中，每个单片机完成不同子系统的功能，主机协调各子系统的工作。如机器人系统，单片机可以在机器人的主机协调管理系统、视觉子系统、姿态控制子系统、行走子系统、遥控子系统中进行应用，实现机器人的智能化和自主化。

(2) 并行多机系统。多个单片机应用于大型实时系统中，为满足其实时、快速、同步性，多机并行完成相关工作。如大型测控系统利用多机并行工作满足高实时性的要求。

(3) 分布式控制系统。多个单片机构成子站系统，各子站分布在现场完成测、控功能，主站完成协调、调度、通信等功能。

## 1.4　常用的单片机产品

单片机的生产厂商、种类、型号及规格非常多，性能各有特色。我们无法对其进行较为全面的介绍，只能就常用的作一简单介绍，对 MCS-51 作较为详细的介绍。

### 1.4.1 常见的单片机系列

#### 1. 生产厂商

常见的单片机生产厂商有 Intel 公司、Motorola 公司、Philips 公司、Atmel 公司、Zilog 公司、NEC 公司、MicroChip 公司、ADI 公司、Epson 公司、NS 公司、AMD 公司、WinBond 公司、Scenix 公司、Toshiba 公司、Fujitsu 公司、SamSung 公司等。

#### 2. 单片机系列

常见的单片机系列有 Intel 公司的 MCS-51、MCS-96/98 系列，Motorola 公司的 68HC05、68HC5X、68HC12、68HC16、683XX 系列，Philips 公司的 80C5X 系列，Atmel 公司的 AT89 系列，Zilog 公司的 Z8、Z86 系列，ADI 公司的 MC-6801 系列，MicroChip 公司的 PIC16CX、PIC16FX、PIC17CX、PIC18CX 系列，NEC 公司的 μPD7800 系列，Toshiba 公司的 MB8900、MB90 系列等。常见单片机的特点如下：

(1) 总线结构不同。首先是冯·诺依曼结构不能同时取指令和数据，而哈佛结构则能同时取指令和数据；其次是单流水线结构取一条指令执行完后再取下一条指令，而双流水线结构则是执行一条指令时允许同时取下一条指令。

(2) CPU 不同。内含一个 CPU 或多个 CPU，其中的 CPU 可以是 MCU、DSP、PLC 或 ARM 等不同形式。

(3) 通信接口不同。有无 SPI(主模式)、$I^2C$(主/从)和同步异步接收/发送器 USART。

(4) 其他不同。最高主频、数据总线宽度、寻址空间、存储器种类及大小、芯片内含的功能 A/D、D/A、PWM、DMA、HSIO、LED 和 LCD 驱动接口等不同。

### 1.4.2 8 位单片机系列

#### 1. 8 位单片机的主导地位

目前，8 位、16 位、32 位单片机都使用在不同的领域和场合中，尽管 16 位机已进入市场多年，但仍无法取代 8 位机的主流地位，增强型的 8 位机和 32 位机是应用系统使用最多的单片机，由此可以推断，在今后相当长的时间内增强型的新一代 8 位单片机依然是单片机的主流产品。其主要原因如下：

(1) 位数。8 位单片机的控制精度足以满足一般要求，必要的数据信息处理可采用多字节运算以满足高精度要求。

(2) 性价比高。8 位单片机产品的广泛使用、批量生产降低了其生产成本，特别是增强型的单片机性能优越，产品价格低廉，性价比非常高。

(3) 种类多。8 位单片机众多的种类和系列产品，可以满足不同层次不同应用系统的需要。

(4) 熟悉度高。广大的单片机开发人员不但对部分 8 位单片机非常熟悉，而且开发时有现成成熟的软、硬件资源可以利用。

## 2. MCS-51 单片机

Intel 公司的单片机进入我国市场较早，同时 Intel 公司也向不同厂家转让了 8051 微控制器的生产权，8051 系列有百余种派生芯片，这些派生芯片既保留了 8051 的核心结构，又增加了各自不同的专用功能，在国内各个领域被广泛应用，因此，Intel 公司的 MCS-51 系列或具有其内核的单片机是应用最多的。

MCS-51 系列单片机分为 51 子系列(基本型)和 52 子系列(增强型)，其基本结构和指令系统完全相同，主要不同点如表 1-1 所示。

表 1-1  MCS-51 系列单片机配置一览表

| 系列 | 片内存储/B | | | | | 定时/计数器 | 并行 I/O | 串行 I/O | 中断源 /个 | 制造工艺 |
|---|---|---|---|---|---|---|---|---|---|---|
| | 无 ROM | 片内 ROM | 片内 EPROM | 片内 E$^2$PROM | 片内 RAM | | | | | |
| MCS-51 子系列 | 8031 | 80514k | 87514k | 89514k | 128 | 2×16 位 | 4×8 位 | 1 | 5 | HMOS |
| | 80C31 | 80C514k | 87C514k | 89C514k | 128 | 2×16 位 | 4×8 位 | 1 | 5 | CHMOS |
| MCS-52 子系列 | 8032 | 80528k | 87528k | 89528k | 256 | 3×16 位 | 4×8 位 | 1 | 6 | HMOS |
| | 80C32 | 80C524k | 87C524k | 89C524k | 256 | 3×16 位 | 4×8 位 | 1 | 6 | CHMOS |

## 3. 具有 51 内核的单片机

具有 51 内核的单片机有 Philips 公司生产的 8031、80C451、80C851、80C552、80C652、80C528、P87C51RC2、P87C51RD2、P89LPC935、P89LPC936，Atmel 公司生产的 AT89C51、AT89C52、AT89C55、AT89S51、AT89S52、AT89S8252，ADI 公司生产的 ADUC812、ADUC816、ADUCS824、ADUC845，SST 公司生产的 SST89C54、SST89C58、SST89E564RD、WinBond 公司生产的 W78C51D、W78C52D、Silicon Laboratories 公司生产的 C8051F007、C8051F020、C8051F330 等。

尤其是 Philips、Atmel、Silicon Laboratories 等公司生产的 51 内核单片机，工作频率达 40 MHz，工作电压下降到 1.5 V，加入了大量外围模块(如 I$^2$C、PCI、ADC、PWM、DMA、DAC 等)，使得 51 内核单片机的功能和性能大大提高，形成了新一代增强型的 51 内核单片机，为其应用注入了新的活力。

## 1.4.3  单片机的选用

选用单片机时，一般按照生产厂商的数据手册、用户手册和应用注释手册选取。数据手册提供单片机的技术数据，为硬件设计提供依据；用户手册提供指令、特殊寄存器及外围模块的功能，为软件编程提供资料；应用注释手册提供使用的说明实例、经验等，为正确合理使用单片机提供成熟的经验。各种不同型号规格的单片机其配置和技术数据差异很大，必须详细阅读其相关手册、了解具体型号规格的配置和参数等。

## 1. 单片机的主要特征

通过阅读手册了解单片机的主要特征，有助于正确选择单片机。单片机的主要特征有：单片机的兼容性、主频的范围、电源电压的范围、I/O 引脚的数量、数据总线度、寻址空间、存储器种类及大小、定时器的数量、中断源的种类和数量、有无低功耗模式、A/D、D/A、PWM、DMA、HSIO、USART 数量、LED 和 LCD 驱动接口等。

### 2. 单片机的封装

通过阅读手册了解单片机的封装形式及详细尺寸。一般有双列直插式(DIP)封装、薄方形扁平(TQFP)封装、无引脚(PLCC)封装。DIP 封装占用的面积大，可在管座上任意插拔；TQFP 封装占用面积小，不能插拔，焊接难度大。

### 3. 单片机的电参数

通过阅读数据手册可了解单片机的极限电参数、静态电参数和动态电参数。

(1) 极限电参数是在使用中超过其极限范围，可能造成单片机永久损坏的一些参数，主要包括电源电压、管脚的输入电压和输出电流、环境温度的极限范围等。其可靠性及温度一般分为 3 个等级，军用级(军品)：$-65° \sim 125°$；工业级(工控)：$-40° \sim 85°$；民用级(民品)：$0° \sim 70°$。

(2) 静态电参数是指在一定环境温度与电源电压下，满足某种测试条件的单片机直流参数，为电源、引脚的负载能力及噪声容限设计提供依据。如输入低电平、输入高电平、输出低电平、输出高电平、输入电流、下拉电阻、引脚电容、不同工作模式的电源电流等。

(3) 动态电参数是单片机的控制引脚信号变化的时序、延迟时间、电平、脉冲宽度，为硬件设计时与其他芯片的信号相匹配提供依据。如时钟信号、读/写信号、地址锁存信号、取指信号等。

# 1.5  计算机基础知识

## 1.5.1  计算机中的数制及转换

### 1. 进位计数制

进位计数制即按进位原则进行计数的方法。十进制数的特点如下：有 10 个不同的数字符号 0，1，2，…，9；低位向高位进位的规律是"逢十进一"；同一个数字符号在不同的位时表示的数值是不同的。从表 1-2 可以看出各种进位制的对应关系。

**表 1-2　各种进位制的对应关系**

| 十进制 | 二进制 | 八进制 | 十六进制 | 十进制 | 二进制 | 八进制 | 十六进制 |
|---|---|---|---|---|---|---|---|
| 0 | 0 | 0 | 0 | 9 | 1001 | 11 | 9 |
| 1 | 1 | 1 | 1 | 10 | 1010 | 12 | A |
| 2 | 10 | 2 | 2 | 11 | 1011 | 13 | B |
| 3 | 11 | 3 | 3 | 12 | 1100 | 14 | C |
| 4 | 100 | 4 | 4 | 13 | 1101 | 15 | D |
| 5 | 101 | 5 | 5 | 14 | 1110 | 16 | E |
| 6 | 110 | 6 | 6 | 15 | 1111 | 17 | F |
| 7 | 111 | 7 | 7 | 16 | 10000 | 20 | 10 |
| 8 | 1 000 | 10 | 8 | | | | |

对 $R$ 进制的数 $N$，计数原则是"逢 $R$ 进一"，可以按权展开为

$$N = a_{n-1} \cdot R^{n-1} + a_{n-2} \cdot R^{n-2} + \cdots + a_0 \cdot R^0 + a_{-1} \cdot R^{-1} + \cdots + a_{-m} \cdot R^{-m} = \sum_{-m}^{n-1} a_i \cdot R^i$$

式中，$a_i$ 是 0，1，$\cdots$，$(R-1)$ 中的任一个数，$m$、$n$ 是正整数，$R$ 是基数。每个数字所表示的值是该数字与它相应的权 $R^i$ 的乘积。

(1) 二进制数。二进制数中，只有 0 和 1 两个数码，进位规律为"逢二进一"，表示为 10110010B。

(2) 八进制数。八进制数中，有 0，1，2，$\cdots$，7 共 8 个数码，进位规律为"逢八进一"。

(3) 十六进制。十六进制中，有 0，1，2，$\cdots$，9，A，B，C，D，E，F 共 16 个数码，进位方法是"逢十六进一"，表示为 8FH。

**2. 不同进制数的相互转换**

1) 二、八、十六进制转换成十进制

把二、八、十六进制数按权展开即可得到其十进制数。

【例 1-1】 将数 $(101.01)_2$、$(537.12)_8$、$(5D.A4)_{16}$ 转换为十进制。

**解**    $(101.01)_2 = 1 \times 2^2 + 0 \times 2^1 + 1 \times 2^0 + 0 \times 2^{-1} + 1 \times 2^{-2} = 5.25$

$(537.12)_8 = 5 \times 8^2 + 3 \times 8^1 + 7 \times 8^0 + 1 \times 8^{-1} + 2 \times 8^{-2} = 351.156\,25$

$(5D.A4)_{16} = 5 \times 16^1 + 13 \times 16^0 + 10 \times 16^{-1} + 4 \times 16^{-2} = 93.640\,625$

2) 十进制转换成二、八、十六进制

任意十进制数 $N$ 转换成 $R$ 进制数，需将整数部分和小数部分分开，采用不同方法分别进行转换，然后用小数点将这两部分连接起来。

(1) 整数部分：除基取余法。分别用基数 $R$ 不断地去除 $N$ 的整数，直到商为零为止，每次所得的余数按照最初得到的为最低有效数字、最后得到的为最高有效数字排列的数字即为相应进制的数码。

【例 1-2】 将 $(168)_{10}$ 转换成二、八、十六进制数。

**解**
```
         余数最低位
  2 | 168    … 0
  2 |  84    … 0
  2 |  42    … 0              余数最低位                      余数最低位
  2 |  21    … 1     8 | 168    … 0             16 | 168    … 8
  2 |  10    … 0     8 |  21    … 5             16 |  10    … A
  2 |   5    … 1     8 |   2    … 2              余数最高位
  2 |   2    … 0      余数最高位
      |  1    … 1
         余数最高位
```

故 $(168)_{10} = (10\,101\,000)_2 = (250)_8 = (A8)_{16}$。

(2) 小数部分：乘基取整法。分别用基数 $R$ 不断地去乘 $N$ 的小数，直到积的小数部分为零(或直到所要求的位数)为止，每次乘得的整数按照最初得到的为最高有效数字，最后得到的为最低有效数字排列即为相应进制的数码。

**【例 1-3】** 将 $(0.645)_{10}$ 转换成二、八、十六进制数。

解

| | 0.645 | | | 0.645 | | | 0.645 |
|---|---|---|---|---|---|---|---|
| 整数最高位 | × 2 | | 整数最高位 | × 8 | | 整数最高位 | × 16 |
| 1 ← | 1.290 | | 5 ← | 5.160 | | A ← | 10.320 |
| | 0.29 | | | 0.16 | | | 0.32 |
| | × 2 | | | × 8 | | | × 16 |
| 0 ← | 0.58 | | 1 ← | 1.28 | | 5 ← | 5.12 |
| | 0.58 | | | 0.28 | | | 0.12 |
| | × 2 | | | × 8 | | | × 16 |
| 1 ← | 1.16 | | 2 ← | 2.24 | | 1 ← | 1.92 |
| | 0.16 | | | 0.24 | | | 0.92 |
| | × 2 | | | × 8 | | | × 16 |
| 0 ← | 0.32 | | 1 ← | 1.92 | | E ← | 14.72 |
| | × 2 | | | 0.92 | | | 0.72 |
| 0 | 0.64 | | | × 8 | | | × 16 |
| 整数最低位 | | | 7 ← | 7.36 | | B ← | 11.52 |
| | | | 整数最低位 | | | 整数最低位 | |

故 $(0.645)_{10} = (0.10100)_2 = (0.51217)_8 = (0.A51EB)_{16}$。

## 1.5.2 二进制数的运算

### 1. 二进制数的算术运算

二进制数只有 0 和 1 两个数字，其算术运算较为简单。

(1) 加法运算。加法运算规则：$0+0=0$，$0+1=1$，$1+0=1$，$1+1=0$(有进位)；遵循 "逢二进一" 的原则。

(2) 减法运算。减法运算规则：$0-0=0$，$1-1=0$，$1-0=1$，$0-1=1$(有借位)；遵循 "借一当二" 的原则。

(3) 乘法运算。乘法运算规则：$0×0=0$，$0×1=0$，$1×1=1$；和十进制运算规则相同。

(4) 除法运算。除法运算规则：$0/1=0$，$1/1=1$，$1/0$ 或 $0/0$ 均为非法运算；和十进制运算规则相同。

### 2. 二进制数的逻辑运算

(1) "与" 运算。"与" 的运算符为 "·" 或 "∧"，运算规则：$0·0=0$，$0·1=1·0=0$，$1·1=1$。实现 "必须都有，否则就没有" 的逻辑关系运算。

(2) "或" 运算。"或" 的运算符为 "+" 或 "∨"，运算规则：$0+0=0$，$0+1=1+0=1$，$1+1=1$。实现 "只要其中之一有，就有" 的逻辑关系运算。

(3) "非" 运算。变量 A 的 "非" 运算记作 $\overline{A}$，运算规则：$\overline{1}=0$，$\overline{0}=1$。实现 "按位求反" 的逻辑运算。

(4) "异或" 运算。"异或" 运算的运算符为 "⊕"，运算规则：$0⊕0=0$，$0⊕1=1$，$1⊕0=1$，$1⊕1=0$。实现 "不同求或" 的逻辑运算。

## 1.5.3 带符号数的表示

### 1. 机器数及真值

计算机在数的运算中，不可避免地会遇到正数和负数。由于计算机只能识别 0 和 1，因此用一个二进制数的最高位作为符号位来表示这个数的正负。符号位的规定：用"0"表示正，用"1"表示负。当然，不同位数所表示的数的范围不同。

如 $X = -1101011B$，则表示为 11101011B；$Y = +1101010B$，则表示为 01101010B。

**2. 数的码制**

机器数有原码、反码和补码 3 种表示方法。一种数的多种表示方法可简化运算，提高运算速度。

1) 原码

正数的符号位用 0 表示，负数的符号位用 1 表示，数值部分用真值的绝对值来表示的二进制机器数称为原码，用 $[X]_{原}$ 表示，设 $X$ 为整数。

若 $X = +X_{n-2}X_{n-3}\cdots X_1X_0$，则 $[X]_{原} = 0X_{n-2}X_{n-3}\cdots X_1X_0 = X$；若 $X = -X_{n-2}X_{n-3}\cdots X_1X_0$，则 $[X]_{原} = 1X_{n-2}X_{n-3}\cdots X_1X_0 = 2^{n-1} + X$。

$X$ 为 $n-1$ 位二进制数，$X_{n-2}$, $X_{n-3}$, $\cdots$, $X_1$, $X_0$ 为二进制数 0 或 1。例如，+125 和 -125 在计算机中(设机器数的位数是 8)，其原码可分别表示为

$$[+125]_{原} = 01111101B；[-125]_{原} = 11111101B$$

可见，真值 $X$ 与原码 $[X]_{原}$ 的关系为

$$[X]_{原} = \begin{cases} X, & 0 \leqslant X < 2^n \\ 2^{n-1} + X, & -2^{n-1} < X \leqslant 0 \end{cases}$$

注意：8 位二进制原码能表示的范围是 $-127 \sim +127$；数 0 的原码不唯一，$[+0]_{原} = 00000000B$，而 $[-0]_{原} = 10000000B$。

2) 反码

正数的反码等于该数的原码，负数的反码由该正数的原码按位取反得到(除符号位外)。反码用 $[X]_{反}$ 表示。

【例 1-4】 求 +104 和 -104 的反码。

**解** $X = +104$，则 $[X]_{反} = [X]_{原} = 01101000B$；

$X = -104$，$[X]_{原} = 11101000B$，则 $[X]_{反} = 10010111B$，即

$$[X]_{反} = \begin{cases} X, & 0 \leqslant X < 2^{n-1} \\ \left(2^{n-1} - 1\right) + X, & -2^{n-1} < X \leqslant 0 \end{cases}$$

3) 补码

"模"是指一个计量系统的计数量程。如时钟的模为 12。任何有模的计量器均可化减法为加法运算。如以时钟为例，设当前时钟指向 11 时，而准确时间为 7 时，调整时间的方法有两种，一种是时钟倒拨 4 h，即 $11 - 4 = 7$；另一种是时钟正拨 8 h，即 $11 + 8 = 12 + 7 = 7$。由此可见，在以 12 为模的系统中，加 8 和减 4 的效果是一样的，即 $-4 = +8(\mathrm{mod}\ 12)$。

对于 $n$ 位计算机来说，数 $X$ 的补码定义为

$$[X]_{补} = \begin{cases} X, & 0 \leqslant X < 2^{n-1}(\mathrm{mod}\ 2^n) \\ 2^n + X, & -2^{n-1} \leqslant X \leqslant 0 \end{cases}$$

即正数的补码就是它本身，负数的补码是真值与模数相加。

**【例 1-5】** 对 8 位计算机，求 +75 和 −75 的补码。

解 $[+75]_补 = 01001011B$

$[-75]_补 = 10000000B - 01001011B = 10110101B$

负数补码的求法：用原码求反码，再在数值末位加 1，即 $[X]_补 = [X]_反 + 1$。用补码定义求负数补码的过程中要做减法运算，一般该法不用。

8 位二进制补码能表示的范围为 −128～ +127，若超过此范围则为溢出。

### 1.5.4 定点数和浮点数

#### 1. 定点数

定点法中约定所有数据的小数点隐含在某个固定位置。对于纯小数，小数点固定在数符与数值之间；对于整数，则把小数点固定在数值部分的最后面，其格式为

| 数 符 | 尾 数 |
| --- | --- |

纯小数表示：数符.尾数。

#### 2. 浮点数

浮点法中，数据的小数点位置不是固定不变而是可浮动的。因此，可将任一二进制数 $N$ 表示为 $N = \pm M \cdot 2 \pm E$，其中：$M$ 为尾数，是纯二进制小数；$E$ 为阶码。

可见，一个浮点数有阶码和尾数两部分，且都带有表示正负的阶码符与数符，其格式为

| 阶 符 | 阶码 $E$ | 数 符 | 尾数 $M$ |
| --- | --- | --- | --- |

为了提高精度，发挥尾数有效位的最大作用，还规定尾数数字部分原码的最高位为 1，即规格化表示法，如 0.000101 的规格化表示为 $0.101 \times 2^{-3}$。

### 1.5.5 BCD 码和 ASCII 码

#### 1. BCD 码

BCD 码就是二进制编码的十进制数，因为其权由高到低分别为 8、4、2、1，故也称为 8421BCD 码。8421BCD 编码如表 1-3 所示。

**表 1-3 8421BCD 编码表**

| 十进制数 | 8421BCD 码 | 十进制数 | 8421BCD 码 |
| --- | --- | --- | --- |
| 0 | 0000 | 5 | 0101 |
| 1 | 0001 | 6 | 0110 |
| 2 | 0010 | 7 | 0111 |
| 3 | 0011 | 8 | 1000 |
| 4 | 0100 | 9 | 1001 |

**【例 1-6】** 求 59.07 的 BCD 码。

解 $(59.07)_{10} = (01011001.00000111)_{BCD}$

## 2. ASCII 码

ASCII 码(American Standard Code for Information Interchange)即计算机系统普遍采用的美国信息交换标准代码，用此代码表示数字、字母及一些特殊符号，以便计算机存储、识别和处理。用 7 位二进制数可以表示 128 个字符，如表 1-4 所示。

表 1-4　ASCII 码表

| 低 四 位 | | 高 三 位 | | | | | | | |
|---|---|---|---|---|---|---|---|---|---|
| | | 0H | 1H | 2H | 3H | 4H | 5H | 6H | 7H |
| | | 000B | 001B | 010B | 011B | 100B | 101B | 110B | 111B |
| 0H | 0000B | NUL | DEL | SP | 0 | @ | P | 、 | p |
| 1H | 0001B | SOH | DC1 | ! | 1 | A | Q | a | q |
| 2H | 0010B | STX | DC2 | " | 2 | B | R | b | r |
| 3H | 0011B | EXT | DC3 | # | 3 | C | S | c | s |
| 4H | 0100B | EOT | DC4 | $ | 4 | D | T | d | t |
| 5H | 0101B | ENQ | NAK | % | 5 | E | u | e | u |
| 6H | 0110B | ACK | SYN | & | 6 | F | V | f | v |
| 7H | 0111B | BEL | EBT | ' | 7 | G | w | g | w |
| 8H | 1000B | BS | CAN | ( | 8 | H | X | h | x |
| 9H | 1001B | HT | EM | ) | 9 | I | Y | i | y |
| AH | 1010B | LF | SUB | * | : | J | Z | j | z |
| BH | 1011B | VT | ESC | + | ; | K | [ | k | { |
| CH | 1100B | FF | FS | , | < | L | \ | 1 | \| |
| DH | 1101B | CR | GS | - | = | M | ] | m | } |
| EH | 1110B | so | RS | . | > | N | ^ | n | ~ |
| FH | 1111B | SI | μs | / | ? | O | — | o | DEL |

计算机系统中一个字节为 8 位二进制数，把最高位为 0、其他位用 ASCII 码表示的码称为基本的 ASCII 码，用于表示数字、大小写的英文字母、标点符号及控制字符等，可用表 1-4 所示的高位和低位拼成所对应的二进制数和十六进制数。把最高位为 1、其他位用 ASCII 码表示的码称为扩展的 ASCII 码，用于表示一些特殊的符号。

## 1.5.6　微型计算机的组成及工作过程

### 1. 基本组成

微型计算机的基本组成如图 1-2 所示。

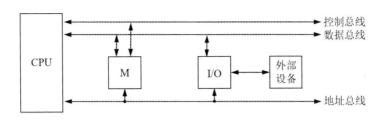

图 1-2　微型计算机的组成框图

1) 中央处理器 CPU

CPU 是计算机的核心部件,它由运算器和控制器组成,完成计算机的运算和控制功能。

运算器又称为算术逻辑部件(ALU, Arithmetical Logic Unit),主要完成对数据的算术运算和逻辑运算。

控制器(Controller)是整个计算机的指挥中心,它负责从内部存储器中取出指令并对指令进行分析和判断,根据指令发出控制信号,使计算机的有关部件及设备有条不紊地协调工作,保证计算机能自动、连续地运行。

CPU 中还包括若干个寄存器,这些寄存器用于存放运算过程中的各种数据、地址或其他信息。主要有:

(1) 累加器 A(Accumulator)是使用相对频繁的特殊通用寄存器,有重复累加数据的功能。

(2) 通用寄存器(Register)向 ALU 提供运算数据,或保留运算中间或最终的结果。

(3) 程序计数器 PC(Program Counter)用于存放将要执行的指令地址。

(4) 指令存储器 IR(Instruction Register)用于存放从程序存储器中取出的指令。

2) 存储器 M

存储器(Memory)是具有记忆功能的部件,用来存储数据和程序。

(1) 存储器的分类。根据其位置不同分为内存储器和外存储器,根据其保存的内容性质不同分为程序存储器和数据存储器。

内存储器(简称内存)和 CPU 直接相连,存放当前要运行的程序和数据,故也称为主存储器。它的特点是存取速度快,基本上可与 CPU 处理速度相匹配,但价格较贵,能存储的信息量较小。

外存储器(简称外存)又称为辅助存储器,主要用于保存暂时不用但又需长期保留的程序和数据。存放在外存的程序必须调入内存才能被执行。外存的存取速度相对较慢,但价格较便宜,可保存的信息量大。

程序存储器主要用于保存系统的程序、常数和表格等,在系统运行时此存储器的内容不允许改变。

数据存储器主要用于保存系统运行过程中暂存的参数、变量、数组和需要保存的数据等,在系统运行时此存储器的内容至少有一部分不断被刷新。

(2) 存储器的种类。单片机片内的存储器和外部扩展的存储器可能是不同的种类,对片内的存储器必须按照其种类正确使用,对片外要扩展的存储器必须按照其用途和要求选择存储器的种类。常用的存储器特点如下。

• 掩膜 ROM(Read Only Memory)只能作为程序存储器,存储的信息在制造芯片时生成，以后无法改变。用于大批量、保密性高的场合。

- OTP ROM(One-Time Programmable ROM)是一次性编程程序存储器，存储的信息可由用户写入，之后无法改变。在用户系统中很少使用。

- EPROM(Erasable PROM)只能作为程序存储器，因它需要高压编程输入、紫外线擦除，即具有不挥发性和电不可改写性，作为程序存储器使用大大提高了运行的可靠性。但不可带电修改又不方便内容的完善，读取速度较慢(150～200 ns)，容量也小，如 2716(2K × 8)、2732(4K × 8)、2764(8K × 8)、27128(16K × 8)、27256(32K × 8)、27512(64K × 8)等，使用时主要是合理连接其允许输出端($\overline{OE}$)和片选端($\overline{CE}$)，且芯片的最大读出速度、工作温度、电压容差等参数须满足使用要求。

- $E^2$PROM(Electrically EPROM)采用快速电擦除/写入，特别是能在工作电压下读写的 $E^2$PROM，既有静态 RAM 读写操作简便，又有 EPROM 在掉电时不丢失数据、速度快的优点，但容量小、价格昂贵。常见的有 3 种类型的芯片：高电压写入 $E^2$PROM(2816、2817)，工作电压写入 $E^2$PROM(2816A、2817A、2864A)，串行 $E^2$PROM(NCR59308、24C02)。使用时首先确定是作程序存储器还是数据存储器或既作程序存储器又作数据存储器使用，然后确定其允许输出端($\overline{OE}$)、写端($\overline{WE}$)、擦/写完毕端(RDY/BMSY)和片选端($\overline{CE}$)的连接方式，且芯片的最大读出速度、工作温度、字节擦除/写入时间等参数须满足使用要求。

若只作程序存储器使用，允许输出端($\overline{OE}$)接微处理器的取指令信号端，写端($\overline{WE}$)和擦/写完毕端(RDY/BUSY)接高电平，片选端($\overline{CE}$)合理连接。若只作数据存储器使用，允许输出端($\overline{OE}$)接微处理器的读数据端，写端($\overline{WE}$)接微处理器的写数据端，擦/写完毕端(RDY/BUSY)接微处理器的某一端查询擦/写是否完毕，片选端($\overline{CE}$)合理连接。

若既作程序存储器又作数据存储器使用，微处理器的读数据端和取指令信号端进行或运算后接允许输出端($\overline{OE}$)，其他则和只作数据存储器使用时相同。

- RAM(Random Access Memory)是随机数据存储器，分为静态 RAM(SRAM)和动态 RAM(DRAM)两种。SRAM 无须考虑保持数据而设置的刷新电路，所以扩展电路简单，但是依靠电源保持存储器中的数据，所以消耗功率大，读/写速度快，如 6116、6264。DRAM 需要不断刷新电路才能保持数据不丢失，抗干扰能力弱，一般系统很少采用，如 2186、2187。使用时主要是合理连接其允许输出端($\overline{OE}$)、写控制端($\overline{WE}$)和片选端($\overline{CE}$)，且芯片的最大读写速度、工作温度等参数须满足使用要求。

- NVRAM(Nonvolatile RAM)是非挥发性 RAM，断电后信息不丢失，主要有电池式 NVRAM 和形影式 NVRAM 两种。虽然速度快，但容量小、价格昂贵，在实际中很少使用，其使用与 RAM($\overline{OE}$、$\overline{WE}$ 和 $\overline{CE}$)基本相同。

电池式 NVRAM 是由 CMOS 的 SRAM、备用电池和切换电路组成的，在电源断开或低于某值时切换电路把备用电池接入，对 RAM 进行写保护，防止意外数据写入和信息丢失。CMOS 的功耗小，一般存储期限至少 10 年，如 DS1220AB/AD(2K×8)、DS1225AB/AD(8K × 8)、DS1230Y/AB(32K × 8)电池使用寿命可达 40 年。电池式 NVRAM 与 27 系列 EPROM 的引脚兼容，常温下(锂电池允许的温度为 0～70℃)可取代 SRAM 和 EPROM。

形影式 NVRAM 是由 CMOS 的 SRAM 和 $E^2$PROM 组成的，SRAM 和 $E^2$PROM 的存储容量和组织全部相同，读/写结束后逐位一一对应，内容完全相同。读/写操作对 SRAM

和 E²PROM 而言都是以全部信息为操作对象,而不是以字节进行。CPU 都与 SRAM 交换信息,读时先将 E²PROM 的内容读入 SRAM,再由 SRAM 读入 CPU,一般需要 5 ms;写时 CPU 先将内容写入 SRAM,再由 SRAM 写入 E²PROM,一般需要 10 ms。有并行式(X2001)和串行式(X2444)两种,如并行 128 × 8 位、512 × 8 位,串行 16 × 16 位、256 × 8 位、512 × 8 位、2K × 8 位等。

• Flash ROM 即闪速存储器,具有电擦除、不挥发、速度快、容量大、高密度、价格低、在线编程、适应比较恶劣的环境等优点,因其只能是整片擦除,所以具有很大的潜力取代 EPROM、E²PROM、NVRAM 用作程序存储器,被应用系统广泛使用。如 AT29C256、AT29C0101A、AT29C040A,其使用与 RAM($\overline{OE}$、$\overline{WE}$ 和 $\overline{CE}$)基本相同。

(3) 存储器性能比较。上述几种存储器的性能如表 1-5 所示。作为程序存储器一般按 Flash ROM、EPROM、E²PROM 的顺序选择,作为数据存储器一般按 SRAM、NVRAM 的顺序选择。

表 1-5  几种存储器性能比较

| 存储器种类 | 擦除方式 | 写入时间 | 非易失性 | 低功耗 | 在线编程 | 高性能读取 | 高密度 | 低价格 |
|---|---|---|---|---|---|---|---|---|
| ROM | | | ✓ | ✓ | | ✓ | ✓ | |
| OTPROM | | | ✓ | ✓ | | ✓ | ✓ | |
| EPROM | 紫外线整片 | 几十毫秒 | ✓ | ✓ | | ✓ | | ✓ |
| E²PROM | 电擦字节 | 几十毫秒 | ✓ | ✓ | ✓ | ✓ | | |
| SRAM | | 几十纳秒 | | ✓ | ✓ | ✓ | | ✓ |
| DRAM | | 几十纳秒 | | | ✓ | ✓ | | |
| Flash | 电擦整片 | 几十微秒 | ✓ | ✓ | ✓ | ✓ | ✓ | ✓ |
| 电池式 NVRAM | 电擦整片 | 几十纳秒 | ✓ | ✓ | ✓ | ✓ | | |
| 形影式 NVRAM | 电擦整片 | 10 毫秒 | ✓ | ✓ | ✓ | | ✓ | |

3) I/O 接口

输入/输出(I/O)接口由大规模集成电路组成的 I/O 器件构成,用来连接主机和相应的 I/O 设备(如键盘、鼠标、显示器、打印机等),使得这些设备和主机之间传送的数据、信息在形式和速度上都能匹配。不同的 I/O 设备必须配置与其相适应的 I/O 接口。

4) 总线

总线(BUS)是计算机各部件之间传送信息的公共通道。微型计算机中有内部总线和外部总线两类。内部总线是指 CPU 内部之间的连线。外部总线是指 CPU 与其他外部器件之间的连线,在进行系统外部扩展时一般采用三总线结构。外总线有数据总线 DB(Data Bus)、地址总线 AB(Address Bus)和控制总线 CB(Control Bus)3 种。

(1) 数据总线 DB:CPU 和外部设备传输数据的通道。

(2) 地址总线 AB:CPU 和外部器件进行数据传输时,由地址线赋予外设一个唯一的地址,保证系统正常工作。

(3) 控制总线 CB：不同的 CPU、不同的结构、不同类型的工作模式所用的控制线是不同的，以此确定外接芯片的工作方式。

**2. 基本工作过程**

根据冯·诺依曼原理构成的现代计算机的工作原理可概括为存储程序和程序控制。存储程序是指人们必须事先把计算机的执行步骤序列(即程序)及运行中所需的数据，通过一定的方式输入并存储在计算机的存储器中。程序控制是指计算机能自动地逐一取出程序中的一条条指令，加以分析并执行规定的操作。

【例 1-7】 假设 X 和 Y 均已存放在存储单元中，看一下 Z = X + Y 的执行过程。

**解** 计算 Z = X + Y 的程序可参照表 1-6，具体如下。

```
LOAD    X    ; 从地址为 X 的单元中取出 X 的值送到累加器 A 中
ADD     Y    ; 把累加器中的 X 与地址为 Y 的单元的内容相加，结果存放在累加器中
STORE   Z    ; 把累加器中的内容送到地址为 Z 的单元中
```

表 1-6 Z = X + Y 说明表

| 主存地址 | 机器指令 | 汇编指令 | 说 明 |
|---|---|---|---|
| 020H | 8F00H | LOAD X | 取 X |
| 021H | 1F01H | ADD Y | 加 Y |
| 022H | 4F02H | STORE Z | 送 Z |
| ... | | | |
| A00H | | | 存放 X |
| A01H | | | 存放 Y |
| A02H | | | 存放 Z |

指令被取出后送入指令寄存器 IR，由控制器中的译码器对指令进行分析，识别不同的指令类别及各种获得操作数的方法。

如加法指令 ADD Y，译码器分析后得到如下结果：

(1) 这是一个加法指令；

(2) 一个操作数存放在 Y(地址为 A01H)中，另一个操作数隐含在累加器 A 中；

(3) 接着进入指令执行阶段，仍以 ADD Y 为例，将 Y 与 A 中内容送入 ALU，进行加法运算，结果送入 A。

 **知识拓展**

科技兴则民族兴，科技强则国家强。习近平总书记在二十大报告中指出必须坚持科技是第一生产力。爱国奋斗精神是我国科技界的优良传统和宝贵精神财富，激励了一代又一代科技工作者开拓创新、奋勇前行。从"两弹一星"精神到载人航天精神，从以钱学森、邓稼先、郭永怀等为代表的"两弹一星"元勋到以黄大年、李保国、南

仁东、钟扬等为代表的新时代优秀科技工作者，爱国奋斗精神在科技界薪火相传，不断发扬光大。

　　单片机的应用已经涉及各个领域和行业，其在智能交通、智能医疗、智能农业等方面的快速发展不仅与我们的学习和生活息息相关，更对国家经济社会发展起到重要支撑。目前，我国在单片机领域已经取得了较为丰硕的成果，拥有自主研发的高性能单片机产品，并且在国际市场中占有一定的份额。通过学习单片机的知识及其应用，了解我国科技取得的成就和进步，感受我国在科技创新和国际竞争中的地位和影响，增强科技实力自信心和荣誉感的同时，我们还应该认识到自己作为单片机的使用者、学习者、开发者，更肩负着为我国科技进步和社会发展而奋斗的责任和使命。

　　因此，理解单片机的定义、熟悉 51 单片机的配置、掌握不同种类存储器的适用场合及方法，是我们学习单片机相关知识和技能的第一步，也是延续爱国奋斗精神，为加快我国在单片机领域的发展创新贡献自己力量的第一步。

# 习　　题

## 1. 填空题

(1) 单片机是指一个芯片上至少集成有_____、_____、_____的芯片。

(2) 微型计算机中的三总线是指_____、_____、_____。

(3) 单片机的电参数包括_____、_____、_____。

(4) 常见的程序存储器有_____、_____、_____。

## 2. 简答题

(1) 简述单片机、微处理器、微型计算机、微型计算机系统的定义。

(2) 简述最小应用系统、最小功耗系统、专用系统的含义。

(3) 简述 51 单片机的配置。

(4) 简述单片机极限电参数、静态电参数和动态电参数的内容及作用。

(5) 单片机的主要特征包括哪些内容？

(6) 简述各种存储器的特点及用法。

(7) 简述单片机的发展趋势，新一代增强型 8 位机的特点。

# 第2章 MCS-51 单片机硬件结构

 **内容提要**

51 系列单片机的硬件结构是其最重要的基本内容之一。本章以典型的 8051 单片机为例介绍了单片机的内部结构、引脚功能、内部存储器、并行输入/输出接口、时序和工作方式等。通过这些内容的学习，使学生掌握 8051 的内部结构，外部引脚及一般用法，为后续章节的学习打下基础。

 **知识要点**

▶ **概 念**
◇ 振荡周期、状态周期、机器周期、指令周期、堆栈。

▶ **知识点**
◇ 单片机的内部组成、引脚及其功能。
◇ 单片机的存储空间及用法。
◇ P0、P1、P2、P3 口的特点及一般用法。
◇ 单片机的工作方式。

▶ **重点及难点**
◇ 单片机的内部组成、引脚及其功能。
◇ P0、P1、P2、P3 口的特点及一般用法。

 **案例引入**

$E^2PROM$ 是一种可以擦除和重新编程的非易失性存储器，每个存储单元都有一个浮栅，它可以通过电压的作用来存储或擦除数据。为了方便理解，我们可以将其工作原理比作抽水马桶。当我们给浮栅施加一个高电压时，就相当于按下马桶的按钮，把水冲进浮栅中，这样就把数据写入存储单元。当我们给浮栅施加一个负电压时，就相当于打开马桶的阀门，把水排出浮栅，这样就把数据擦除存储单元。当我们不给浮栅施加任何电压时，就相当于让马桶保持静止，打开马桶的水箱盖，这样就可以读取存储单元中的数据。

请同学们思考：

$E^2PROM$ 和 EPROM 有什么区别？为什么 EPROM 会被 $E^2PROM$ 逐渐取代？

# 2.1　单片机的内部组成及引脚

## 2.1.1　内部组成

MCS-51 单片机的片内结构如图 2-1 所示。MCS-51 单片机把作为控制应用所必须的基本内容集成在一个尺寸有限的集成电路芯片上。按功能划分，集成电路芯片由微处理器(CPU)、数据存储器(RAM)、程序存储器(ROM/EPROM)、并行 I/O 口(P0 口、P1 口、P2 口、P3 口)、串行口、定时器/计数器、中断系统及特殊功能寄存器(Special Function Register，SFR)等功能部件组成。这些功能部件通过片内单一总线连接，其基本结构是 CPU 加上外围芯片的传统结构，但对它们的控制则采用的是特殊功能寄存器集中控制方式。

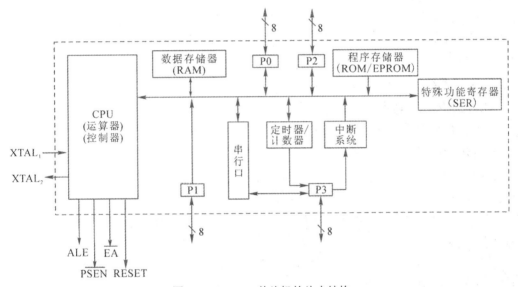

图 2-1　MCS-51 单片机的片内结构

下面对各功能部件作进一步说明。

### 1. 微处理器(CPU)

所有的 MCS-51 单片机都有一个相同的 8 位微处理器。微处理器是整个单片机的核心部件，由运算器和控制器两大部分组成，能处理 8 位二进制数据或代码；其主要任务是控制、指挥和调度整个单片机系统的协调工作，完成运算和控制输入/输出等操作功能。

### 2. 数据存储器(RAM)

MCS-51 单片机的数据存储器包括内部数据存储器和外部数据存储器，外部数据存储器的寻址空间为 64 KB，不受该系列中各种芯片型号的影响。8051 内部有 128 个 8 位数据存储单元(其中 52 子系列有 256 个字节)。数据存储器用于存放运算的中间结果、数据暂存和缓冲、标志位等。

### 3. 程序存储器(ROM/EPROM)

程序存储器用于存放用户程序、原始数据或表格。由于受集成度限制，片内只读程序存储器一般容量较小，只有 4～8 KB，因此，片内只读程序存储器的容量不够时需要扩展片外只读程序存储器，最多可外扩至 64 KB。8031 内部无存储器，8051 内部有 4 KB ROM，8751 内部有 4 KB EPROM。

### 4. 定时器/计数器

MCS-51 单片机有两个 16 位可编程定时器/计数器。在实际应用中，定时器/计数器既可作为定时器使用，也可作为计数器使用，它通过编程可实现 4 种不同的工作方式。

### 5. 并行 I/O 口

MCS-51 单片机共有 4 个 8 位并行 I/O 口，即 P0 口、P1 口、P2 口、P3 口，可用于对外部数据的传输。

### 6. 串行口

MCS-51 单片机内有一个全双工的异步串行通信口，用于与其他设备进行串行数据传送。该串行口由两根 I/O 口线构成，具有 4 种不同的工作方式。它既可以作为异步通信收发器和其他设备完成串行通信，也可以作为同步移位寄存器使用，应用于需要扩展并行 I/O 口的系统。

### 7. 中断系统

MCS-51 单片机具备较完善的中断功能，有两个外部中断、两个内部定时器/计数器中断和一个串行口中断，可满足不同的控制要求，并具有两级的优先级别选择。

### 8. 特殊功能寄存器(SFR)

MCS-51 单片机的特殊功能寄存器共有 21 个，用于对片内各功能部件进行管理、控制、监视。SFR 实际上的一些控制寄存器和状态寄存器，是一个具有特殊功能的 RAM 区。

MCS-51 单片机将主要部件均集成在一块芯片上，使得数据传送距离缩短、可靠性更高、运行速度更快。由于属于芯片化的微型计算机的各功能部件在芯片中的布局和结构达到最优化，抗干扰能力增强，工作相对稳定，因此在工业测控系统中，单片机得到了非常广泛的应用。

## 2.1.2 引脚

掌握 MCS-51 单片机的相关知识，应该了解其引脚，熟悉并牢记各引脚的功能。MCS-51 系列中各种型号芯片的引脚是互相兼容的。制造工艺为 HMOS 的 MCS-51 单片机都采用 40 只引脚的双列直插式封装(DIP)方式，如图 2-2 所示。制造工艺为 CHMOS 的 80C51/80C31 除采用 DIP 封装外，还采用

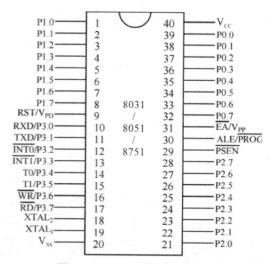

图 2-2　MCS-51 单片机引脚图

PLCC(44 只引脚)封装方式。下面分别叙述这 40 只引脚的功能。

### 1. 主电源引脚 $V_{CC}$ 和 $V_{SS}$

$V_{CC}$：接+5V 电源正端。

$V_{SS}$：接+5V 电源地端。

### 2. 时钟引脚

$XTAL_1$：接外部石英晶体的一端。在单片机内部，它是一个反相放大器的输入端，这个放大器构成了片内振荡器。若采用外部时钟振荡器，对于 HMOS 单片机，该引脚接地；对于 CHMOS 单片机，该引脚作为外部振荡信号的输入端。

$XTAL_2$：接外部石英晶体的另一端。在单片机内部，$XTAL_2$ 接至上述振荡器的反相放大器输出端。当采用外部时钟振荡器时，对于 HMOS 单片机，该引脚接收时钟振荡器的信号，即把此信号直接接到内部时钟发生器的输入端；对于 CHMOS 单片机，此引脚应悬浮。

### 3. I/O 口引脚

8051 共有 4 个并行 I/O 口(P0～P3)，每个口都有 8 条口线。

8051 的引脚：P0.0～P0.7 为 P0 口的 8 条口线，P1.0～P1.7 为 P1 口的 8 条口线，P2.0～P2.7 为 P2 口的 8 条口线，P3.0～P3.7 为 P3 口的 8 条口线。共 32 条口线。

由于每个并行 I/O 口的结构各不相同，因此在功能和用途上有一定的差别。其中 P3 口、P0 口和 P2 口为双功能口，可以作为普通输入/输出口(第一功能)，也可以作为特殊输入/输出口。

### 4. 控制引脚

(1) RST/$V_{PD}$

RST 即为 RESET，是复位信号输入端，高电平时有效。当单片机运行时，在此引脚加上持续时间大于两个机器周期(24 个时钟振荡周期)的高电平，就可以实现复位操作，使单片机恢复到初始状态。单片机正常工作时，此引脚应为低电平。

$V_{PD}$ 为该引脚的第二功能，即备用电源的输入端。当主电源 $V_{CC}$ 发生故障，降低到某一规定值的低电平或掉电时，将 +5 V 电源自动接入 RST 端，为内部 RAM 提供备用电源，以保证片内 RAM 中的数据不丢失，从而使单片机在复位后能继续正常运行。

(2) $\overline{PSEN}$

$\overline{PSEN}$ 为片外程序存储器选通信号线，低电平时有效。当从外部程序存储器读取指令或数据期间，每个机器周期该信号两次有效，以通过数据总线 P0 口读回指令或常数。在访问片外数据存储器期间，$\overline{PSEN}$ 信号处于无效状态。

(3) ALE/$\overline{PROG}$

ALE 为地址锁存允许信号。当单片机上电正常工作后，ALE 引脚在每个机器周期内输出两个正脉冲。在访问单片机外部存储器时，ALE 输出信号的下降沿用作低 8 位地址的锁存信号。即使不访问外部存储器，ALE 仍有正脉冲信号输出，其频率为时钟振荡器频率 $f_{osc}$ 的 1/6。但是在访问外部数据存储器(即执行的是 MOVX 类指令)的机器周期内，ALE 信号只有效一次，即会丢失一个 ALE 脉冲。因此，严格来说，用户不宜用 ALE 作精确的时钟源或定时信号。

(4) $\overline{\text{EA}}/V_{PP}$

$\overline{\text{EA}}$ 为内、外程序存储器的选择控制端。当 $\overline{\text{EA}}$ 端为高电平时，单片机访问内部程序存储器，但当 PC(程序计数器)值超过。FFFH(对于 8051/8751/80C51 为 4 KB)时，将自动转向执行外部程序存储器内的程序；当 $\overline{\text{EA}}$ 保持低电平时，不论是否有内部程序存储器，只访问外部程序存储器。

$V_{PP}$ 为该引脚的第二功能。在对 EPROM 型单片机(如 8751)片内 EPROM 固化编程时，$V_{PP}$ 作为较高编程电压(如 +21 V 或 +12 V)输入引脚，用于施加较高编程电压。对于 89C51 单片机，$V_{PP}$ 的编程电压为 +12 V 或+5 V。

# 2.2  MCS-51 单片机的微处理器

微处理器(CPU)是 MCS-51 单片机内部的核心器件，它决定了单片机的主要功能特性。MCS-51 单片机的微处理器由运算器和控制器构成。

## 2.2.1  运算器

运算器以算术逻辑单元(Arithmetic Logic Unit，ALU)为核心，包括累加器(Accumulator，ACC)、寄存器 B、程序状态寄存器(Program Status Word，PSW)，以及 BCD 码修正电路等，主要用来实现数据的算术逻辑运算、位运算和数据传送等操作。

### 1. 算术逻辑单元 ALU

MCS-51 单片机的 ALU 功能很强，它主要由一个加法器、两个 8 位暂存器($TMP_1$、$TMP_2$)和一个性能优异的布尔处理器构成，不仅能完成 8 位二进制数的加、减、乘、除、加 1、减 1 及 BCD 加法的十进制调整等算术运算，还能对 8 位变量进行逻辑与、或、异或、循环移位、求补、清 0 等逻辑运算，并具有数据传输、程序转移等功能。两个暂存器 $TMP_1$、$TMP_2$ 对用户不开放，主要用来为加法器和布尔处理器暂存两个 8 位二进制操作数。

布尔处理器(位处理器)是 MCS-51 单片机 ALU 所具有的一种功能。它可对直接寻址的位(bit)变量进行位处理，如置位、清 0、取反、测试转移以及逻辑与、或等位操作，使用户在编程时可以利用指令来完成原来单凭复杂的硬件逻辑所完成的功能，并可方便地设置标志等。单片机指令系统中的位处理指令集(17 条位操作指令)、存储器中的位地址空间以及程序状态寄存器 PSW 中的进位标志 CY(作为位操作累加器)构成了 MCS-51 单片机的布尔处理器。

### 2. 累加器 A

累加器通常用 A 或 ACC 表示，它是一个具有特殊用途的 8 位寄存器，用于存放操作数或运算结果。ALU 做算术和逻辑运算时，将一个操作数存放于 A 中，运算结束后，运算结果也保存于 A 中。CPU 中的数据传送大多都通过累加器 A，它相当于数据的中转站，是 CPU 中使用最频繁的寄存器，在微处理器中占有非常重要的位置。

### 3. 寄存器 B

寄存器 B 也是一个二进制 8 位寄存器，它是为 ALU 进行乘、除运算而设置的，可存放乘数、除数、结果。乘法中，ALU 的两个输入分别为 A、B，运算结果存放在 B、A 寄存器中；B 中存放乘积的高 8 位，A 中存放乘积的低 8 位。除法中，被除数取自 A，除数取自 B，商存放于 A 中，余数存放于 B 中。在不执行乘、除法运算时，可把它当成一个普通寄存器使用。

### 4. 程序状态寄存器 PSW

程序状态寄存器 PSW 也称为标志寄存器，它是一个 8 位寄存器，用于保存指令执行结果的状态信息，以供程序查询和判别。其中，有些位的状态是根据程序执行结果由硬件自动设置的，而有些位的状态则是用户根据需要用软件设定的。PSW 各标志位定义如表 2-1 所示。

**表 2-1　PSW 各标志位定义**

| | $D_7$ | $D_6$ | $D_5$ | $D_4$ | $D_3$ | $D_2$ | $D_1$ | $D_0$ | 字节地址 |
|---|---|---|---|---|---|---|---|---|---|
| PSW | CY | AC | F0 | RS1 | RS0 | OV | F1 | P | 0D0H |
| 位地址 | D7H | D6H | D5H | D4H | D3H | D2H | D1H | D0H | |

• 进位标志位 CY(PSW.7)：在执行某些算术运算(如加减运算)、逻辑运算(如移位操作)指令时，可被硬件或软件置位或清 0。它表示在加减运算过程中最高位是否有进位或借位。如果在最高位有进位(加法时)或借位(减法时)，则 CY = 1，否则 CY = 0。CY 也可写为 C。

• 辅助进位(或称半进位)标志位 AC(PSW.6)：用于表示两个 8 位数运算时，低 4 位向高 4 位有无进位(加法)或借位(减法)，若 $D_3$ 位向 $D_4$ 位有进位(或借位)，则 AC = 1，否则 AC = 0。AC 位常作为计算机进行 BCD 码修正的判断依据。

• 用户自定义标志位 F0(PSW.5)：用户可根据自己的需要对 F0 赋予一定的含义，并通过软件根据程序执行的需要对其进行置位或清 0，该标志位状态一经设定，可由用户程序直接检测，也可根据 F0 = 1 或 F0 = 0 来决定程序的执行方式，或反映系统的某一种工作状态。

• 工作寄存区选择位 RS1、RS0(PSW.4、PSW.3)：可用软件置位或清 0，用于选择 4 个工作寄存器区中的其中一个为当前工作寄存器区。

• 溢出标志位 OV(PSW.2)：在进行加法或减法运算时，由硬件置位或清 0，以指示运算结果是否溢出。OV = 1 反映运算结果超出了累加器的数值范围，其中无符号数的范围为 0~255，以补码形式表示的有符号数的范围为 -128~+127。进行无符号数的加法或减法时，OV 的值与进位标志位 CY 的值相同；进行有符号数的加法时(如最高位、次高位之一有进位)，或进行减法时(如最高位、次高位之一有借位)，OV 被置位，即 OV 的值为最高位和次高位进位异或(C7⊕C6)的结果。执行乘法指令 MUL AB 也会影响 OV 标志，乘积大于 255 时，OV = 1，否则 OV = 0；执行除法指令 DIV AB 也会影响 OV 标志，如 B 中存放的除数为 0，则 OV = 1，否则 OV = 0。

• 用户自定义标志位 F1(PSW.1)：用法与 F0 相同。

• 奇偶标志位 P(PSW.0)：执行指令后，单片机根据累加器 A 的 8 位二进制数中"1"的个数的奇偶，自动给该标志置位或清 0。若累加器 A 的 8 位二进制数中"1"的个数为奇数，则 P = 1；若累加器 A 中"1"的个数为偶数，则 P = 0。该标志位对串行通信的数据传输非常有用，通过奇偶校验可检验传输的可靠性。

### 2.2.2 控制器

控制器包括程序计数器 PC(Program Counter)、指令寄存器 IR、指令译码器 ID、时序逻辑控制电路及条件转移逻辑电路等部件，其主要任务是识别指令，并根据指令的性质去控制单片机的各功能部件，从而保证单片机各部分能自动而协调地工作。

单片机在控制器的控制下执行指令。首先从程序存储器中读出指令，送指令寄存器中保存，然后送指令译码器进行译码，译码结果送定时控制逻辑电路，由定时控制逻辑电路产生各种定时信号和控制信号，再送到单片机的各个部件进行相应的操作。

#### 1. 程序计数器 PC

程序计数器 PC 是一个 16 位寄存器，用于存放 CPU 下一条将要执行的指令地址，因此也称为地址指针。程序中的指令是按照顺序存放在程序存储器中的某个连续区域的，每条指令都有自己的地址，CPU 根据 PC 中的指令地址从程序存储器中取出将要执行的指令。PC 具有自动加 1 的功能，从而指向下一条将要执行的指令地址。

程序计数器的内容变化决定了程序的流程。程序计数器的宽度决定了单片机对程序存储器可以直接寻址的范围，MCS-51 单片机可对 64 KB 的程序存储器进行寻址，其寻址范围为 0000H～FFFFH。

程序计数器的基本工作方式有以下几种。

(1) 在顺序执行程序中，当 PC 的内容被送到地址总线后，会自动加 1，即(PC)←(PC)+1 指向 CPU 下一条要执行的指令地址。

(2) 执行转移指令时，程序计数器将被置入新的数值，从而使程序的流向发生变化。

(3) 在执行调用子程序指令或响应中断时，单片机自动完成如下操作：

① PC 的现行值，即下一条将要执行的指令地址或断点值，自动送入堆栈。

② 将子程序的入口地址或中断向量的地址送入 PC，程序流向发生变化，执行子程序或中断子程序。子程序或中断子程序执行完毕，遇到返回指令 RET 或 RETI 时，将栈顶的断点值弹到程序计数器 PC 中，程序又返回原来的地方，继续执行。

#### 2. 数据指针 DPTR

数据指针 DPTR(Data Pointer)是一个 16 位的专用寄存器，其高位字节寄存器用 DPH 表示，低位字节寄存器用 DPL 表示。它既可作为一个 16 位寄存器 DPTR 来处理，也可作为两个独立的 8 位寄存器 DPH 和 DPL 来处理。DPTR 主要用来存放 16 位地址，作为访问 ROM、外部 RAM 和 I/O 口的地址指针。当对 64 KB 外部数据存储器空间寻址时，DPTR 用作间址寄存器，在访问程序存储器时，DPTR 用作基址寄存器。

#### 3. 堆栈指针 SP

堆栈指针 SP(Stack Pointer)是一个 8 位的专用寄存器，用来暂存数据和地址，它按"先进后出"的原则存取数据。MCS-51 单片机的堆栈是向上增长型的,只能开辟在内部数据存储器中。堆栈共有进栈和出栈两种操作。

系统复位后,SP 的内容为 07H,因此复位后堆栈实际上是从 08H 单元开始的。但 08H～1FH 单元分别属于工作寄存器的 1～3 区,如果程序要用到这些区,最好把 SP 值改为 1FH 或更大的值,一般在内部 RAM 的 30H～7FH 单元中开辟堆栈。SP 的内容一经确定,堆栈的位置也就确定下来了。由于 SP 可初始化为不同值,因此堆栈位置是浮动的。

### 4. 指令寄存器(IR)

指令寄存器是用来存放指令代码的专用寄存器。CPU 执行指令时,首先进行程序存储器的读指令操作,即根据 PC 给出的地址从程序存储器中读出指令代码,然后送入指令存储器 IR,IR 的输出送指令译码器 ID,由 ID 对该指令进行译码后将译码结果送定时控制逻辑电路。

### 5. 指令译码器(ID)

指令译码器用来对指令代码进行分析、译码,并根据指令译码的结果,输出相应的控制信号。

### 6. 时序控制逻辑电路及条件转移逻辑电路

时序控制逻辑电路根据指令的性质发出一系列定时控制信号,以控制单片机的各组成部件完成指令所指定的操作。条件转移逻辑电路主要用来控制程序的分支转移。

综上所述,单片机整个程序的执行过程就是以主振频率为基准(每个主振周期称为振荡周期),在控制部件的控制下,将指令从程序存储器中逐条取出进行译码,然后由定时控制逻辑电路发出各种定时控制信号,控制指令的执行。对于运算指令,还要将运算的结果特征送入程序状态寄存器 PSW。

## 2.3　MCS-51 单片机存储器

单片机的存储器有统一编址和独立编址两种编址方式。

(1) 统一编址:程序存储器和数据存储器安排在同一空间的不同范围。

(2) 独立编址:程序存储器和数据存储器分别在两个独立的空间。

MCS-51 单片机的存储结构采用的是独立编址,程序存储器为只读存储器(ROM),数据存储器为随机存取存储器(RAM),单片机的数据存储器编址方式采用与工作寄存器、I/O 口锁存器统一编址的方式。

### 2.3.1　存储器空间

MCS-51 单片机的存储器不仅有 RAM 和 ROM 之分,而且有片内和片外之分。其片内存储器集成在芯片内部,成为单片机的一个组成部分;片外存储器则通过外总线方式与专用存储器芯片相接,通过单片机提供的地址和控制命令,对片外存储器进行寻址和读/写操作。从物理地址空间看,MCS-51 单片机有 4 个存储器地址空间,即片内程序存储器、片外程序存储器、片内数据存储器和片外数据存储器,其结构如图 2-3 所示。

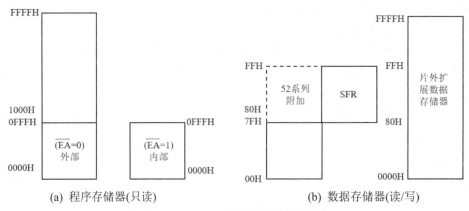

图 2-3    MCS-51 单片机的存储器结构

程序存储器分为内部程序存储器和外部程序存储器，主要用于存放编制的程序和数据表格，其结构如图 2-3(a)所示。内部程序存储器的大小根据单片机型号的不同分别有 1 KB、2 KB、4 KB、8 KB、32 KB、64 KB。外部程序存储器空间可根据需要扩展不同的大小，它们均以 16 位程序计数器 PC 作为地址指针，所以最大可寻址地址空间为 64 KB。在 MCS-51 单片机系列中，内、外部程序存储器是统一编址的，故内、外部程序存储器存储空间之和最大为 64 KB。

数据存储器分为内部数据存储器和外部数据存储器，两者在物理和逻辑上都是独立的地址空间，分别单独编址，其结构如图 2-3(b)所示。8051 单片机内部数据存储器为 128 B，还有一些特殊功能寄存器(SFR)，外部数据存储器可根据需要扩展不同的大小。

从用户应用设计的角度，8051 存储器可分为 3 个逻辑空间：片内/外统一寻址程序存储器空间(0000H～FFFFH)；片外数据存储器空间(0000H～FFFFFH)；256B 的片内数据存储器空间，其中 128B 为特殊功能寄存器空间(80H～FFH)。由于这 3 个存储空间地址是重叠的，因此 8051 的指令设计了不同的数据传送指令符号访问这 3 个不同的逻辑空间，具体如下所述：

(1) 片内/外程序存储器空间：MOVC；

(2) 片内数据存储器空间和 SFR：MOV；

(3) 片外数据存储器空间：MOVX。

## 2.3.2  程序存储器

程序存储器以程序计数器 PC 作为地址指针，通过 16 位地址总线，可寻址的地址空间为 64 KB，片内/外统一编址。片内有 4 KB 的 ROM 存储单元，地址为 0000H～0FFFH；片外最多可扩至 64 KB 的 ROM，地址为 1000H～FFFFH。单片机复位以后，PC 的内容为 0000H，故 CPU 总是从 0000H 单元开始执行程序的。

根据单片机的类型及引脚 $\overline{EA}$ 的电平，CPU 可从内部程序存储器开始执行，也可从外部程序存储器开始执行。

(1) 对于内部无程序存储器的单片机(如 8031)，在外部扩展程序存储器后 $\overline{EA}$ 必须接低电平($\overline{EA}$ = 0)，程序从外部程序存储器的 0000H 开始执行。

(2) 对于内部有程序存储器而外部没有扩展程序存储器的单片机，应将 $\overline{EA}$ 引脚固定接高电平($\overline{EA}$ = 1)，程序从内部程序存储器的 0000H 开始执行。

(3) 对于内部有程序存储器而外部有扩展程序存储器的单片机，若 $\overline{EA}$ = 1，则从内部程序存储器的 0000H 开始执行，当 PC 值超出内部 ROM 的容量时，顺序执行外部的程序(不是从外部的 0000H，而是从内部程序存储器最后地址再加 1 的外部程序存储器的地址执行)。而当 $\overline{EA}$ = 0 时，内部程序存储器被忽略，程序直接从外部程序存储器的 0000H 开始执行。读片外 ROM 时，CPU 从 PC 中取出当前 ROM 的 16 位地址，分别由 P0 口(低 8 位)和 P2 口(高 8 位)同时输出，当 ALE 信号有效时，由地址锁存器锁存低 8 位地址信号，地址锁存器输出的低 8 位地址信号和 P2 口输出的高 8 位地址信号同时加到片外 ROM 16 位地址输入端；当 $\overline{PSEN}$ 信号有效时，片外 ROM 将相应地址存储单元中的数据送至数据总线(P0 口)，CPU 读入后存入指定单元。

64 KB 程序存储器中有一些特殊的单元，在使用时应加以注意。

(1) 0000H～0002H：MCS-51 单片机复位后，PC 指向 0000H 单元，CPU 从该单元开始执行程序。如果主程序不是从 0000H 单元开始的，则应在这 3 个单元中存放一条无条件转移指令，使 CPU 转去执行用户指定的程序。

(2) 0003H～002AH：这 40 个单元被均匀地分为 5 段，每段占有 8 个单元，分别作为 5 个中桥源的中断地址区，具体划分见表 2-2。

中断响应后，系统能按中断类型自动转到各中断区的首地址去执行程序。例如，当外部中断 0 引脚 $\overline{INT0}$ (P3.2)有效时，即引起中断申请，CPU 响应中断后自动将地址 0003H 装入 PC，程序就转到 0003H 单元开始执行。因此，在中断地址区 0003H～

**表 2-2　保存的存储单元**

| 存储单元 | 保留目的 |
| --- | --- |
| 0000H～0002H | 复位后引导程序入口地址区 |
| 0003H～000AH | 外部中断 0 中断地址区 |
| 000BH～0012H | 定时器/计数器 T0 中断地址区 |
| 0013H～001AH | 外部中断 1 中断地址区 |
| 001BH～0022H | 定时器/计数器 T1 中断地址区 |
| 0023H～002AH | 串行口中断地址区 |

000AH 中应存放外部中断 0 的中断服务程序。但通常情况下，每段的这 8 个单元难以存放一个完整的中断服务程序，因而一般在 0003H～000AH 存放一条无条件转移指令，将程序转移到真正存放中断服务程序的地址空间去执行。表 2-2 中的这些中断地址区的首地址也称为中断入口地址，其对应关系如下。

(1) 0003H：外部中断 0 的中断服务子程序入口地址；

(2) 000BH：定时器/计数器 0 的中断服务子程序入口地址；

(3) 0013H：外部中断 1 的中断服务子程序入口地址；

(4) 001BH：定时器/计数器 1 的中断服务子程序入口地址；

(5) 0023H：串行口的中断服务子程序入口地址。

### 2.3.3　数据存储器

MCS-51 单片机的数据存储器从物理结构上可分为片内数据存储器和片外数据存储器，它们分别单独编址。

### 1. 片内数据存储器

片内数据存储器可分为两个不同的块，除内部 RAM 块外，还有特殊功能寄存器块。对于 MCS-51 子系列，前者有 128 B，其编址为 00H～7FH，后者有 128 B，其编址为 80H～FFH；二者连续而不重叠。对于 MCS-52 子系列，前者有 256 B，其编址为 00H～FFH，后者 128 B，其编址为 80H～FFH；后者与前者高 128 B 的编址是重叠的。由于访问它们所用的指令不同，因此并不会引起混乱，片内数据存储器的编址如图 2-4 所示。

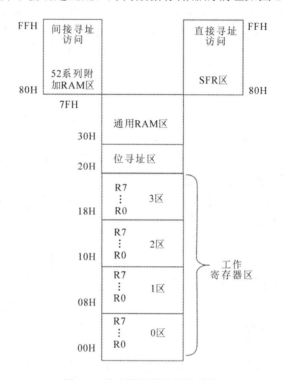

图 2-4　片内数据存储器的编址

1) 内部 RAM

MCS-51 单片机内部 RAM 空间为 256 B，但实际提供给用户使用的 RAM 容量随型号的不同而不同，一般为 128 B(如 8031、8051、89C51)或 256B(如 8032、8052、89C52)。内部 RAM 从功能和用途方面来划分，可以分成 3 个不同的区域：工作寄存器区、位寻址区、堆栈或数据缓冲区。

(1) 工作寄存器区。内部 RAM 的 00H～1FH 区域设置为工作寄存器区，该区域又均匀地划分为 4 个区，每个区由 8 个工作寄存器 R0～R7 构成，共占用 32 个内部 RAM 单元。程序当前正在使用的工作寄存器区是由程序状态字 PSW 的第 3(RS0)和第 4(RS1)位指示的。可以对这两位进行编程，以选择不同的工作寄存器组。工作寄存器组与 RS1、RS0 的关系及地址见表 2-3。单片机上电复位后，工作寄存器为 0 区，在程序中可根据实际情况通过改变 PSW 中的 RS0 和 RS1 两位的状态来决定使用哪一个工作寄存器区。这一点可用于在中断程序中保护现场和恢复数据。如果在实际应用系统中不需要 4 个工作寄存器区，则该区域的多余单元可以作为一般的数据缓冲器使用。

表 2-3　工作寄存器组与 RS1、RS0 的关系及地址

| 当前工作寄存器区 | PSW.4 (RS1) | PSW.3 (RS0) | R0 | R1 | R2 | R3 | R4 | R5 | R6 | R7 |
|---|---|---|---|---|---|---|---|---|---|---|
| 0 | 0 | 0 | 00H | 01H | 02H | 03H | 04H | 05H | 06H | 07H |
| 1 | 0 | 1 | 08H | 09H | 0AH | 0BH | 0CH | 0DH | 0EH | 0FH |
| 2 | 1 | 0 | 10H | 11H | 12H | 13H | 14H | 15H | 16H | 17H |
| 3 | 1 | 1 | 18H | 19H | 1AH | 1BH | 1CH | 1DH | 1EH | 1FH |

(2) 位寻址区。内部 RAM 的 20H～2FH 既可以作为一般 RAM 单元使用，进行字节操作，也可以对其任一单元的任一位进行操作，因此将此区称为位寻址区。这 16 个单元的每一位(16×8)都有一个位地址，位地址范围为 00H～7FH。每一位都可以视作一个软件触发器，由程序直接进行位处理，用于存放各种程序标志、位控制变量等。同时，位寻址区的 RAM 单元还可以作为一般的数据缓冲器使用，按字节进行寻址操作。16 个字节的 RAM 对应的位地址映像见表 2-4。

表 2-4　RAM 位寻址区地址映像

| 字节地址 | 位 地 址 | | | | | | | |
|---|---|---|---|---|---|---|---|---|
| | $D_7$ | $D_6$ | $D_5$ | $D_4$ | $D_3$ | $D_2$ | $D_1$ | $D_0$ |
| 2FH | 7FH | 7EH | 7DH | 7CH | 7BH | 7AH | 79H | 78H |
| 2EH | 77H | 76H | 75H | 74H | 73H | 72H | 71H | 70H |
| 2DH | 6FH | 6EH | 6DH | 6CH | 6BH | 6AH | 69H | 68H |
| 2CH | 67H | 66H | 65H | 64H | 63H | 62H | 61H | 60H |
| 2BH | 5FH | 5EH | 5DH | 5CH | 5BH | 5AH | 59H | 58H |
| 2AH | 57H | 56H | 55H | 54H | 53H | 52H | 51II | 50H |
| 29H | 4FH | 4EH | 4DH | 4CH | 4BH | 4AH | 49H | 48H |
| 28H | 47H | 46H | 45H | 44H | 43H | 42H | 41H | 40H |
| 27H | 3FH | 3EH | 3DH | 3CH | 3BH | 3AH | 39H | 38H |
| 26H | 37H | 36H | 35H | 34H | 33H | 32H | 31H | 30H |
| 25H | 2FH | 2EH | 2DH | 2CH | 2BH | 2AH | 29H | 28H |
| 24H | 27H | 26H | 25H | 24H | 23H | 22H | 21H | 20H |
| 23H | 1FH | 1EH | 1DH | 1CH | 1BH | 1AH | 19H | 18H |
| 22H | 17H | 16H | 15H | 14H | 13H | 12H | 11H | 10H |
| 21H | 0FH | 0EH | 0DH | 0CH | 0BH | 0AH | 09H | 08H |
| 20H | 07H | 06H | 05H | 04H | 03H | 02H | 01H | 00H |

(3) 堆栈或数据缓冲区。在单片机实际应用中，往往需要一个后进先出的 RAM 缓冲区用于保护 CPU 的现场及临时数据，这种以后进先出原则存取数据的缓冲区称为堆栈。栈顶位置由堆栈指针 SP 给出。进栈时，堆栈指针 SP 先加 1，然后数据进栈(写入 SP 指出的单元)；出栈时，先数据出栈(读出 SP 指出的单元内容)，然后 SP 再减 1。一般在程序初始化时应通过对 SP 设一初值来具体设置栈区。内部 RAM 中除了作为工作寄存器、位寻址和堆栈区以外的单元，都可以作为数据缓冲器使用，用于存放输入的数据或运算的结果。

2) 特殊功能寄存器

特殊功能寄存器(SFR)是区别于通用寄存器而言的，这些寄存器的功能或用途已作了专门的规定，主要是用来对片内各功能模块进行管理、控制、监视的控制寄存器和状态寄存器。

MCS-51 内部的 CPU 寄存器、I/O 口锁存器以及定时器、串行口、中断等各种控制寄存器和状态寄存器都是以特殊功能寄存器的形式出现的，它们离散地分布在 80H～FFH 的特殊功能寄存器地址空间。由于不同型号的单片机内部 I/O 的功能是不同的，因此实际存在的特殊功能寄存器数量差别较大。MCS-51 最基本的特殊功能寄存器(8051/8751/8031 所具有的 SFR)有 21 个，如表 2-5 所示。

表 2-5　特殊功能寄存器一览表

| 专用寄存器 | 符　号 | 字节地址 | 位地址和位名称 | | | | | | | |
|---|---|---|---|---|---|---|---|---|---|---|
| | | | $D_7$ | $D_6$ | $D_5$ | $D_4$ | $D_3$ | $D_2$ | $D_1$ | $D_0$ |
| P0 口 | *P0 | 80H | 87 | 86 | 85 | 84 | 83 | 82 | 81 | 80 |
| 堆栈指针 | SP | 81H | | | | | | | | |
| 数据指针低字节 | DPL | 82H | | | | | | | | |
| 数据指针高字节 | DPH | 83H | | | | | | | | |
| 定时器/计数器控制 | *TCON | 88H | TF1 | TR1 | TF0 | TR0 | IE1 | IT1 | IE0 | TT0 |
| | | | 8F | 8E | 8D | 8C | 8B | 8A | 89 | 88 |
| 定时器/计数器方式控制 | TMOD | 89H | GATE | $C/\overline{T}$ | M1 | M0 | GATE | $C/\overline{T}$ | M1 | M0 |
| 定时器/计数器 0 低字节 | TL0 | 8AH | | | | | | | | |
| 定时器/计数器 0 高字节 | TL1 | 8BH | | | | | | | | |
| 定时器/计数器 1 低字节 | TH0 | 8CH | | | | | | | | |
| 定时器/计数器 1 高字节 | TH1 | 8DH | | | | | | | | |
| P1 口 | *P1 | 90H | 97 | 96 | 95 | 94 | 93 | 92 | 91 | 90 |
| 电源控制 | PCON | 97H | SMOD | | | | GF1 | GF0 | PD | IDL |
| 串行口控制 | *SCON | 98H | SM0 | SM1 | SM2 | REN | TB8 | RB8 | TI | RI |
| | | | 9F | 9E | 9D | 9C | 9B | 9A | 99 | 98 |
| 串行数据缓冲器 | SBUF | 99H | | | | | | | | |
| P2 口 | *P2 | A0H | $A_7$ | $A_6$ | $A_5$ | $A_4$ | $A_3$ | $A_2$ | $A_1$ | $A_0$ |
| 中断允许控制 | *IE | A8H | EA | | | ES | ET1 | EX1 | ET0 | EX0 |
| | | | AF | | | AC | AB | AA | A9 | A8 |
| P3 口 | *P3 | B0H | $B_7$ | $B_6$ | $B_5$ | $B_4$ | $B_3$ | $B_2$ | $B_1$ | $B_0$ |
| 中断优先控制 | *IP | B8H | | | | PS | PT1 | PX1 | PT0 | PX0 |
| | | | | | | BC | BB | BA | B9 | B8 |
| 程序状态字 | *PSW | D0H | C | AC | F0 | RS1 | RS0 | OV | F1 | P |
| | | | $D_7$ | $D_6$ | $D_5$ | $D_4$ | $D_3$ | $D_2$ | $D_1$ | $D_0$ |
| 累加器 | *A | E0H | $E_7$ | $E_6$ | $E_5$ | $E_4$ | $E_3$ | $E_2$ | $E_1$ | $E_0$ |
| 寄存器 B | *B | F0H | $F_7$ | $F_6$ | $F_5$ | $F_4$ | $F_3$ | $F_2$ | $F_1$ | $F_0$ |

在特殊功能寄存器地址空间范围内，还有一些单元未被定义，这些单元是为 MCS-51 的新型单片机保留的，一些已经出现的新型单片机因内部功能部件的增加而增加了不少特殊功能寄存器。为了使软件与新型单片机兼容，用户不能使用这些空闲的单元。

**2. 片外数据存储器**

当内部 RAM 不够用时，最多可以外扩 64 KB 的外部数据存储器，即 CPU 可以寻址 64 KB 的外部数据存储器。但应注意的是：MCS-51 对外扩展的 RAM 和 I/O 接口是统一编址的，如果同时扩展外部 RAM 和 I/O 接口则要注意地址分配的问题。CPU 对外部 RAM 和 I/O 接口的操作使用 MOVX 指令。

### 2.3.4　位存储器

MCS-51 内部 RAM 中的 20H～2FH 单元以及特殊功能寄存器中地址为 8 的倍数的特殊功能寄存器(表 2-5 中带*的 SFR)可以位寻址，它们构成了 MCS-51 的位存储器。表 2-5 列出了内部 RAM 中位寻址区的位地址编址，并列出了基本的特殊功能寄存器中具有位寻址功能的位地址编址。

MCS-51 内的布尔处理器能对位地址空间的位存储器直接寻址，对它们执行置 1、清 0、取反、测试等操作。布尔处理器的这种功能提供了把逻辑式(组合逻辑)直接变为软件的简单方法，即不需要过多的数据传送、字节屏蔽和测试分支树，就能实现复杂的逻辑功能。

# 2.4　并行输入/输出(I/O)接口

MCS-51 单片机具有 4 个双向的 8 位并行 I/O 口，分别记作 P0、P1、P2、P3。各口的每位均出口锁存器、输入缓冲器和输出驱动器构成，这 4 个口除可以按字节输入/输出外，它们的每一位口线也可以单独作为位输入/输出线。

MCS-51 单片机 4 个并行 I/O 口有两种操作方式：

(1) 并行 I/O 口作输出口时，CPU 执行口的输出指令，内部总线上的数据在"写锁存器"信号的作用下由 D 端进入口锁存器，然后通过输出驱动器送到口引脚输出。

(2) 并行 I/O 口作输入口时，输入的数据可以读自口锁存器，也可以读自口引脚，这要根据输入操作采用的是"读锁存器"指令还是"读引脚"指令来决定。

P1、P2 和 P3 口内部有拉高电路，称为准双向口；P0 口是开漏输出的，内部没有拉高电路，是三态双向 I/O 口。

显然，MCS-51 单片机的 4 个 I/O 口在电路结构上基本相同，但它们又各具特点，因此，它们在结构和使用上也存在一些差异。

### 2.4.1　P0 口

P0 口为三态双向 I/O 口，其位结构如图 2-5 所示。它由一个输出锁存器、两个三态输入缓冲器、输出驱动电路及控制电路组成。上拉场效应管 $T_2$ 和驱动场效应管 $T_1$ 组成输出驱动器，以增大带负载能力，其工作状态受控制电路与门、反相器和转换开关 MUX 的控制。

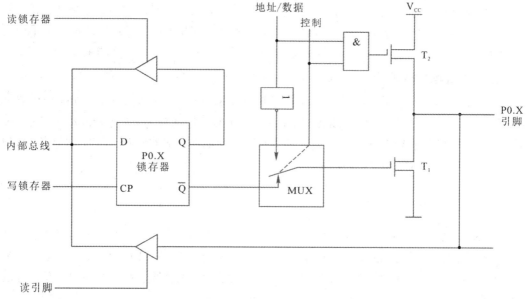

图 2-5    P0 口的位结构图

P0 口有两种功能，用于不同的工作环境。在不需要进行外部 ROM、RAM 等的扩展时，可以作为通用的 I/O 口使用，直接连接外部的输入/输出设备；在需要进行外部 ROM、RAM 等的扩展时，P0 口只能作为地址/数据总线口使用。

当 P0 口作为通用 I/O 口使用时，控制信号为低电平无效，多路转换开关 MUX 连通锁存器 $\overline{Q}$ 端，与门输出为 0，$T_1$ 截止，输出驱动级工作在需外接上拉电阻的漏极开路方式。

P0 口用作输出口时，将"0"写入 P0 口的某一位口锁存器，则驱动场效应管 $T_1$ 导通，引脚输出低电平，即输出"0"；而写入"1"时，输出驱动电路中的两个场效应管 $T_1$、$T_2$ 均截止，引脚浮空。因此，要使"1"正常输出，必须在引脚上外接 10 kΩ 的上拉电阻。要从 P0 口输入数据时，应先向 P0 口写"1"，此时锁存器的 $\overline{Q}$ 端为 0，使输出驱动电路的两个场效应管均截止，引脚处于悬浮状态，才可作高阻输入。引脚上的外部信号既加在三态缓冲器 1 的输入端，又加在 $T_1$ 的漏极，经过读引脚指令使其进入内部总线。

当 P0 口作为系统扩展的地址/数据总线口使用时，分时输出外部存储器(或 I/O 口)的低 8 位地址 $A_0 \sim A_7$ 和传送数据 $D_0 \sim D_7$。此时控制信号应为高电平有效，一方面使转换开关 MUX 接通地址/数据总线反相后的信号，另一方面又使地址/数据总线的信号能通过与门作用 $T_2$。

综上所述，在系统扩展外部存储器时，P0 口只能作为地址/数据总线口使用，此时是个真正的双向口；在没有扩展外部存储器时，P0 可以作为通用 I/O 口使用，但此时只是一个准双向口。

## 2.4.2    P1 口

P1 口是一个有内部上拉电阻的准双向口，其位结构如图 2-6 所示。P1 口的每一位口线都能独立用作输入线或输出线。作输出时，如将"0"写入锁存器，场效应管导通，输出线为低电平，即输出为"0"。作输入时，必须先将"1"写入口锁存器，使场效应管截止。该口线由内部上拉电阻提拉成高电平，同时也能被外部输入源拉成低电平，即当外部输入"1"时该口线为高电平，而输入"0"时该口线为低电平。P1 口作输入时，可被任何 TTL 电路和 MOS 电路驱动，由于具有内部上拉电阻，也可以直接被集电极开路和漏极开路电路驱动，而不必外加上拉电阻。P1 口可驱动 4 个 LSTTL 门电路。

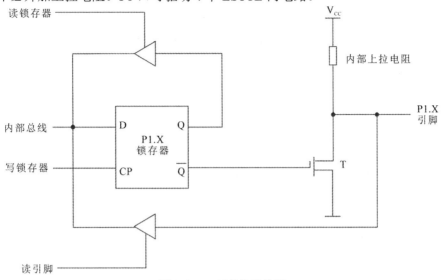

图 2-6　P1 口的位结构图

## 2.4.3　P2 口

当 P2 口作为准双向通用 I/O 口使用时，控制信号使转换开关接向左侧，锁存器 Q 端经反相器接场效应管，其工作原理与 P1 口相同，位结构如图 2-7 所示，也具有输入、输出、端口操作 3 种工作方式，负载能力与 P1 口相同。当作为外部扩展存储器的高 8 位地址总线使用时，控制信号使转换开关接向右侧，由程序计数器 PC 的高 8 位地址，或数据指针 DPTR 的高 8 位地址经反相器和场效应管原样呈现在 P2 口的引脚上，输出高 8 位地址 $A_8 \sim A_{15}$。在上述情况下，P2 口锁存器的内容不受影响，所以取指或访问外部存储器结束后，转换开关又接至左侧，输出驱动器与锁存器 Q 端相连，引脚上将恢复原来的数据。

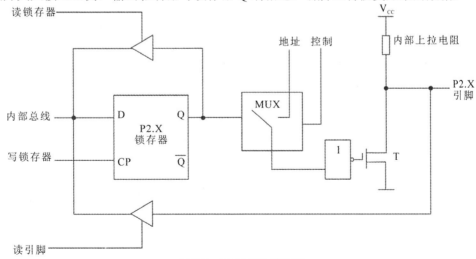

图 2-7　P2 口的位结构图

## 2.4.4　P3 口

P3 口是一个多功能的准双向口。作为第一功能的通用 I/O 口使用时，其功能和原理与 P1 口相同。P3 口的第二功能是作控制和特殊功能口使用的，这时 8 条端口线所定义的功能各不相同，其位结构如图 2-8 所示。

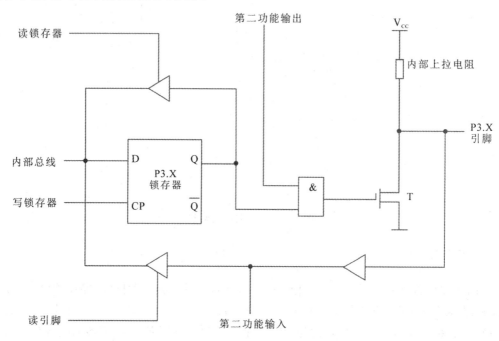

图 2-8　P3 口的位结构图

P3 口除作为通用 I/O 口外，往往还使用其第二功能，各位的第二功能如表 2-6 所示。此时相应的口线锁存器必须为"1"状态，与非门的输出由第二功能输出线的状态决定，从而 P3 口线的状态取决于第二功能输出线的电平。在 P3 口的引脚信号输入通道中有两个三态缓冲器，第二功能的输入信号取自第一个缓冲器的输出端，第二个缓冲器仍是第一功能的读引脚信号缓冲器。P3 口可驱动 4 个 LSTTL 门电路。

表 2-6　P3 口的第二功能

| 端　　口 | 第二功能 | 功 能 说 明 |
|---|---|---|
| P3.0 | RXD | 串行输入(数据接收)口 |
| P3.1 | TXD | 串行输出(数据发送)口 |
| P3.2 | $\overline{INT0}$ | 外部中断 0 输入 |
| P3.3 | $\overline{INT1}$ | 外部中断 1 输入 |
| P3.4 | T0 | 定时器/计数器 0 计数输入 |
| P3.5 | T1 | 定时器/计数器 1 计数输入 |
| P3.6 | $\overline{WR}$ | 片外数据存储器写选通信号输出 |
| P3.7 | $\overline{RD}$ | 片外数据存储器读选通信号输入 |

### 2.4.5　I/O 口的使用原则

#### 1. I/O 口的负载能力和接口要求

综上所述，由于 P0 口的输出级与 P1～P3 口的输出级在结构上是不同的，因此它们的负载能力和接口要求也各不相同。

P0 口与其他口不同，它的输出级无上拉电阻。当把它用作通用 I/O 口时，输出级是漏极开路电路，故输入时必须外接上拉电阻。P0 口用作输入时，应先向口锁存器(80H)写 1。把 P0 口当成地址/数据总线时(外部扩展 RAM 或 RAM/IO 的情况)，则无须外接上拉电阻。P0 口的每一位输出可驱动 8 个 LS 型 TTL 负载。

P1～P3 口的输出极接有内部上拉负载电阻,每一位输出极可驱动 4 个 LS 型 TTL 负载，P1～P3 口作为输入口时，必须先对相应口锁存器写 1。任何 TTL 或 NMOS 电路都能以正常方式驱动 MCS-51 单片机的 P1～P3 口。由于输出极具有上拉电阻，因此也可以被集电极开路(OC 门)或漏极开路电路所驱动。

对于 CHMOS 型单片机(如 89C51)，I/O 口只能提供几毫安的输出电流，故当它作为输出口去驱动一个普通晶体管的基极(或 TTL 电路输入端)时，应在 I/O 口与晶体管基极间串联一个电阻，以限制高电平输出时的电流。

#### 2. I/O 口的使用

MCS-51 单片机的 P0～P3 口都是并行 I/O 口，在理论上都可以作为通用 I/O 口使用，可以直接连接外部的 I/O 设备，以实现数据的输入/输出传送。但在实际应用中，一般遵循以下用法：P0 口通常作为系统扩展的地址/数据总线口，分时输出外部存储器(或 I/O 口)的低 8 位地址 $A_0 \sim A_7$ 和传送数据 $D_0 \sim D_7$；P2 口作为系统扩展的高 8 位地址总线口，输出外部存储器(或 I/O 口)的高 8 位地址 $A_8 \sim A_{15}$；对于 P3 口，常使用它的第二功能；只有 P1 口作为通用 I/O 口使用。

## 2.5　时钟电路与复位电路

单片机的时钟信号用来提供单片机内部各种操作的时间基准，时钟电路用于产生单片机工作时所需要的时钟信号，而时序所研究的是在执行指令过程中 CPU 产生的各种控制信号在时间上的相互关系。单片机本身就是一个复杂的同步时序电路，为了保证同步工作方式的实现，单片机应在唯一的时钟信号控制下严格地按时序工作。

### 2.5.1　时钟电路性质

单片机的时钟一般需要多项时钟，所以 MCS-51 单片机的时钟电路由振荡电路和分频电路组成。

#### 1. 振荡电路

MCS-51 单片机内部有一个用于构成振荡器的高增益反相放大器，其输入端为引脚 $XTAL_1$，输出端为引脚 $XTAL_2$。通过这两个引脚在芯片外并接石英晶体振荡器和两个电容，就构成一个稳定的自激振荡器，如图 2-9 所示。

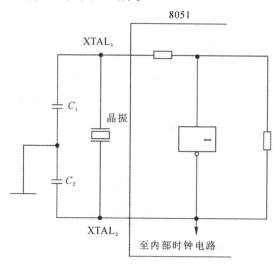

图 2-9   MCS-51 单片机振荡电路

电路中的电容 $C_1$ 和 $C_2$ 一般取 30 pF 左右，电容值的大小会影响振荡器频率的高低、振荡器的稳定性和起振的快速性。晶体的振荡频率范围是 1.2～12 MHz。晶体振荡频率高，系统的时钟频率也高，单片机运行速度也就快。MCS-51 在通常应用的情况下，使用的振荡频率为 6 MHz 或 12 MHz。随着集成电路制造技术的发展，单片机的晶振频率还在逐步提高，现在一些高速芯片的晶振频率已经达到 40 MHz。

### 2. 外部引入脉冲信号驱动时钟电路

在由多片单片机组成的系统中，为了使各单片机之间的时钟信号同步，应当引入公用外部脉冲信号作为各单片机的振荡脉冲。对于 8051 单片机，外部的时钟信号经 TTL 处理从 $XTAL_2$ 引脚接入，其连接如图 2-10 所示。而对于 80C51 芯片，外部脉冲信号则由 $XTAL_1$ 引脚接入，同时要把 $XTAL_2$ 引脚悬空。

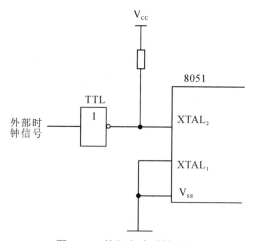

图 2-10   外部方式时钟电路

实际使用时，引入的脉冲信号应为高、低电平持续时间大于 20 ns 的矩形波，且脉冲频率应低于 12 MHz。

### 3. 分频电路

振荡电路产生的振荡信号要经过分频后才能得到单片机各种相关的时钟信号。振荡脉冲经二分频后作为系统的时钟信号，在二分频的基础上再三分频产生 ALE 信号，而在二分频的基础上再六分频产生机器周期信号。

## 2.5.2　时序

单片机总是按照一定的时钟节拍与时序工作。时序是指 CPU 在执行指令过程中，CPU 的控制器所发出的一系列特定的控制信号在时间上的相互关系。时序是用定时单位来说明的。

MCS-51 的时序定时单位共有 4 个，从小到大依次是节拍、状态、机器周期和指令周期。

### 1. 节拍与状态

把振荡脉冲的周期定义为节拍，用 P 表示。振荡脉冲经过二分频后，就是单片机的时钟信号的周期，将其定义为状态，用 S 表示。这样，一个状态就包含两个节拍，其前半周期对应的节拍称为节拍 $1(P_1)$，后半周期对应的节拍称节拍 $2(P_2)$。

### 2. 机器周期

由于 MCS-51 单片机采用的是同步控制方式，因此它有固定的机器周期。一个机器周期的宽度有 6 个状态，可依次表示为 $S_1 \sim S_6$。又因为一个状态包含两个节拍，所以一个机器周期总共有 12 个节拍，分别记作 $S_1P_1$，$S_1P_2$，…，$S_6P_2$。从一个机器周期共有 12 个振荡脉冲周期可知，机器周期就是振荡脉冲的十二分频。

例如，当振荡脉冲频率为 12 MHz 时，一个机器周期为 1 μs；当振荡脉冲频率为 6 MHz 时，一个机器周期为 2 μs。

### 3. 指令周期

执行一条指令所需要的时间称为指令周期。不同的指令所需要的机器周期数是不相同的，通常可分为包含一个机器周期的单周期指令，包含两个机器周期的双周期指令和包含四个机器周期的四周期指令。四周期指令只有乘法和除法两条指令，其余均为单周期指令和双周期指令。指令的运算速度与指令所包含的机器周期有关，机器周期数越少的指令其执行速度越快。

单片机在执行任何一条指令时都可以将其分为取指令阶段和执行指令阶段。MCS-51 的取指/执行时序如图 2-11 所示。

由图 2-11 可知，ALE 引脚上出现的信号是周期性的，在每个机器周期内出现两次高电平。第一次出现在 $S_1P_2$ 和 $S_2P_1$ 期间，第二次出现在 $S_4P_2$ 和 $S_5P_1$ 期间。ALE 信号每出现一次，CPU 就进行一次取指令操作，但由于不同指令的字节数和机器周期数不同，因此取指令操作也随指令不同而有小的差异。

按照指令字节数和机器周期数，8051 的 111 条指令可分为 6 类，分别是单字节单周期指令、单字节双周期指令、单字节四周期指令、双字节单周期指令、双字节双周期指令和三字节双周期指令等。

图 2-11(a)、(b)分别给出了单字节单周期和双字节单周期指令的时序。单周期指令的执行始于 $S_1P_2$，这时操作码被锁存到指令寄存器内。若是双字节，则在同一机器周期的 $S_4$

读第二字节。若是单字节指令，则在 $S_4$ 仍有读操作，但被读入的字节无效，且程序计数器 PC 并不增量。图 2-11(c)给出了单字节双周期指令的时序，两个机器周期内进行 4 次读操作码操作。因为是单字节指令，所以后三次读操作码都是无效的。

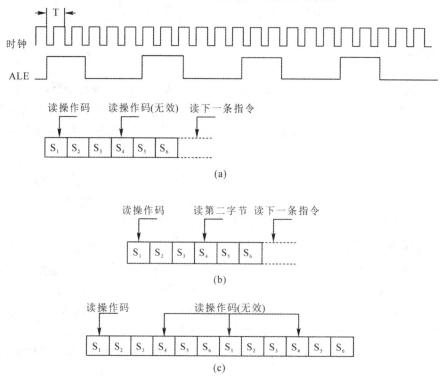

图 2-11　MCS-51 的取指/执行时序

### 2.5.3　复位电路

单片机复位是使 CPU 和系统中的其他功能部件都处在一个确定的初始状态，并能够从这个状态开始工作。单片机无论是在刚开始接上电源时，还是断电后或者发生故障后都要复位，所以在这里必须弄清楚 MCS-51 单片机复位的条件、复位电路和复位后的状态。

要使单片机复位，必须使 RST 引脚至少保持两个机器周期(即 24 个振荡周期)的高电平。例如，若时钟频率为 12 MHz，每机器周期为 1 μs，则只需 2 μs 以上时间的高电平，在 RST 引脚出现高电平后的第二个机器周期执行复位。单片机常见的复位电路如图 2-12(a)、图 2-12(b)所示。

图 2-12(a)为上电复位电路，它是利用电容充电来实现的。在接电瞬间，RST 端的电位与 $V_{CC}$ 相同，随着充电电流的减少，RST 的电位逐渐下降。只要保证 RST 为高电平的时间大于两个机器周期，便能正常复位。

图 2-12(b)为按键复位电路。该电路除具有上电复位功能外，若要复位，只需按 RESET 键，此时电源 $V_{CC}$ 经电阻 $R_1$、$R_2$ 分压，在 RST 端产生一个复位高电平。

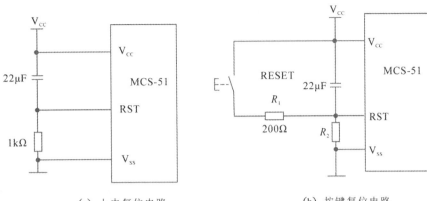

(a) 上电复位电路　　　　　　　　(b) 按键复位电路

图 2-12　单片机常见的复位电路图

单片机复位期间不产生 ALE 和 $\overline{\text{PSEN}}$ 信号，即 ALE = 1 和 $\overline{\text{PSEN}}$ = 1，这表明单片机复位期间不会有任何取指令操作。复位后内部各寄存器状态如表 2-7 所示。

表 2-7　复位后内部各寄存器状态

| 寄存器 | 复位状态 | 寄存器 | 复位状态 |
|---|---|---|---|
| PC | 0000H | ACC | 00H |
| B | 00H | PSW | 00H |
| SP | 07H | DPTR | 0000H |
| P0～P3 | FFH | IP | ×××00000B |
| IE | 0××00000B | TMOD | 00H |
| TCON | 00H | TL0，TL1 | 00H |
| TII0，TH1 | 00H | SCON | 00H |
| SBUF | 不定 | PCON | 0×××0000B |

由表 2-7 可知：

(1) 复位后 PC 值为 0000H，表明复位后程序从 0000H 开始执行。

(2) SP 值为 07H，表明堆栈底部在 07H。一般需重新设置 SP 值。

(3) P0～P3 口值为 FFH。P0～P3 口用作输入口时，必须先写入"1"。单片机在复位后，已使 P0～P3 口每一端线为"1"，并为这些端线用作输入口做好了准备。

(4) PSW = 00H，表明当前工作寄存器为第 0 组工作寄存器。

(5) IP = ×××00000B，表明各个中断源均处于低优先级。

(6) IE = 0××00000B，表明各个中断源均处于关断状态。

# 2.6　单片机的工作方式

MCS-51 系列单片机的生产采用了两种半导体工艺，一种是 HMOS 工艺，即高密度短沟道 MOS 工艺；另外一种是 CHMOS 工艺，即互补金属氧化物的 MOS 工艺。CHMOS 是 CMOS 和 HMOS 的结合，除保持了 HMOS 高速度和高密度的特性之外，还具有 CMOS 低功耗的特性。在便携式、手提式或野外作业仪器设备上低功耗是非常有意义的，因此，在这些产品中必须使用 CHMOS 型单片机。

低功耗方式主要用于电池供电或停电时需要备用电池供电的场合。CHMOS 型单片机不仅运行时耗电少，而且还提供两种节电工作方式，即空闲(待机)工作方式和掉电(停机)工作方式，以进一步降低功耗。

CHMOS 型单片机的节电工作方式是由电源控制寄存器 PCON 控制的，PCON 的格式及各位的定义如下：

| PCON | $D_7$ | $D_6$ | $D_5$ | $D_4$ | $D_3$ | $D_2$ | $D_1$ | $D_0$ |
|------|------|------|------|------|------|------|------|------|
| (87H) | SMOD | — | — | — | GF1 | GF0 | PD | IDL |

(1) SMOD：串行口波特率倍增控制位。

(2) GF1、GF0：通用标志位。

(3) PD：掉电方式控制位。当 PD = 1 时，进入掉电方式。

(4) IDL：空闲方式控制位。当 IDL = 1 时，进入空闲方式。

说明：PCON.4～PCON.6 为保留位，对于 HMOS 型单片机仅 SMOD 位有效；若 IDL 和 PD 同时为 1 时，则 PD 优先，进入掉电方式。

## 2.6.1  空闲工作方式

当 CPU 执行完任何能使 IDL 置 1 的指令后，就使单片机进入空闲工作方式。这时振荡器仍然运行，给中断逻辑、定时器/计数器和串行口等模块提供时钟信号，使它们继续工作，但提供给 CPU 的内部时钟信号被切断，CPU 不执行任何指令。在空闲工作方式下，CPU 的内部状态、内部 RAM 和其他特殊功能寄存器内容维持不变，所有 I/O 引脚均保持进入空闲工作方式之前的状态，ALE 和 $\overline{PSEN}$ 保持逻辑高电平。在进入空闲方式后，有以下两种方法可退出空闲方式：

(1) 响应中断。被允许的中断源请求中断时，由内部的硬件电路将 PCON.0(IDL)清 0，于是中止空闲方式。CPU 响应中断，执行中断服务程序，中断处理完以后，可以进入空闲方式指令的下一条指令处开始继续执行程序。

(2) 硬件复位。由于空闲工作方式下振荡器仍然工作，因此硬件复位仅需 2 个机器周期即可完成。而 RST 端的复位信号直接将 PCON.0(IDL)清 0，从而退出空闲状态，可以从进入空闲方式指令的下一条指令处开始继续执行程序。

## 2.6.2  掉电工作方式

当 CPU 执行完任何能使 PD 置 1 的指令后，就使单片机进入掉电工作方式。这时片内振荡器停止工作，一切功能停止，只有片内 RAM 和特殊功能寄存器的内容被保持，所有 I/O 引脚均保持进入掉电工作方式之前的状态，ALE 和 $\overline{PSEN}$ 都为逻辑低电平。

退出掉电工作方式的唯一方法是硬件复位。复位后所有特殊功能寄存器的内容被初始化，但内部 RAM 单元的内容仍保持不变。

在掉电工作方式期间，$V_{CC}$ 可以降低到 2V，但在进入掉电工作方式之前，$V_{CC}$ 不能降低。而在准备退出掉电工作方式之前，$V_{CC}$ 必须恢复正常的工作电压值，并维持一段时间(约 10 ms)，以使振荡器重新启动并稳定。

 ## 知识拓展

高质量发展是当前中国经济社会发展的重要目标和方向。二十大报告中指出，在发展中我们要加快构建新发展格局，着力推动高质量发展。这也是全面建设社会主义现代化国家的首要任务。

单片机可以应用于提高产品的智能化水平，实现自动化、数字化、网络化的生产和管理，从提高效率和质量、降低成本和资源消耗的方向推动高质量发展；可以应用于促进创新和技术进步，支持新产品的开发和新领域的拓展，从增强产品的竞争力和市场占有率的方向推动高质量发展；可以应用于满足社会和消费者的多样化需求，提供个性化、定制化、智能化的产品和服务，从提升用户体验和满意度的方向推动高质量发展；还可以应用于促进产业结构的优化和升级，推动传统产业的转型和新兴产业的发展，从形成高附加值、高技术含量、高效益产业链的方向推动高质量发展。

因此，单片机的应用对高质量发展的推动起着不可忽视的作用。对于我们而言，学习单片机的硬件结构，掌握单片机的内部结构，熟悉外部引脚及其功能，理解并行输入/输出接口的使用方式，是推动科技创新、促进产业升级、实现绿色发展的重要基础。

# 习　　题

## 1. 填空题

(1) 若不使用 MCS-51 片内程序存储器，引脚 $\overline{EA}$ 必须接 ＿＿＿＿＿＿。

(2) 8051 内部在物理上有＿＿＿＿＿＿个独立的存储空间。

(3) 当使用 8751 且 EA = 1，程序存储器地址小于＿＿＿＿＿＿时，访问的是片内 ROM。

(4) MCS-51 有 4 组工作寄存器，它们的地址范围是＿＿＿＿＿＿。

(5) 若 PSW = 18H，则有效 R0 的地址为＿＿＿＿＿＿H。

(6) 作为寻址程序状态寄存器 PSW 的 F0 位，可使用的地址和符号有＿＿＿＿＿＿、＿＿＿＿＿＿和＿＿＿＿＿＿。

(7) 单片机程序存储器的寻址范围是由程序计数器 PC 的位数所决定的，因为 MCS-51 的 PC 为 16 位，所以其寻址的范围是＿＿＿＿＿＿KB。

(8) MCS-51 单片机的复位方式主要包括＿＿＿＿＿＿方式和＿＿＿＿＿＿方式。

## 2. 简答题

(1) MCS-51 单片机片内都集成了哪些功能部件？各个功能部件的主要功能是什么？

(2) 程序状态寄存器 PSW 的作用是什么？常用状态有哪些位？它们的作用是什么？

(3) 什么是单片机的振荡周期、状态周期、机器周期和指令周期？它们之间有什么关系？

---

(4) 程序存储器中有哪几个具有特殊功能的单元？分别作什么用？

(5) MCS-51 单片机内 128 B(或 256 B)的数据存储器可分为哪几个区？分别作什么用？

(6) MCS-51 单片机共有几个几位的 I/O 端口？使用时应注意什么？

(7) 8051 单片机有多少根引脚？有几根控制引脚？这些控制引脚的作用是什么？哪些引脚有第二功能？

(8) 8051 内部的特殊功能寄存器有几个？地址分别是什么？

(9) 单片机复位有几种方法？系统复位后特殊功能寄存器的初始值是什么？(SP，ACC，PSW，DPTR，P0～P3，TCON，TH0，TL0，TMOD。)

(10) 开机复位后，CPU 使用哪组工作寄存器作为当前工作寄存器？它们的地址是什么？如何改变当前工作寄存器组？如何保护当前工作寄存器组？

# 第 3 章  MCS-51 单片机指令系统

## 内容提要

本章讲述了 MCS-51 单片机的指令系统，其中包括 MCS-51 指令格式、7 种寻址方式的概念；各类指令的功能及使用方法，如数据传送类指令、算术运算类指令、逻辑运算及移位类指令、控制转移类指令和位操作类指令。

## 知识要点

▶ 概念
◇ 指令系统、7 种寻址方式、指令字节、指令周期。

▶ 知识点
◇ 数据传送类指令的功能及使用方法。
◇ 算术运算类指令的功能及使用方法。
◇ 逻辑运算及移位类指令的功能及使用方法。
◇ 控制转移类指令的功能及使用方法。
◇ 位操作类指令的功能及使用方法。

▶ 重点及难点
◇ 寄存器间接寻址、变址寻址、相对寻址的理解。
◇ MOVX、MOVC、CJNE、DJNZ、JMP 指令的用法。

## 案例引入

虽然在单片机的使用过程中编程难度相对较低，但是随着单片机的应用越来越综合，在软件开发过程中，运用系统化、规范化、可量化的方法来提高软件质量和效率的思想却显得日益重要。软件工程是应用计算机科学、数学、逻辑学及管理科学等原理开发软件的工程，其应用可以帮助单片机开发者进行需求分析、设计规划、代码编写、调试测试等各个阶段的工作，使得单片机软件能够满足用户的需求，具有可靠性、可维护性和可扩展性。软件工程可以促进单片机开发者使用模块化、分层等设计原则和技术，提高单片机软件的结构性和可读性，便于代码的复用和修改；还可以指导单片机开发者遵循一定的编码规范和文档标准，增强单片机软件的统一性和规范性。

请同学们思考：

我们该如何将软件工程思想应用到综合性较强的单片机项目中呢？

# 3.1 指令系统概述

指令系统是指所有指令的集合，它是面向机器的。指令是规定计算机基本操作的语句或命令。

## 3.1.1 MCS-51 指令格式

早期单片机的开发主要使用的是机器语言和汇编语言。由于用二进制代码表示的机器语言指令不便于阅读、理解和记忆，因此在 MCS-51 指令系统中采用汇编语言指令来编写程序。汇编语言指令通常采用英文名称或缩写方式作为助记符来表示指令的功能和特征。

汇编语言指令最多包含 4 个部分：

[标号：]操作码助记符　[目的操作数] [, 源操作数] [; 注释]

指令的表示方式称为指令格式。指令通常由两个组成部分：操作码和操作数。操作码用来规定指令进行什么操作，而操作数则是指令操作的对象，操作数可能是一个具体的数据，也可能是指出到哪里取数据的地址或符号。

每条指令除操作码助记符是必须的，其他带中括号的是任选项，不是必须的。

### 1. 标号

标号是该指令的符号地址，标号代表该条指令在程序存储器区中的存放地址，其本质是地址的符号化。标号必须是以字母开始，冒号结束。标号的字符个数一般不能超过 8 个(根据汇编程序版本而定)，一旦某个标号赋给了某条指令，其他指令的操作数就可以直接应用该标号，以便寻址或控制程序转移。标号是任选项，不是必须的。

### 2. 操作码助记符

操作码助记符也称为操作码，通常采用英文名称或缩写方式，它是每条指令必须有的部分，决定了语句的操作性质，反映了指令的功能。操作码与操作数之间用空格分开。MCS-51 指令系统具有 255 种操作码(如 00H～FFH，除 A5H 外)。

### 3. 操作数

操作数指的是参加操作运算的数据，可以是数字、数据的地址、寄存器等。操作数分为目的操作数和源操作数两种，两者之间用逗号分开。当然，有些操作码可以是无操作数或一个操作数。

### 4. 注释

注释是以分号开始的，汇编时对这部分可以不予处理，它是程序员对指令操作的解释。注释必须在行内写完，换行时需要另外以分号开始。注释内容可以为任何字符，不需要每行都加注释，仅在某些关键处注释即可，以便日后对程序的维护，汇编语言指令各部分内容示意图如图 3-1 所示。

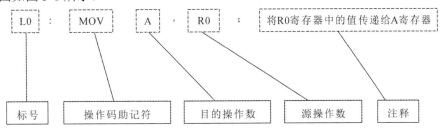

图 3-1　汇编语言指令各部分内容示意图

为了更好地理解指令格式及后续指令的寻址方式，结合第 2 章的第 2 节、第 3 节内容，下面通过一个例子进行说明。CPU 要完成一项工作，必须按要求去执行各种操作，逐条取指令并执行之，从而完成预定的任务。

【例 3-1】　在程序存储器中存放着一个平方表，通过查表，可直接得到数据(范围 0～F)的平方值，无须计算。设该数据存放在 R0 寄存器中的低 4 位，要求数据的平方值查表后结果仍然送回 R0。

程序如下：

```
            ORG     0000H
            LJMP    SQUARE
            ORG     3000H
SQUARE: MOV     A, R0          ; 取数
            ANL     A, #0FH        ; 屏蔽高 4 位
            ADD     A, #02H        ; 调整地址
            MOVC    A, @A+PC       ; 查表
            MOV     R0, A          ; 送结果
            RET                    ; 返回
SQTAB:  DB      00H, 01H, 04H, 09H, 10H, 19H, 24H, 31H
            DB      40H, 51H, 64H, 79H, 90H, 0A9H, 0C4H, 0E1H
            END
```

为了完成上述功能，编写的汇编程序如上所示。程序编写完成后，用汇编编译器编译无误后，烧写至单片机程序存储器中，单片机上电后即可工作，从而完成上述任务。到此为止，很多单片机初学者可能会问，程序在单片机中的哪个地方？以什么样的一个形式存放，单片机如何执行的呢？下面结合图 3-2 来加以介绍。

如图 3-2 所示，程序和数据表格已存放在程序存储器中，都是以二进制数的形式存放的。地址 0000H～0002H 和 3000H～3007H 对应的程序存储器中存放的是操作码和操作数，规定了 CPU 执行什么操作；3008H～3017H 单元中存放的是 0～F 数据的平方结果。其中标号 SQUARF 和 SQTAB 就是地址 3000H 和 3008H 的符号地址。单片机从 0000H 地址开始执行程序，0000H 地址开始存放指令代码是 023000H，其中 02H 是操作码表示，操作是长转移，转移地址是 3000H，其他指令与机器码的关系将在后续的章节中给出。

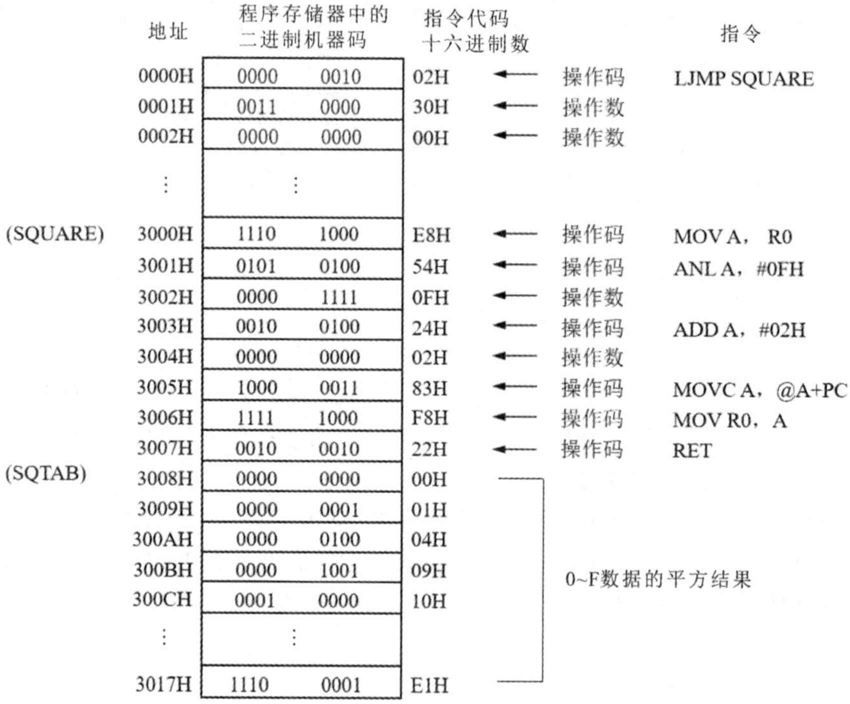

| 地址 | 程序存储器中的二进制机器码 | | 指令代码十六进制数 | | | 指令 |
|---|---|---|---|---|---|---|
| 0000H | 0000 | 0010 | 02H | ← | 操作码 | LJMP SQUARE |
| 0001H | 0011 | 0000 | 30H | ← | 操作数 | |
| 0002H | 0000 | 0000 | 00H | ← | 操作数 | |
| ⋮ | ⋮ | | | | | |
| (SQUARE) 3000H | 1110 | 1000 | E8H | ← | 操作码 | MOV A，R0 |
| 3001H | 0101 | 0100 | 54H | ← | 操作码 | ANL A，#0FH |
| 3002H | 0000 | 1111 | 0FH | ← | 操作数 | |
| 3003H | 0010 | 0100 | 24H | ← | 操作码 | ADD A，#02H |
| 3004H | 0000 | 0000 | 02H | ← | 操作数 | |
| 3005H | 1000 | 0011 | 83H | ← | 操作码 | MOVC A，@A+PC |
| 3006H | 1111 | 1000 | F8H | ← | 操作码 | MOV R0，A |
| 3007H | 0010 | 0010 | 22H | ← | 操作码 | RET |
| (SQTAB) 3008H | 0000 | 0000 | 00H | | | |
| 3009H | 0000 | 0001 | 01H | | | |
| 300AH | 0000 | 0100 | 04H | | | |
| 300BH | 0000 | 1001 | 09H | | 0~F数据的平方结果 | |
| 300CH | 0001 | 0000 | 10H | | | |
| ⋮ | ⋮ | | | | | |
| 3017H | 1110 | 0001 | E1H | | | |

图 3-2　程序在程序存储器区的示意图

了解了指令格式及指令在程序存储器中存放的方式及 CPU 执行过程,下面进一步学习指令。

## 3.1.2　操作数类型及指令描述约定

### 1. 操作数类型

在众多指令中,大多数指令执行时都需要使用操作数,因此就存在怎样寻找操作数的问题。所谓寻址,实质上就是如何确定操作数的单元地址。根据指定方法的不同,有不同的寻址方式。在讲解寻址方式前,必须了解操作数有哪些类型。单片机指令系统中的操作数的类型有立即数、寄存器操作数和存储器操作数 3 种。

(1) 立即数。立即数作为指令代码的一部分出现在指令中,它通常作为源操作数使用。在汇编指令中立即数可用二进制、十六进制或十进制等数制形式表示,也可以用一个可求解的表达式来表示。

(2) 寄存器操作数。寄存器操作数是把操作数存放在寄存器中,即用寄存器存放源操作数或目的操作数。通常,在指令中给出寄存器的名称。在双操作数指令中,寄存器操作数可以作为源操作数,也可以作为目的操作数。

(3) 存储器操作数。存储器操作数是把操作数存放在存储器中,在汇编指令中给出的是存储器的地址。由于地址给出的方式有多种,因此涉及的存储器操作数寻址方式最为复杂。

### 2. 指令描述约定

为了便于学习寻址方式和指令,在此先对指令中使用到的一些符号的约定予以说明。

- Rn：当前选定的工作寄存器区 R7~R0(n = 7~0)。
- direct：8 位片内数据存储单元地址。它可以是一个内部数据 RAM 单元(0~127，00H~7FH)，或者是一个专用寄存器地址(SFR)，即 I/O 端口、控制寄存器、状态寄存器等(128~255，80H~0FFH)。
- @Ri：通过寄存器 R1 或 R0 间接寻址的 8 位片内数据 RAM 单元(0~255)，i = 0，1。
- #data：指令中 8 位立即数。
- #data16：指令中 16 位立即数。
- addr16：16 位目标地址。用于 LCALL 和 LJMP 指令，可指向 64 K 字节程序存储器地址空间的任何地方
- addr11：11 位目标地址。用于 ACALL 和 AJMP 指令，转向至下一条指令第一字节所在的同一个 2 K 字节程序存储器地址空间内。
- rel：带符号的 8 位偏移量字节(二进制补码)。用于 SJMP 和所有条件转移指令。偏移字节相对于下一条指令第一字节计算，在 −128~ +127 范围内取值。
- bit：内部数据 RAM 或部分专用寄存器可位寻址的位地址。
- DPTR：数据指针，可用作 16 位的地址寄存器。
- A：累加器。
- B：专用寄存器，用于乘、除指令中。
- C：进位标志或进位位。
- $\overline{\text{bit}}$：表示对该位进行取反操作。
- (x)：某寄存器或某单元的内容。
- ((x))：由 x 间接寻址的单元中的内容。
- $：当前指令存放的地址。
- ←：箭头左边的内容被箭头右边的内容所取代。
- ↔：箭头两边的内容相互交换。

## 3.1.3　寻址方式

MCS-51 单片机指令系统具有功能强、指令短、执行快等特点。MCS-51 单片机指令系统共有 42 种操作码助记符，代表了 33 种操作功能。操作码助记符与操作数的各种寻址组合共构成 111 条指令，同一种指令所对应的操作码最多可至 8 种，如指令中 Rn 对应的寄存器可以是 R0~R7。操作码共有 255 种。

MCS-51 单片机共有 7 种寻址方式，即立即寻址、直接寻址、寄存器寻址、寄存器间接寻址、变址寻址(基址寄存器加变址寄存器间接寻址)、相对寻址和位寻址。了解寻址方式是正确理解和使用指令的前提。

### 1. 立即寻址

立即寻址是指在指令中直接给出操作数的寻址方式。指令中的操作数也称为立即数。其标志为前面加 "#"，以区别直接寻址。立即数通常采用 8 位二进制数 #data，例如：

　　　MOV　A, #data
假定立即数是 30H，则指令为

  MOV　A，#30H    ；指令功能是把数据30H送至累加器A用约定符号表示为(A)←30H
指令代码为74H～30H。

  除了8位立即数外，指令系统中还有一条立即数为#data16的指令。该指令为

  MOV　DPTR，#data16

假定立即数为1234H，则指令为

  MOV　DPTR，#1234H ；功能是把16位立即数1234H送至数据指针DPTR

               ；(DPH)←12H，(DPL)←34H

指令代码为90H 12H 34H。立即寻址示意图如图3-3所示。

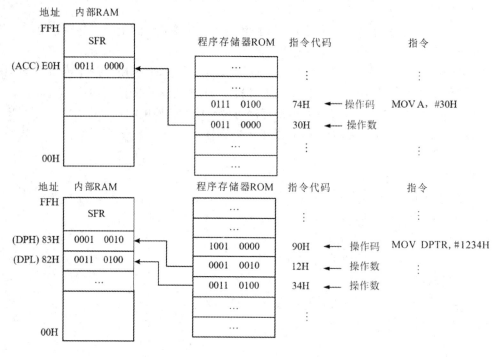

图3-3　立即寻址示意图

### 2. 直接寻址

  直接寻址是指在指令中直接给出操作数的单元地址的寻址方式。在MCS-51指令系统中，直接寻址方式可以访问内部RAM的低128字节及所有的专用寄存器。具体来说，直接寻址方式访问以下存储空间。

  (1) 专用寄存器。专用寄存器只能用直接寻址方式访问，既可以使用它们的地址，也可以使用它们的名称，专用寄存器的名称同时也是符号化的地址。

  (2) 片内数据存储器的低128字节。需要注意的是，对于52子系列单片机，其内部数据存储器高128字节(80H～FFH)不能直接寻址，必须使用寄存器间接寻址方式。

  由于52子系列单片机的片内RAM有256字节，其高128字节与专用寄存器(SFR)的地址是重叠的。为了避免混乱，单片机规定：直接寻址的指令不能访问片内RAM的高128字节(80H～FFH)，若要访问这些单元，则只能用寄存器间接寻址方式；而要访问专用寄存器(SFR)，只能使用直接寻址方式。

【**例 3-2**】　假设(43H) = 55H，执行如下的两条指令可以实现什么功能，采用的是什么寻址方式？

　　　　　MOV　A, 43H　　　　　　; (A)←(43H)
　　　　　MOV　IE, #85H　　　　　　; (IE)←85H

　　**解**　第一条指令的功能是将片内 RAM 中地址为 43H 单元的内容传送至累加器 A，其源操作数寻址方式是直接寻址，直接寻址示意图如图 3-4 所示。

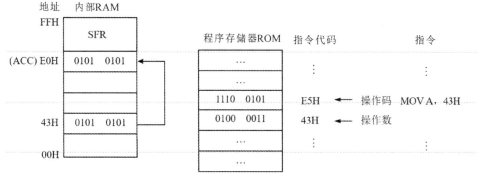

假定内部RAM地址43H的单元内容位0101　0101（55H）

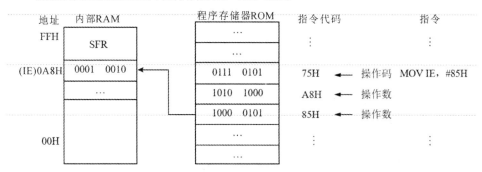

图 3-4　直接寻址示意图

　　第二条指令是将立即数 85H 传送至专用寄存器 IE，其目的操作数的寻址方式是立即数寻址。专用寄存器 IE 的字节地址为 0A8H，因此该指令也可用专用寄存器的字节地址代替专用寄存器符号。MOV 0A8H, #85H，这两种方式的指令是等价的，即具有相同的机器代码。

### 3. 寄存器寻址

　　寄存器寻址是指将操作数存放于寄存器中,寄存器包括工作寄存器 R0～R7、累加器 A、通用寄存器 B、地址寄存器 DPTR 等。例如:

　　　　　MOV　A, R0

该指令的操作是把寄存器 R0 中的数据传送到累加器 A 中，其操作数存放在寄存器 R0 中，所以寻址方式为寄存器寻址。

　　由第 2 章内容可知,MCS-51 单片机共有 4 组工作寄存器,每组有 8 个工作寄存器(R0～R7),共 32 个。但寄存器寻址只能使用当前寄存器组,因此指令中的寄存器名称只能是 R0～R7。在使用指令前,有时需要通过对 PSW 中 RS1、RS0 位的状态设置来选择当前工作寄存器组。如果程序状态寄存器 PSW 的 RS1 = 0、RS0 = 1(选中第二组工作寄存器,对应地址为 08H～0FH),设累加器 A 的内容为 55H,则执行

MOV R1, A

指令后，内部 RAM 地址 09H 的单元的值就变为 55H，如图 3-5 所示。

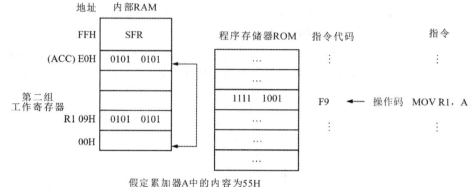

图 3-5　寄存器寻址示意图

### 4. 寄存器间接寻址

寄存器间接寻址是指在指令中给出的寄存器存放的不是操作数，而是操作数的地址，操作数是通过寄存器间接得到的，而寄存器寻址中寄存器存放的就是操作数。它们的区别在于寄存器间接寻址的寄存器前加前级标志"@"，而寄存器寻址没有这个标志。同时，寄存器间接寻址时访问片内 RAM 和片外 RAM 也有一些区别。

(1) 由于片内 RAM 共有 128 字节，访问片内 RAM 时寄存器间接寻址采用形式为@R0、@R1 或 SP；访问时用 MOV 操作符。这里需要注意的是，MCS-51 单片机寻址范围不能超过 00H～7FH；对于 52 子系列单片机，其内部数据存储器高 128 字节(80H～FFH)只能使用寄存器间接寻址方式。

(2) 由于片外 RAM 存储空间最大达到 64KB，仅@R0、@R1 无法寻址整个空间。当寻址片外存储空间时由 P2 口提供高 8 位地址，R0、R1 提供低 8 位地址时，其共同寻址范围是 64KB。也可用 16 位的 DPTR 作寄存器间接寻址 64KB 存储空间，访问时用 MOVX 操作符。

【例 3-3】 已知使用的是第一组工作寄存器，其中(R0) = 3AH，内部 RAM 地址 3AH 的单元内容为 5DH，即(3AH) = 5DH，分析执行指令 MOV A, @R0 后 A 中的内容。

**解**　该指令采用寄存器间接寻址将片内 RAM 中由 R0 的内容为地址所指示单元的内容传送到累加器 A，寻址方式如图 3-6 所示，结果(A) = 5DH。

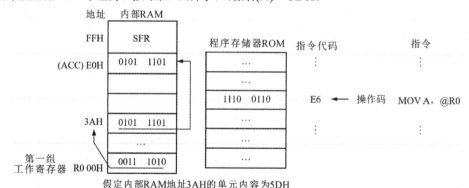

图 3-6　寄存器间接寻址示意图

同样采用"MOVX"类寄存器间接寻址方式操作片外 RAM 的指令。例如：

　　MOVX　A, @R1

　　MOVX　@DPTR, A

### 5. 变址寻址

变址寻址是指在指令中把基址寄存器的内容和变址寄存器的内容作为无符号数相加或作为操作数地址。基址寄存器是程序计数器(PC)或数据指针(DPTR)，变址寄存器是 A，形成的地址是 16 位地址。这种寻址方式用来访问 ROM 的查表操作，所以变址寻址操作只有读操作而无写操作。变址寻址指令操作符有 MOVC 查表指令。

【例 3-4】已知(A) = 05H, (DPTR) = 2000H，即(DPH) = 20H, (DPL) = 00H, (2005H) = 0AAH。试分析执行指令 MOVC A, @A+DPTR 后累加器 A 中的内容。

　　解　执行该指令时，首先将 DPTR 的内容 2000H 与累加器 A 的内容 05H 相加，得到地址 2005H。然后将该地址的内容 0AAH 取出传送到累加器 A，这时累加器 A 的内容为 0AAH，原来累加器 A 的内容 05H 被改变，变成 0AAH。变址寻址方式如图 3-7 所示。

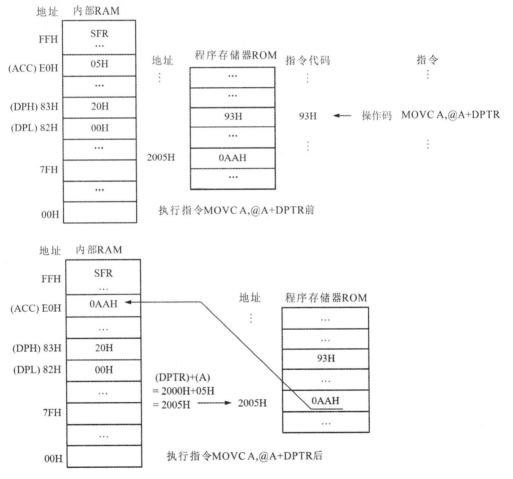

图 3-7　变址寻址示意图

对变址寻址方式，有以下几点说明。

(1) 变址寻址方式只能对程序存储器 ROM 进行寻址,或者说它是专门针对程序存储器的寻址方式,寻址范围可达 64 KB。

(2) 变址寻址指令只有以下 3 条:

```
MOVC    A, @A + DPTR
MOVC    A, @A + PC
JMP     @A + DPTR
```

其中,前两条是程序存储器读指令,后一条是无条件转移指令。尽管变址寻址方式复杂,但这 3 条指令却是单字节指令。

(3) 变址寻址方式主要用于查表操作。

【例3-5】 已知(A) = 50H, (1051H) = 55H,执行 ROM 的 1050H 处的指令:

```
1000H   MOVC   A, @A+PC          ;指令代码为 83H
```

试分析执行指令后累加器 A 中的内容。

**解** 这条指令是单字节指令,即占用 ROM 的一个字节空间,那么下一条指令的地址为 1001H,即执行 MOVC A,@A + PC 指令后,(PC) = 1001H,再加上累加器 A 的内容 50H,即为 1051H,执行该指令就是将 ROM 的地址 1051H 处的单元内容 55H 取出,传送至累加器 A,因此执行结果累加器(A) = 55H。值得注意的是,PC 寄存器的内容没有改变。

例如,若(A) = 06H, (DPTR) = 3000H,执行指令 JMP @A + DPTR 后,(PC) = 3006H,则程序从 ROM 的 3006H 地址开始执行。虽然 PC 寄存器是只读寄存器,指令不能对其直接进行写操作,但是通过转移指令间接修改了 PC 寄存器的内容。

### 6. 相对寻址

相对寻址是指程序计数器 PC 的当前内容(这里的当前内容是指读出该指令后,PC 指向的下一条指令的地址)与指令中的操作数相加,其结果作为跳转指令的转移地址(也称目的地址)。该类寻址方式主要用于跳转指令。因此,转移的目的地址可用如下公式表示:

$$目的地址 = 程序计数器 PC 的当前内容 + rel$$
$$= 转移指令存储地址 + 转移指令的字节数 + rel$$

此种寻址方式修改了 PC 值,所以主要用于实现程序的分支转移。其中 rel 是一个带符号的 8 位二进制数,取值范围是-128~+127,以补码形式置于操作码之后存放。执行跳转指令时,先取出该指令,PC 的内容是指向下一条指令地址,再把 rel 的值加到 PC 上以形成转移的目标地址。

例如,如图 3-8 所示的一段程序,图中 SIMP LOOP 指令存放于 ROM 的地址为 3000H,指令汇编成指令代码后为 80H 03H,占用 2 个字节,称之为双字节指令,其中 80H 为操作码,03 即为操作数,接着就是转移的偏移量 rel 的值,利用上述的目的地址计算公式,程序计数器 PC 的当前内容是指向下一条指令的地址,即为 3002H,故目的地址为 3002H + 03H = 3005H,也就告知单片机下一条执行的程序的地址应为 3005H,即 LOOP 标号处的程序,再一次说明标号就是地址的符号化。同理,利用公式的第二个等式也可知,转移指令的存储地址是 3000H,转移指令的字节数是 2 个,故也可得出转移的目的地址也为 3005H。

为了方便起见,汇编程序中都有计算偏移量 rel 的功能。用户编写汇编源程序时,只需在相对转移指令中直接写上要转移的地址符号即可,程序汇编时会自动计算和填入。

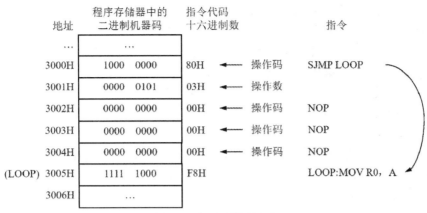

图 3-8　相对寻址程序段

### 7. 位寻址

位寻址是指按位进行的寻址操作，而上述介绍的指令都是按字节进行的寻址操作。MCS-51 单片机中，操作数不仅可以按字节为单位进行操作，也可以按位进行操作。当我们把某一位作为操作数时，这个操作数的地址称为位地址。

位寻址区包括专门安排在内部 RAM 中的两个区域。

(1) 内部 RAM 的位寻址区，地址范围是 20H～2FH，共 16 个字节单元，128 个位，位地址为 00H～7EH。访问这些位有以下两种方法：

- 直接使用位地址(00H～7FH)的方法。

例如，指令 MOV C, 01H; 将位寻址区的第 01H 位的内容送至 PSW 寄存器中的 CY 位。

- 字节单元地址加位数的方法。

位寻址的字节单元地址有 16 个，范围为 20H～2FH。例如，MOV　C, 20H.1，这条指令的功能同上，也是将位寻址区的第 01H 位(即 20H 字节单元的第 1 位)的内容送至 PSW 寄存器中的 CY 位，因此这两条指令是等价的。

(2) 专用寄存器 SFR 中有 11 个寄存器，只有 83 位可以位寻址。具体参见第 2 章中位地址的定义。通过观察可以发现，这 11 个可位寻址的专用寄存器的字节地址均被 8 整除。访问这些专用寄存器的位有以下 4 种方法：

① 直接使用位地址的方法：PSW 寄存器的位 5(F0)的位地址为 0D5H。例如，SETB 0D5H。

② 位名称的方法：如果 PSW 寄存器的位 5 是 F0 标志位，则可以使用 F0 表示该位。例如，SETB F0。

③ 字节单元地址加位数的方法：PSW 寄存器的字节单元地址是 0D0H，要置 F0 位，即访问其第 5 位。例如，SETB　0D0H.5.

④ 专用寄存器的符号加位数的方法：例如，清除 F0 位，可使用指令 CLR　PSW.5。

一个寻址位有多种表示方法，初看起来有些复杂，但实际上这将为程序设计带来方便。

## 3.1.4　寻址方式小结

虽然 MCS-51 单片机的寻址方式有多种，但是指令对哪一个存储器空间进行操作是由指令的操作码和寻址方式来确定的。总的来说，有以下几点：

(1) 直接寻址、寄存器间接寻址、变址寻址和相对寻址的操作数类型都属于存储器操作数。

(2) 对程序存储器只能采用变址寻址方式，变址寻址一共有 3 条指令。

(3) 对专用寄存器只能采用直接寻址，也可以用符号来代表地址，不能采用寄存器间接寻址方式。

(4) 对于 52 系列单片机内部数据寄存器高 128 字节，只能采用寄存器间接寻址方式，不能采用直接寻址。

(5) 内部数据存储器低 128 字节既能采用寄存器间接寻址方式，也能采用直接寻址方式。

(6) 外部扩展的数据存储器只能采用 MOVX 指令访问。

MCS-51 单片机中内部数据存储器(RAM)使用很频繁，内部数据存储器寻址操作如表 3-1 所示。

表 3-1　内部数据存储器寻址

| 寻址方式 | 高 128 字节单元 | 低 128 字节单元 | | |
| --- | --- | --- | --- | --- |
| | 专用寄存器 | 用户 RAM 区 | 位寻址区 | 通用寄存器区 |
| | (FFH～80H) | (7FH～30H) | (2FH～20H) | (1FH～00H) |
| 直接寻址 | √ | √ | √ | √ |
| 寄存器寻址 | | | | √ |
| 寄存器间接寻址 | √ | √ | √ | √ |
| 位寻址 | (部分)√ | | √ | |

# 3.2　数据传送类指令

MCS-51 单片机指令系统在功能上可以分为数据传输类指令(29 条)、算术运算类指令(24 条)、逻辑运算类指令(24 条)、控制转移类指令(17 条)和位操作类指令(17 条)。

单片机执行指令的过程包括取指令和执行指令两个基本内容。在取指令阶段，单片机从程序存储器中取出指令操作码，送至指令寄存器 IR 中，通过指令译码器的译码，产生一系列的控制信号。在执行指令阶段，利用指令译码产生的控制信号进行指令规定的操作，操作结果对程序状态字 PSW 的标志位影响比较大。程序状态字 PSW 中，有 P(奇偶)、OV(溢出)、CY(进位)和 AC(辅助进位)4 个测试标志位，不同的指令对标志位的影响不同，归纳如下。

(1) P(奇偶)标志仅对累加器 A 操作的指令有影响，凡是对 A 操作的指令都将 A 中的"1"的个数反映到 PSW 的 P 标志位上。

(2) 数据传送指令，加 1、减 1 指令，逻辑运算指令不影响 CY、OV 和 AC 位。

(3) 加、减运算指令影响 P、CY、OV 和 AC 这 4 个标志位，乘、除法指令使 CY = 0，当乘积大于 255 或除数为 0 时，OV = 1。

具体指令对标志位的影响可参阅不同的指令。标志位的状态是控制转移类指令的判断条件。

数据传送类指令是使用最频繁的指令，主要用于数据的复制、保存及交换。这类指令一般是将源操作数传送到指令所指定的目的操作数中，指令执行后，源操作数不变，目的操作数被源操作数所替换。数据传送类指令的助记符有 MOV、MOVX、MOVC、XCH、XCHD、SWAP、PUSH、POP 等。数据传送类指令如表 3-2 所示。

表 3-2　数据传送类指令

| 分　类 | 指令助记符 | 说　明 | 对标志位的影响 | | | | 字节数 | 周期 |
|---|---|---|---|---|---|---|---|---|
| | | | P | OV | AC | CY | | |
| 以累加器 A 为目的操作数的指令 | MOV　A, Rn | (A)←(Rn) | √ | | | | 1 | 1 |
| | MOV　A, direct | (A)←(direct) | √ | | | | 2 | 1 |
| | MOV　A, @ Ri | (A)←((Ri)) | √ | | | | 1 | 1 |
| | MOV　A, #data | (A)←#data | √ | | | | 2 | 1 |
| 以 Rn 为目的操作数的指令 | MOV　Rn, A | (Rn)←(A) | | | | | 2 | 1 |
| | MOV　Rn, direct | (Rn)←(direct) | | | | | 2 | 2 |
| | MOV　Rn, #data | (Rn)←#data | | | | | 2 | 1 |
| 以直接地址为目的操作数的指令 | MOV　direct, A | (direct)←(A) | | | | | 2 | 1 |
| | MOV　direct, Rn | (direct)←(Rn) | | | | | 2 | 2 |
| | MOV　direct, direct | (direct)←(direct) | | | | | 3 | 2 |
| | MOV　direct, @ Ri | (direct)←((Ri)) | | | | | 2 | 2 |
| | MOV　direct, #data | (direct)←#data | | | | | 3 | 2 |
| 以间接地址为目的操作数的指令 | MOV　@ Ri, A | ((Ri))←(A) | | | | | 1 | 1 |
| | MOV　@ Ri, direct | ((Ri))←(direct) | | | | | 2 | 2 |
| | MOV　@ Ri, #data | ((Ri))←#data | | | | | 2 | 1 |
| 16 位数据传送指令 | MOV DPTR, #data16 | (DPTR)←#datal6 | | | | | 3 | 2 |
| 查表指令 | MOVC　A, @A+ PC | (PC)←(PC)+1<br>(A)←((A)+(PC)) | √ | | | | 1 | 2 |
| | MOVC A, @A+DPTR | (A)←((A)+(DPTR)) | √ | | | | 1 | 2 |
| 累加器 A 与片外 RAM 数据传送指令 | MOVX　A, @Ri | (A)←((Ri)) | √ | | | | 1 | 2 |
| | MOVX　A, @DPTR | (A)←((DPTR)) | √ | | | | 1 | 2 |
| | MOVX　@Ri, A | ((Ri))←(A) | | | | | 1 | 2 |
| | MOVX　@DPTR, A | ((DPTR))←(A) | | | | | 1 | 2 |
| 堆栈操作指令 | PUSH direct | (SP)←(SP)+1<br>((SP))←(direct) | | | | | 2 | 2 |
| | POP direct | (direct)←((SP))<br>(SP)←(SP) − 1 | | | | | 2 | 2 |
| 交换指令 | XCH　A, Rn | (A)↔(Rn) | √ | | | | 1 | 1 |
| | XCH　A, direct | (A)↔(direct) | √ | | | | 2 | 1 |
| | XCH　A, @ Ri | (A)↔((Ri)) | √ | | | | 1 | 1 |
| 半字节交换指令 | XCHD　A, @ Ri | $(A)_{3\sim0}↔(Rn)_{3\sim0}$ | √ | | | | 1 | 1 |
| | SWAP　A | $(A)_{3\sim0}↔(A)_{7\sim4}$ | | | | | 1 | 1 |

注：√表示该指令影响某一标志位。

### 1. 内部 RAM 数据传送类指令 MOV

单片机内部 RAM 的数据传送最为频繁，相关的指令也最多，共有 16 条，包括寄存器、

累加器、RAM 单元以及专业寄存器之间的数据传送。其通用数据传送类指令格式为

    MOV　目的操作数，源操作数

(1) 立即寻址传送指令，共有如下 5 条：

MOV　A, #data　　　　　　　　; (A)←#data

MOV　Rn, #data　　　　　　　; (Rn)←#data

MOV　direct, #data　　　　　; (direct)←#data

MOV　@Ri, #data　　　　　　; ((Ri))←#data

MOV　DPTR, #data16　　　　; (DPTR)←#data16

MOV DPTR, #data 16 是唯一的一条 16 位数据传送指令，这条指令的功能是将 16 位的立即数的高 8 位送至 DPH，立即数的低 8 位送至 DPL，该指令是 3 字节指令，即操作码占一个字节，16 位立即数占两个字节。例如，

MOV　DPTR, #1234H　　　　; (DPH)←12H, (DPL)←34H

(2) 内部 RAM 单元之间的数据传送类指令，共有以下 5 条：

MOV　Rn, direct　　　　　　; (Rn)←(direct)

MOV　direct, Rn　　　　　　; (direct)←(Rn)

MOV　direct, direct　　　　; (direct)←(direct)

MOV　direct, @Ri　　　　　; (direct)←((Ri))

MOV　@Ri, direct　　　　　; ((Ri))←(direct)

内部 RAM 单元之间的数据传送可以使用直接寻址、寄存器寻址和寄存器间接寻址方式。例如，下列指令均属于内部 RAM 单元之间的数据传送。

MOV　P2, A　　　　; (P2)←(A)，目的操作数直接寻址，源操作数寄存器寻址

MOV　60H, R4　　　; (60H)←(R4)，目的操作数直接寻址，源操作数寄存器寻址

MOV　0E0H, 35H　　; (0E0H)←(35H)，目的操作数和源操作数均为直接寻址

MOV　40H, @R0　　; (40H)←((R0))，目的操作数为直接寻址
　　　　　　　　　　; 源操作数为寄存器间接寻址

MOV　@R1, 36H　　; ((R1))←(36H)，目的操作数为寄存器间接寻址
　　　　　　　　　　; 源操作数为直接寻址

(3) 通过累加器 A 的数据传送指令，共有以下 6 条：

MOV　A, Rn　　　　　　　　; (A)←(Rn)

MOV　Rn, A　　　　　　　　; (Rn)←(A)

MOV　A, direct　　　　　　; (A)←(direct)

MOV　direct, A　　　　　　; (direct)←(A)

MOV　A, @Ri　　　　　　　; (A)←((Ri))

MOV　@Ri, A　　　　　　　; ((Ri))←(A)

### 2. 外部 RAM 或 I/O 口之间的数据传送指令

外部 RAM 或 I/O 口之间的数据传送指令共有 4 条。对外部 RAM 或 I/O 口的访问只能使用寄存器间接寻址方式，使用的寄存器只能是 DPTR 和 Ri(i = 0，1)。这里需要注意的是，访问外部 RAM 或 I/O 口必须使用"MOVX"操作码。由于外部 RAM 和 I/O 是统一编址的，共同占用一个 64 KB 的空间，因此从指令本身无法区分是访问外部 RAM 还是 I/O 口，只

能由硬件的地址分配情况来确定。

(1) 使用 DPTR 进行间接寻址,DPTR 寄存器是 16 位寄存器,因此对外部 RAM 或 I/O 口的寻址范围为 64 KB。

　　　　MOVX　A, @DPTR　　　　　; (A)←((DPTR))

　　　　MOVX　@DPTR, A　　　　　; ((DPTR))←(A)

　　执行第一条指令时,P3.7 引脚上输出 $\overline{RD}$ 有效信号,用作外部 RAM 或 I/O 口的读选通信号。DPTR 所包含的 16 位地址信息由 P0 口(低 8 位)和 P2 口(高 8 位)输出,选中外部数据单元或 I/O 口的内容由 P0 口输入至累加器 A 中,P0 口作为地址/数据分时复用的总线使用。

　　执行第二条指令时,P3.6 引脚上输出 $\overline{WR}$ 有效信号,用作外部 RAM 或 I/O 口的写选通信号。DPTR 所包含的 16 位地址信息由 P0 口(低 8 位)和 P2 口(高 8 位)输出,累加器 A 的内容由 P0 口输出,P0 口作为地址/数据分时复用的总线使用。

(2) 使用 Ri(i=0, 1)寄存器进行间接寻址,由于 Ri(i=0, 1)只能寻址 256 个字节,那么能否使用 Ri 对外部 64 KB 空间进行寻址呢?回答是肯定的。单片机提供了 P2 专用寄存器,将外部 RAM 空间分成了 256 页,每一页有 256 个字节,这样整个访问空间也是 256×256B=64 KB,因此又将 P2 专用寄存器称为页寄存器。指令如下:

　　　　MOVX　A, @Ri　　　　　　　; (A)←((Ri))

　　　　MOVX　@Ri, A　　　　　　　; ((Ri))←(A)

　　例如,外部数据区地址为 2048H 单元的内容为 5AH,执行下列指令:

　　　　MOV　　DPTR, #2048H　　　　; (DPTR)←2048H

　　　　MOVX　A, @DPTR　　　　　　; (A)←((DPTR))

即将外部 RAM(2048H)的内容 5AH 传送至累加器 A 中。

　　若使用 Ri 寄存器间接寻址,则指令如下:

　　　　MOV　　P2, #20H　　　　　　; (P2)←20H

　　　　MOV　　R0, #48H　　　　　　; (R0)←48H

　　　　MOVX　A, @R0　　　　　　　; (A)←((R0))

即形成的外部数据地址为 256×20H + 48H = 2048H,也就是将外部 RAM(2048H)的内容 5AH 传送至累加器 A 中。

　　采用这两种方式均可访问外部 RAM 或 I/O 口,但编程时建议大家使用 DPTR 寄存器间接方式。

### 3. 程序存储器 ROM 数据传送指令

程序存储器 ROM 数据传送指令亦称查表指令,共有两条。

程序存储器 ROM 包括内部程序存储器和外部程序存储器。由于对程序存储器的访问只能读不能写,因此数据传送是单向的。指令如下:

　　　　MOVC　A, @A+PC　　　　　; (PC)←(PC)+1, (A)←((A)+(PC))

　　　　MOVC　A, @A+DPTR　　　　; (A)←((A)+(DPTR))

这两条指令均是从程序存储器中读取数据(如表格、常数等)。第一条指令是以 PC 作为基址寄存器,A 的内容作为无符号数和 PC 的当前内容(下一条指令第一个字节地址)相加后得到一个 16 位的地址,把该地址指向的程序存储器单元的内容送至累加器 A 中。这条指令的优点是不改变其他专用寄存器和 PC 的状态,根据 A 的内容就可以取出表格中的常数;缺点是表格只能存放在该查表指令后的 256 个单元之内,因此表格大小受到限制,而且该表格只能被该程序段使用。

第二条指令是以 DPTR 作为基址寄存器,A 的内容作为无符号数和 DPTR 的内容相加后得到一个 16 位的地址,把该地址指向的程序存储器单元的内容送至累加器 A 中。这条指令的执行结果只与指针 DPTR 及累加器 A 的内容相关,与该指令的存放位置无关,表格的位置可在 64 KB 程序存储器中任意安排,可被各个程序块使用。

【例 3-6】　若在片外 ROM 的 2000H 单元开始已存放有 0~9 的平方值,要求根据累加器 A 中的值 0~9 来查找对应的平方值。

解　若用 DPTR 作为基址寄存器,可编程如下:

```
MOV    DPTR, #2000H
MOVC   A, @A+DPTR
```

这时,A + DPTR 的值就是所查平方值存放的地址。

若用 PC 作为基址寄存器,则应在 MOVC 指令之前先用一条加法指令进行地址调整。指令如下:

```
ADD    A, #data
MOVC   A, @A+PC
```

其中,#data 的值要根据 MOVC 指令所在的地址进行调整。如果设 A*为原来累加器 A 中的值 0~9,PC 为 MOVC 指令所在的地址,假设为 1FF0H,则可以用下面的方法来确定 data 值:

$$PC = PC + 1 = 1FF0H + 1 = 1FF1H$$

$$A + PC = A* + data + 1FF1H = A* + 2000H$$

$$Data = 2000H - 1FF1H = FH$$

因此,程序中的指令应为

```
ADD    A, #FH
MOVC   A, @A+PC
```

### 4. 堆栈操作指令

堆栈操作指令有 PUSH 和 POP 两条指令,分别如下:

```
PUSH   direct              ; (SP)←(SP)+1, ((SP))←(direct)
POP    direct              ; (direct)←((SP)), (SP)←(SP) -1
```

PUSH 为入栈指令,是将其指定的直接寻址单元的内容压入堆栈。其具体操作是先将堆栈指针 SP 的内容加 1,指向堆栈顶的一个空单元,然后将指令指定的直接寻址单元内容送到该空单元中。由于 MCS-51 是向上生长型的堆栈,所以进栈时堆栈指针要先加 1,然后再将数据推入堆栈。

POP 为出栈指令,是将当前堆栈指针 SP 所指示的单元内容弹出到指定的片内 RAM 单元,然后将 SP 减 1。注意:使用堆栈时,SP 的初始值最好重新设定,否则上电或复位后,SP 的值为 07H,并避开工作寄存器区和位寻址区,一般 SP 的值可以设置在 30H 或以上的片内 RAM 单元,但应注意不超出堆栈的深度。MCS-51 型单片机的堆栈规则是"先进后出",

另外,由于堆栈操作只能以直接寻址方式来取得操作数,所以不能用累加器 A 或工作寄存器 Rn 作为操作数。若要将累加器 A 的内容压入堆栈，应用指令 PUSH ACC 或 PUSH 0E0H，这里 ACC 表示累加器的直接地址 0E0H。出栈的应用指令以此类推。

【例 3-7】 在中断响应时，SP = 07H，DPTR 的内容为 1234H，试分析执行下列指令后的结果。

```
PUSH    DPH          ; (SP)←(SP)+1, (SP)=08H
                     ; ((SP))←(DPH), ((SP))=(08H)=12H
PUSH    DPL          ; (SP)←(SP)+1, (SP)=09H
                     ; ((SP))←(DPL), ((SP))=(09H)=34H
```

**解**　执行结果为：片内 RAM 的(08H) = 12H，(09H) = 34H，(SP) = 09H，(DPTR) = 1234H 未变。

【例 3-8】 设(SP) = 32H，片内 RAM 的 30H～32H 单元的内容分别为 20H、23H 和 01H。执行下列指令后，(DPTR)、(SP)为多少？指令如下：

```
POP    DPH
POP    DPL
```

**解**
```
POP    DPH           ; (DPH)←((SP))=(32H)=01H
                     ; (SP)←(SP)-1, (SP)=31H
POP    DPL           ; (DPL)←((SP))=(31H)=23H
                     ; (SP)←(SP)-1, (SP)=30H
```

所以，(DPTR) = 0123H，(SP) = 30H。

### 5. 交换指令

交换指令共有 5 条，其中字节交换指令 3 条，半字节交换指令 1 条，累加器高低 4 位互换指令 1 条。具体内容如下：

(1) 字节交换指令。

```
XCH    A, Rn         ; (A)↔(Rn)
XCH    A, direct     ; (A)↔(direct)
XCH    A, @Ri        ; (A)↔((Ri))
```

该指令的功能是将 A 的内容与源操作数的内容相互交换。

(2) 半字节交换指令。

```
XCHD   A, @Ri        ; (A)_{3-0}↔((Ri))_{3-0}, 高 4 位不变
```

该指令的功能是将 A 中内容的低 4 位和 Ri 所指的片内 RAM 单元中的低 4 位交换,它们的高 4 位保持不变。

(3) 累加器 A 高、低 4 位互换指令。

```
SWAP    A            ; (A)_{3-0}↔(A)_{7-4}
```

该指令的功能是将 A 中内容的高、低 4 位互换。

例如，若(R0) = 30H、(30H) = 4AH、(A) = 28H，则分别执行：

```
XCH     A, @R0       ; 结果为：(A)=4AH, (30F)=28H
XCHD    A, @R0       ; 结果为：(A)=2AH, (30H)=48H
SWAP    A            ; 结果为：(A)=82H
```

MCS-51 指令系统的数据传送指令种类很多，这为程序中进行数据传送提供了方便。

为了更好地使用数据传送指令，特作如下两个说明：

• 同样的数据传送，可以使用不同寻址方式的指令来实现。例如，要把 A 中的内容送入片内 RAM 的 40H 单元中，可由以下不同的指令来完成：

  MOV 40H, A

或

  MOV R0, #40H

  MOV @R0, A

或

  MOV 40H, ACC

或

  PUSH ACC

  POP 40H

在实际应用中选用哪种指令，可根据具体情况来决定。

• 数据传送类指令一般不影响程序状态字 PSW。

## 3.3　算术运算类指令

MCS-51 单片机的算术运算类指令包括加、减、乘、除、加 1、减 1 等指令。这类指令大都影响标志位，有 ADD、ADDC、INC、SUBB、DEC、DA、MUL、DIV，共 8 种。算数运算指令如表 3-3 所示。

表 3-3　算术运算指令

| 分　类 | 指令助记符 | 说　明 | 对标志位的影响 | | | | 字节数 | 周期 |
|---|---|---|---|---|---|---|---|---|
| | | | P | OV | AC | CY | | |
| 不带进位的加法指令 | ADD　A, Rn | (A)←(A) + (Rn) | √ | √ | √ | √ | 1 | 1 |
| | ADD　A, direct | (A)←(A) + (direct) | √ | √ | √ | √ | 2 | 1 |
| | ADD　A, @ Ri | (A)←(A) + ((Ri)) | √ | √ | √ | √ | 1 | 1 |
| | ADD　A, #data | (A)←(A) + #data | √ | √ | √ | √ | 2 | 1 |
| 带进位的加法指令 | ADDC　A, Rn | (A)←(A) + (Rn) + (CY) | √ | √ | √ | √ | 1 | 1 |
| | ADDC　A, @ Ri | (A)←(A) + (Ri) + (CY) | √ | √ | √ | √ | 2 | 1 |
| | ADDC　A, direct | (A)←(A) + (direct) + (CY) | √ | √ | √ | √ | 1 | 1 |
| | ADDC　A, #data | (A)←(A) + #data + (CY) | √ | √ | √ | √ | 2 | 1 |
| 带借位的减法指令 | SUBB　A, Rn | (A)←(A) − (Rn) − (CY) | √ | √ | √ | √ | 1 | 1 |
| | SUBB　A, direct | (A)←(A) − (direct) − (CY) | √ | √ | √ | √ | 2 | 1 |
| | SUBB　A, @ Ri | (A)←(A) − ((Ri)) − (CY) | √ | √ | √ | √ | 1 | 1 |
| | SUBB　A, #data | (A)←(A) − #data − (CY) | √ | √ | √ | √ | 2 | 1 |
| 增量(加 1)指令 | INC　A | (A)←(A) + 1 | √ | | | | 1 | 1 |
| | INC　Rn | (Rn)←(Rn) + 1 | | | | | 1 | 1 |
| | INC　direc | (direct)←(direct) + 1 | | | | | 2 | 1 |
| | INC　@Ri | ((Ri))←((Ri)) + 1 | | | | | 1 | 1 |
| | INC　DPTR | (DPTR)←(DPTR) + 1 | | | | | 1 | 2 |

续表

| 分　类 | 指令助记符 | 说　明 | 对标志位的影响 | | | | 字节数 | 周期 |
|---|---|---|---|---|---|---|---|---|
| | | | P | OV | AC | CY | | |
| 减量(减 1)<br>指令 | DEC　A | (A)←(A) − 1 | √ | | | | 1 | 1 |
| | DEC　Rn | (Rn)←(Rn) − 1 | | | | | 1 | 1 |
| | DEC　direct | (direct)←(direct) − 1 | | | | | 2 | 1 |
| | DEC　@Ri | ((Ri))←((Ri)) − 1 | | | | | 1 | 1 |
| 十进制调整<br>指令 | DA　A | 对 A 进行十进制调整 | √ | | √ | √ | 1 | 1 |
| 乘法指令 | MUL　AB | (B A)←(A) × (B) | √ | √ | | 0 | 1 | 4 |
| 除法指令 | DIV　AB | | √ | √ | | 0 | 1 | 4 |

注：√表示该指令影响某一标志位。

### 1. 不带进位的加法指令

不带进位的加法指令共有以下 4 条：

```
ADD    A, Rn          ; (A)←(A)+(Rn)
ADD    A, direct      ; (A)←(A)+(direct)
ADD    A, @Ri         ; (A)←(A)+((Ri))
ADD    A, #data       ; (A)←(A)+#data
```

这组指令的一个加数总是累加器 A，采用立即数、直接地址、间接地址以及寄存器寻址方式将其内容与累加器(A)内容相加，结果送入累加器(A)中。如果运算结果的最高位 $D_7$，有进位输出，则将进位标志位(CY)置 1，否则将 CY 清 0；如果 $D_3$ 有进位输出，将辅助进位标志位(AC)置 1，否则将 AC 清 0；如果 $D_6$ 有进位而 $D_7$ 没有或者 $D_7$ 有进位而 $D_6$ 没有，则将溢出标志位(OV)置 1，否则将(OV)清 0；奇偶标志位(P)将随累加器(A)中 1 的个数变化而变化。

例如，若已知(A) = 0C3H，(R0) = 0AAH，则执行指令

```
ADD    A, R0
```

后结果为(A) = 6DH，标志位为 AC = 0、CY = 1、0V = 1、P = 1。

运算过程如下：

```
  1100 0011 B
+ 1010 1010 B
1←0110 1101 B
```

### 2. 带进位的加法指令

带进位的加法指令共有以下 4 条：

```
ADDC   A, Rn          ; (A)←(A)+(Rn)+(CY)
ADDC   A, @Ri         ; (A)←(A)+(Ri)+(CY)
ADDC   A, direct      ; (A)←(A)+(direct)+(CY)
ADDC   A, #data       ; (A)←(A)+#data+(CY)
```

这 4 条指令的功能是将源操作数所指示的内容和累加器(A)中的内容及进位标志位(CY)相加，结果存入累加器(A)中。运算结果对 PSW 的影响同上述 4 条 ADD 指令。

例如，若$(A) = 85H$，$(20H) = 6DH$，$CY = 1$，则执行指令

    ADDC    A, 20H

后结果为$(A) = F3H$，标志位为 $CY = 0$、$0V = 0$、$AC = 1$、$P = 0$。

运算过程如下：

$$
\begin{array}{r}
1000\ 0101\ B \\
0110\ 1101\ B \\
+\ \underline{\qquad\quad 1\ B} \\
1111\ 0011\ B
\end{array}
$$

### 3. 带借位的减法指令

带借位的减法指令共有以下 4 条：

    SUBB    A, Rn              ; $(A) \leftarrow (A) - (Rn) - (CY)$
    SUBB    A, direct          ; $(A) \leftarrow (A) - (direct) - (CY)$
    SUBB    A, @Ri             ; $(A) \leftarrow (A) - ((Ri)) - (CY)$
    SUBB    A, #data           ; $(A) \leftarrow (A) - \#data - (CY)$

这 4 条指令的功能是把累加器(A)中的内容减去源操作数所指示的内容及进位 CY，将差存入累加器(A)中。如果运算结果的最高位 $D_7$ 有借位输出，则将进位标志位(CY)置 1，否则将 CY 清 0；如果 $D_3$ 有借位输出，则将辅助进位标志位(AC)置 1，否则将 AC 清 0；如果 $D_6$ 有借位而 $D_7$ 没有或者 $D_7$ 有借位而 $D_6$ 没有，则将溢出标志位(OV)置 1，否则将(OV)清 0；奇偶标志位(P)将随累加器(A)中 1 的个数变化而变化。

例如，若$(A) = 0C9H$，$(R2) = 54H$、$CY = 1$，则执行指令

    SUBB    A, R2

后结果为$(A) = 74H$，标志位为 $CY = 0$、$OV = 1$、$AC = 0$、$P = 0$。

运算过程如下：

$$
\begin{array}{r}
1100\ 1001\ B \\
0101\ 0100\ B \\
-\ \underline{\qquad\quad 1\ B} \\
0111\ 0100\ B
\end{array}
$$

### 4. 增量(加 1)指令

增量(加 1)指令共有以下 5 条：

    INC    A                  ; $(A) \leftarrow (A) + 1$
    INC    Rn                 ; $(Rn) \leftarrow (Rn) + 1$
    INC    direct             ; $(direct) \leftarrow (direct) + 1$
    INC    @Ri                ; $((Ri)) \leftarrow ((Ri)) + 1$
    INC    DPTR               ; $(DPTR) \leftarrow (DPTR) + 1$

增量(加 1)指令的功能是将指定单元的内容加 1 再送回该单元。即使加 1 溢出时也不进位 CY。需要注意的是，INC direct 指令中，direct 为 I/O 端口(即地址为 80H、90H、0A0H、0B0H)时，则 CPU 进行"读-修改-写"操作，其功能是先读入端口锁存器的内容，然后加 1，继而输出到端口。

例如，若已知$(A) = FFH$、$(R3) = FH$、$(30H) = F1H$、$(R0) = 40H$、$(40H) = 01H$、$(DPTR) =$

1234H，则执行指令

```
INC  A
INC  R3
INC  30H
INC  @R0
INC  DPTR
```

后结果为(A) = 00H、(R3) = 10H、(30H) = F2H、(40H) = 02H、(DPTR) = 1235H。

### 5. 减量(减 1)指令

减量(减 1)指令共有以下 4 条：

```
DEC  A              ; (A)←(A)-1
DEC  Rn             ; (Rn)←(Rn)-1
DEC  direct         ; (direct)←(direct)-1
DEC  @Ri            ; ((Ri))←((Ri))-1
```

减量(减 1)指令的功能是将指定单元的内容减 1 再送回该单元。需要注意的是，没有操作数为 DPTR 的减 1 指令。同样，在指令 DEC direct 中，direct 为 I/O 端口时同 INC direct 指令，这里不再赘述。

例如，若已知(A) = FH、(R7) = 19H、(30H) = 00H、(R1) = 40H、(40H) = FFH，则执行指令

```
DEC  A
DEC  R7
DEC  30H
DEC  @R1
```

后结果为(A) = 0EH、(R7) = 18H、(30H) = FFH、(40H) = FEH，PSW 中仅 P 位改变。

### 6. 十进制调整指令

十进制调整指令只有以下 1 条：

```
DA  A
```

该指令用于 BCD 码加法运算时对 BCD 码的加法运算结果进行自动调整，但对 BCD 码的减法运算却不能用此指令来调整(只用于加法，跟在加法指令后面，减法不适用)。调整的目的在于单片机中，十进制数字 0～9 一般可用 BCD 码表示，它是以 4 位二进制编码的形式出现的。在运算过程中，单片机按二进制规则进行运算。

但因为对于 4 位二进制数可有 16 种状态，从 0000～1111，运算时逢 16 进位，而对于十进制数只有 10 种状态，从 0000～1001，运算时逢 10 进位。这样，十进制 BCD 码按二进制规则运算时，其结果就可能不正确，必须进行调整，以使运算的结果恢复为十进制数。其调整过程如图 3-9 所示。

例如，若设(A) = 57H，(R5) = 66H，则执行指令

```
ADD  A, R5
DA   A
```

后结果为(A) = 23H，CY = 1。

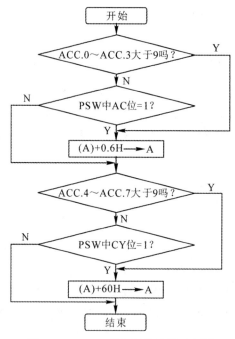

图 3-9　DA　A 指令调整过程示意图

### 7. 乘法指令

乘法指令只有以下 1 条：

MUL　AB　　　　;(BA)←(A)×(B)

该指令用于实现两个 8 位无符号数的乘法操作。两个无符号数分别存放在 A 和 B 中，乘积为 16 位，积的低 8 位存于 A 中，积的高 8 位存于 B 中。如果积大于 255，即 B 不为 0，则 OV 置 1，否则 OV 清 0，该指令执行后，CY 总是清 0。

例如，设(A) = 50H，(B) = 0A0H，则执行指令

MUL　AB

后结果为(B) = 32H，(A) = 00H(即积为 3200H)，0V = 1，CY = 0。

### 8. 除法指令

除法指令只有以下 1 条：

DIV　AB　　　　;(A)←(A)/(B)的商，(B)←(A)/(B)的余数

该指令用于实现两个 8 位无符号数的除法操作。一般被除数放在 A 中，除数放在 B 中，指令执行后，商放在 A 中，余数放在 B 中，进位 CY 和溢出标志位 OV 均清 0。只有当除数为 0 时，A 和 B 的内容为不确定值，此时 OV 置位，说明除法溢出。

乘法指令和除法指令是 MCS-51 指令系统中执行时间最长的指令，需要 4 个机器周期。

例如，设(A) = FBH，(B) = 12H，则执行命令

DIV　AB

后结果为(A) = DH，(B) = 11H，OV = 0，CY = 0。

【例 3-9】　试编写计算 1234H + 5678H 的程序，将和的高 8 位存入 41H，低 8 位存入 40H。

程序如下：

```
MOV    A, #34H
ADD    A, #78H
MOV    40H, A
MOV    A, #12H
ADDC   A, #56H
MOV    41H, A
```

【例 3-10】　编写 6 位 BCD 码加法运算程序，设被加数存入片内 RAM 30H～32H 单元中，加数存入片内 RAM 40H～42 H 单元中，低位在前、高位在后，各单元中均为压缩的 BCD 码。将结果之和分别存入 50H～52H 单元中。

程序如下：

```
MOV    A, 30H
ADD    A, 40H
DA     A
MOV    50H, A
MOV    A, 31H
ADDC   A, 41H
DA     A
MOV    51H, A
MOV    A, 32H
ADDC   A, 42H
DA     A
MOV    52H, A
```

【例 3-11】　试编程把 A 的二进制数转换成 3 位 BCD 码，百位数放在 20H，十位、个位数放在 21H 中。

**编程说明**　先对要转换的二进制数除以 100，商数即为百位数，余数部分再除以 10，商数余数分别为十位、个位数，它们在 A、B 的低 4 位，通过 SWAP、ADD 组合成一个压缩的 BCD 码，使十位数放在 $A_{7\sim4}$，个位数放在 $A_{3\sim0}$。

程序如下：

```
MOV    B, #100
DIV    AB
MOV    20H, A      ; 得到百位数放在 20H
MOV    A, #10
XCH    A, B        ; A、B 互换，余数放入 A 中，B 为除数 10
DIV    AB          ; 得到十位、个位数
SWAP   A           ; 将十位数据放置高 4 位，低 4 位为 0
ADD    A, B        ; 组合成压缩 BCD 码
MOV    21H, A
SJMP   $
```

# 3.4  逻辑运算及移位类指令

MCS-51 单片机逻辑运算及移位类指令包括与、或、异或、清 0、取反、移位等操作性指令。这类指令有 CLR、CPL、RL、RLC、RR、RRC、ANL、ORL、XRL，共 9 种。这些指令执行时，一般不影响标志位，如表 3-4 所示。

表 3-4  逻辑运算及移位类指令

| 分 类 | 指令助记符 | 说 明 | 对标志位的影响 | | | | 字节数 | 周期 |
|---|---|---|---|---|---|---|---|---|
| | | | P | OV | AC | CY | | |
| 逻辑"与"运算指令 | ANL A, Rn | (A)←(A)∧(Rn) | √ | | | | 1 | 1 |
| | ANL A, direct | (A)←(A)∧(direct) | √ | | | | 2 | 1 |
| | ANL A, @Ri | (A)←(A)∧((Ri)) | √ | | | | 1 | 1 |
| | ANL A, #data | (A)←(A)∧#data | √ | | | | 2 | 1 |
| | ANL direct, A | (direct)←(direct)∧(A) | | | | | 2 | 1 |
| | ANL direct, #data | (direct)←(direct)∧#data | | | | | 3 | 2 |
| 逻辑"或"运算指令 | ORL  A, Rn | (A)←(A)∨(Rn) | √ | | | | 1 | 1 |
| | ORL  A, direct | (A)←(A)∨(direct) | √ | | | | 2 | 1 |
| | ORL  A, @Ri | (A)←(A)∨((Ri)) | √ | | | | 1 | 1 |
| | ORL  A, #data | (A)←(A)∨#data | √ | | | | 2 | 1 |
| | ORL  direct, A | (direct)←(direct)∨(A) | | | | | 2 | 1 |
| | ORL  direct, #data | (direct)←(direct)∨#data | | | | | 3 | 2 |
| 逻辑"异或"运算指令 | XOR  A, Rn | (A)←(A)⊕(Rn) | √ | | | | 1 | 1 |
| | XOR  A, direct | (A)←(A)⊕(direct) | √ | | | | 2 | 1 |
| | XOR  A, @Ri | (A)←(A)⊕((Ri)) | √ | | | | 1 | 1 |
| | XOR  A, #data | (A)←(A)⊕ #data | √ | | | | 2 | 1 |
| | XOR  direct, A | (direct)←(direct)⊕(A) | | | | | 2 | 1 |
| | XOR  direct, #data | (direct)←(direct)⊕ #data | | | | | 3 | 2 |
| 循环移位指令 | RL  A | A 循环左移一位 | | | | | 1 | 1 |
| | RR  A | A 循环右移一位 | | | | | 1 | 1 |
| | RLC A | A 带进位循环左移一位 | | | | | 1 | 1 |
| | RRC A | A 带进位循环右移一位 | √ | | | √ | 1 | 1 |
| 清 0 和取反指令 | CLR  A | (A)←0 | √ | | | | 1 | 1 |
| | CPL  A | (A)← $\overline{A}$ | | | | | 1 | 1 |

注：√表示该指令影响某一标志位。

## 1. 逻辑"与"运算指令

逻辑"与"运算指令共有以下 6 条：

    ANL  A, Rn                    ; (A)←(A)∧(Rn)

| ANL | A, direct | ; (A)←(A)∧(direct) |
| ANL | A, @Ri | ; (A)←(A)∧((Ri)) |
| ANL | A, #data | ; (A)←(A)∧#data |
| ANL | direct, A | ; (direct)←(direct)∧(A) |
| ANL | direct, #data | ; (direct)←(direct)∧#data |

这组指令中的前 4 条指令完成源操作数与累加器(A)的内容相 "与"，并将结果送入累加器(A)中；后两条指令则实现源操作数与直接地址指示的单元内容相与，结果送入直接地址指示的单元，若直接地址正好是 I/O 端口时，则是 "读-修改-写" 操作。这 6 条指令的源操作数有寄存器寻址、直接寻址、寄存器间接寻址和立即寻址等寻址方式。当所寻址的寄存器不是累加器(A)或程序状态字(PSW)时，不影响任何标志位，否则会对标志位有影响。

例如，若已知(A) = 00011111B，(30H) = 10000011B，则执行指令

ANL　A, 30H

后结果为(A) = 00000011B，(30H) = 10000011B，其结果不变。

### 2. 逻辑 "或" 运算指令

逻辑 "或" 运算指令共有以下 6 条：

| ORL | A, Rn | ; (A)←(A)∨(Rn) |
| ORL | A, direct | ; (A)←(A)∨(direct) |
| ORL | A, @Ri | ; (A)←(A)∨((Ri)) |
| ORL | A, #data | ; (A)←(A)∨#data |
| ORL | direct, A | ; (direct)←(direct)∨(A) |
| ORL | direct, #data | ; (direct)←(dircct)∨#data |

这组指令在所寻址的单元之间进行逻辑 "或" 操作，并将结果存放至目的单元中。其寻址方式、标志位影响、端口操作与 ANL 指令相同。

### 3. 逻辑 "异或" 运算指令

逻辑 "异或" 运算指令共有以下 6 条：

| XOR | A, Rn | ; (A)←(A)⊕(Rn) |
| XOR | A, direct | ; (A)←(A)⊕(direct) |
| XOR | A, @Ri | ; (A)←(A)⊕((Ri)) |
| XOR | A, #data | ; (A)←(A)⊕ #data |
| XOR | direct, A | ; (direct)←(direct)⊕(A) |
| XOR | direct, #data | ; (direct)←(direct)⊕#data |

这组指令在所寻址的单元之间进行逻辑 "异或" 操作，并将结果存放至目的单元中。其寻址方式、标志位影响、端口操作与 ANL 指令相同。

### 4. 循环移位指令

循环移位指令共有以下 4 条：

| RL | A | ; $(A_{n+1})←(A_n)$ n = 0～6，$(A_0)←(A_7)$ |

| RR | A | ; $(A_n) \leftarrow (A_{n+1})$ n = 0～6,  $(A_7) \leftarrow (A_0)$ |
| RLC | A | ; $(A_{n+1}) \leftarrow (A_n)$ n = 0～6,  $(A_0) \leftarrow (A_7)$,  $(CY) \leftarrow (A_7)$ |
| RRC | A | ; $(A_n) \leftarrow (A_{n+1})$ n = 0～6,  $(A_7) \leftarrow (A_0)$,  $(CY) \leftarrow (A_0)$ |

移位情况如图 3-10 所示。

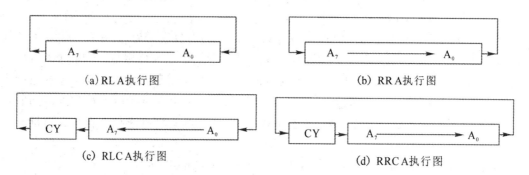

　（a）RL A执行图　　　　　　　　　　　（b）RR A执行图

　（c）RLC A执行图　　　　　　　　　　（d）RRC A执行图

图 3-10　循环移位指令执行图

　　前两条指令的功能分别是将累加器(A)的内容循环左移或右移一位,后两条指令的功能分别是将累加器(A)的内容连同进位标志位(CY)一起循环左移或右移一位。

　　【例 3-12】　编程实现 16 位数的算术左移。设 16 位数存放在片内 RAM 的 20F、21H 单元,低位在前。

　　**解**　算术左移是指将操作数整体左移一位,最低位补充 0,相当于完成对 16 位数的乘 2 操作。

| CLR | C | ; CY 清 0 |
| MOV | A, 20H | ; 取操作数低 8 位送 A |
| RLC | A | ; 低 8 位左移位 |
| MOV | 20H, A | ; 送回 |
| MOV | A, 21H | ; 取操作数高 8 位送 A |
| RLC | A | ; 高 8 位左移 |
| MOV | 21H, A | ; 送回 |

### 5. 清 0 和取反指令

清 0 和取反指令如下:

| CLR | A | ; $(A) \leftarrow 0$ |
| CPL | A | ; $(A) \leftarrow \overline{A}$ |

前一条指令的作用是将 A 的内容清 0,后一条指令的作用是将 A 的内容按位取反后送回 A 中。

　　例如,若设(A) = 10101010B,则执行指令

　　　　CPL　A

后结果为(A) = 01010101B。

　　【例 3-13】　将累加器 A 的低 4 位状态通过 P1 口的高 4 位输出。

　　程序如下:

```
ANL     A, #FH
SWAP    A
ANL     P1, #FH
ORL     P1, A
```

【例 3-14】 将在 R4 和 R5 中的两个字节数(作为一个字)取补(高位在 R4 中)。

程序如下：

```
CLR     C
MOV     A, R5
CPL     A
ADD     A, #01H
MOV     R5, A
MOV     A, R4
CPL     A
ADDC    A, #00H
MOV     R4, A
SJMP    $
```

【例 3-15】 设在片外 RAM 的 2000H 中存放有两个 BCD 码，试编一程序将这两个 BCD 码分别存放在 2000H 和 2001H 的低 4 位中。

程序如下：

```
MOV     DPTR, #2000H
MOVX    A, @DPTR
MOV     B, A
ANL     A, #FH
MOVX    @DPTR, A
INC     DPTR
MOV     A, B
SWAP    A
ANL     A, #FH
MOVX    @DPTR, A
```

## 3.5　控制转移类指令

单片机在运行过程中，顺序执行的程序是由 PC 自动加 1 实现的。若要改变程序的执行顺序进行分支转向，则应通过修改 PC 值的方法来实现，这也是控制转移类指令的基本功能。转移有无条件转移和条件转移两类。这类指令有 AJMP、LJMP、SJMP、JMP、JZ、JNZ、CJNE、DJNZ、ACALL、LCALL、RET、RETI、NOP 共 13 种操作助记符，如表 3-5 所示。

表 3-5 控制转移类指令

| 分类 | | 指令助记符 | 说明 | 对标志位的影响 | | | | 字节数 | 周期 |
|---|---|---|---|---|---|---|---|---|---|
| | | | | P | OV | AC | CY | | |
| 无条件转移指令 | | LJMP addr16 | $(PC) \leftarrow addr_{15 \sim 0}$ | | | | | 3 | 2 |
| | | AJMP addr11 | $(PC) \leftarrow (PC) + 2$, $(PC_{10 \sim 0}) \leftarrow addr_{10 \sim 0}$ | | | | | 2 | 2 |
| | | SJMP rel | $(PC) \leftarrow (PC) + 2$, $(PC) \leftarrow (PC) + rel$ | | | | | 2 | 2 |
| | | JMP @A + DPTR | $(PC) \leftarrow (A) + (DPTR)$ | | | | | 1 | 2 |
| 条件转移指令 | 累加器判0转移指令 | JZ rel | 若$(A) = 0$，则$(PC) \leftarrow (PC) + 2 + rel$ 若$(A) \neq 0$，则$(PC) \leftarrow (PC) + 2$ | | | | | 2 | 2 |
| | | JNZ rel | 若$(A) \neq 0$，则$(PC) \leftarrow (PC) + 2 + rel$ 若$(A) = 0$，则$(PC) \leftarrow (PC) + 2$ | | | | | 2 | 2 |
| | 数值比较转移指令 | CJNE A, #data, rel | 若$(A) = date$，则$(PC) \leftarrow (PC) + 3$ 若$(A) \neq date$，则$(PC) \leftarrow (PC) + 3 + rel$ | | | | √ | 3 | 2 |
| | | CJNE A, direct, rel | 若$(A) = (direct)$，则$(PC) \leftarrow (PC) + 3$ 若$(A) \neq (direct)$，则$(PC) \leftarrow (PC) + 3 + rel$ | | | | √ | 3 | 2 |
| | | CJNE Rn, #data, rel | 若$(Rn) = date$，则$(PC) \leftarrow (PC) + 3$ 若$(Rn) \neq date$，则$(PC) \leftarrow (PC) + 3 + rel$ | | | | √ | 3 | 2 |
| | | CJNE @Ri, #data, rel | 若$((Ri)) = (direct)$，则$(PC) \leftarrow (PC) + 3$ 若$((Ri)) \neq (direct)$，则$(PC) \leftarrow (PC) + 3 + rel$ | | | | √ | 3 | 2 |
| | 减"1"不为0转移指令 | DJNZ Rn, rel | $(Rn) \leftarrow (Rn) - 1$, 若$(Rn) \neq 0$，则$(PC) \leftarrow (PC) + 2 + rel$ 若$(Rn) = 0$，则$(PC) \leftarrow (PC) + 2$ | | | | | 2 | 2 |
| | | DJNZ direct, rel | $(direct) \leftarrow (direct) - 1$, 若$(direct) \neq 0$，则$(PC) \leftarrow (PC) + 2 + rel$ 若$(direct) = 0$，则$(PC) \leftarrow (PC) + 2$ | | | | | 3 | 2 |
| 子程序调用与返回指令 | 绝对调用指令 | ACALL addr11 | $(PC) \leftarrow (PC) + 2$ $(SP) \leftarrow (SP) + 1$, $((SP)) \leftarrow (PC_{7 \sim 0})$ $(SP) \leftarrow (SP) + 1$, $((SP)) \leftarrow (PC_{15 \sim 8})$ $(PC_{10 \sim 0}) \leftarrow addr11$ | | | | | 2 | 2 |
| | 长调用指令 | LCALL addr16 | $(PC) \leftarrow (PC) + 2$ $(SP) \leftarrow (SP) + 1$, $((SP)) \leftarrow (PC_{7 \sim 0})$ $(SP) \leftarrow (SP) + 1$, $((SP)) \leftarrow (PC_{15 \sim 8})$ $(PC_{15 \sim 0}) \leftarrow addr16$ | | | | | 3 | 2 |

| 分　类 | | 指令助记符 | 说　明 | 对标志位的影响 | | | | 字节数 | 周期 |
|---|---|---|---|---|---|---|---|---|---|
| | | | | P | OV | AC | CY | | |
| 子程序调用与返回指令 | 子程序返回 | RET | $((SP))\leftarrow(PC_{15\sim8})$,<br>$(SP)\leftarrow(SP)-1$<br>$((SP))\leftarrow(PC_{7\sim0})$,<br>$(SP)\leftarrow(SP)-1$ | | | | | 1 | 2 |
| | 中断服务子程序返回 | RETI | $((SP))\leftarrow(PC_{15\sim8})$,<br>$(SP)\leftarrow(SP)-1$<br>$((SP))\leftarrow(PC_{7\sim0})$,<br>$(SP)\leftarrow(SP)-1$ | | | | | 1 | 2 |
| 空操作指令 | | NOP | 空操作 | | | | | 1 | 1 |

注：√表示该指令影响某一标志位。

## 3.5.1　无条件转移指令

无条件转移指令共有以下 4 条：

LJMP　　addr16　　; $(PC)\leftarrow addr15\sim0$

AJMP　　addr11　　; $(PC)\leftarrow(PC)+2$, $(PC_{10\sim0})\leftarrow addr10\sim0$

SJMP　　rel　　　; $(PC)\leftarrow(PC)+2$, $(PC)\leftarrow(PC)+rel$

JMP　　@A+DPTR　; $(PC)\leftarrow(A)+(DPTR)$

### 1. LJMP　addr16(无条件长转移)

LJMP　addr16 指令有 3 个字节指令，其机器码为 02H、addr15~8、addr7~0。执行该指令时，可将指令的机器码中的第 2、3 字节地址码分别装入程序计数器(PC)的高 8 位和低 8 位中，程序无条件地转移到指定的目标地址去执行。由于 LJMP 指令提供的是 16 位地址，因此指令可以转向 64 KB 的 ROM 地址空间的任何单元。

例如，若标号"TABP"表示转移目标地址 1234H，则该目标地址是指向程序存储器 1234H 的单元。执行指令 LJMP TABP 时，转移的目标地址将装入程序计数器(PC)中，使程序立即无条件转向目标地址 1234H 处运行。

### 2. AJMP　addr11(无条件绝对转移)

AJMP　addr11 指令为 2 个字节指令，其机器码为

| $A_{10}$ | $A_9$ | $A_8$ | 0 | 0 | 0 | 0 | 1 |
|---|---|---|---|---|---|---|---|
| $A_7$ | $A_6$ | $A_5$ | $A_4$ | $A_3$ | $A_2$ | $A_1$ | $A_0$ |

即指令提供的 11 位地址 addr10~0($A_{10}\sim A_0$)中，其中 $A_7\sim A_0$ 占第 2 字节，$A_{10}\sim A_8$ 占第 1 字节的高 3 位指令操作码。

AJMP 指令的功能是构造程序转移的目标地址，用于实现程序的转移。但应注意的是，被替换的 PC 值是本条 AJMP 指令地址加 2 以后的 PC 值，即下一条指令的 PC 值。其构造

方法是以指令提供的 11 位地址替换 PC 的低 11 位内容，高 5 位不变，形成新的 PC 值，即程序的目标地址。因此，AJMP 只能在 2 KB 范围内跳转，即转入的存储单元地址的高 5 位地址编码与程序计数器(PC)当前值地址高 5 位必须相同，否则会出现跨页错误。64KB 的程序空间划分为 32 个连续的 2 KB 的空间，每 2 KB 空间称为 1 页。

**【例 3-16】** 设某程序中有指令 AJMP　NEXT，该指令所在的地址为 3456H，已知这条指令的机器码为 0C188H，则目标地址 NEXT 是多少？

**解**　(1) 若(PC) + 2 = 3456H + 2 = 3458H，(PC)←(PC) + 2，(PC) = 3458H，则 PC = 0011 0100 0101 1000B。

(2) 机器码 0C188H = <u>1100</u> 0001 <u>1000 1000</u>B，将下画线的 11 位地址取出，即 $A_{10} \sim A_0$ = 110 1000 1000B。

(3) NEXT 的地址为 0011 <u>0110 1000 1000</u>B = 3688H，也就是说，执行该指令后，程序转移到程序存储器的 3688H 地址处去执行。

### 3. SJMP rel(无条件短转移)

SJMP rel 指令是相对寻址方式转移指令，其中 rel 为偏移量，偏移量 rel 是一个带符号的 8 位二进制补码数。该指令目标地址的计算公式为(PC) + 2 + rel。其中 PC 的内容是该转移指令所在的指令地址，即该指令可以使程序在该指令之后的第一个字节开始的前 128 字节到后 127 字节范围内作无条件的转移。

**【例 3-17】** 设某程序中有指令 SJMP　TABP，该指令地址为 0100H，若标号"TABP"表示转移目标地址 0123H，则转移的偏移量 rel 为多少？

**解**　　　　　　　　　rel = 0123H − (0100H + 2) = 21H

说明：实际使用 SJMP 指令时，在大多数情况下不采用 SIMP rel 形式，而是采用 SJMP<标号>的形式。前面叙述中已提到，标号就是地址的符号化，因此偏移量的计算均由单片机自动完成。

**【例 3-18】** 试分析如下转移指令的功能：

```
LP:　SJMP LP
```

**解**　程序在该条指令处原地址无限循环(原地踏步)，该功能指令有时也可以写成 SIMP $的形式。

### 4. JMP @A + DPTR(无条件间接转移)

JMP　@A + DPTR 指令为一字节无条件转移指令，转移的地址由累加器 A 的内容和数据指针 DPTR 的内容之和来决定，两者都是无符号数。一般是以 DPTR 的内容为基址的，而由 A 的值作为变址来决定具体的转移地址。这条指令的特点是转移地址可以在程序运行中加以改变。例如，当 DPTR 为确定的值时，根据 A 值的不同来控制程序转向不同的程序段，实现多分支程序转移。因此，有时也称其为散转指令。

例如，若已知(A) = 10H，(DPTR) = 2000H，则执行指令

```
JMP　@A+DPTR
```

后结果为(PC) = 2010H。

上述 4 条无条件转移指令的功能相同，不同之处在于转移的范围。其中，长转移指令 LIMP 的转移范围最大，为 64 KB；绝对转移指令 AJMP 的转移范围为 2 KB；短转移指令

SJMP 的转移范围最小，仅为 256 字节；无条件间接转移指令 JMP 的转移范围为 64 KB。但需要注意的是，程序转移都是在程序存储器地址空间范围内进行的。

## 3.5.2　条件转移指令

条件转移指令共有 8 条。

### 1. 累加器判 0 转移指令

累加器判 0 转移指令共有两条：

```
JZ    rel                    ; 若(A) = 0，则(PC)←(PC) + 2 + rel
                             ; 若(A) ≠ 0，则(PC)←(PC) + 2
JNZ   rel                    ; 若(A) ≠ 0，则(PC)←(PC) + 2 + rel
                             ; 若(A) = 0，则(PC)←(PC) + 2
```

这组指令的功能是对累加器(A)的内容为"0"和不为"0"进行检测并转移。当不满足各自的条件时，程序继续往下执行。当各自的条件满足时，程序转向指定的目标地址。目标地址的计算与 SJMP 指令情况相同。指令执行时对标志位无影响。

例如，已知累加器(A) = 00H，执行指令如下：

```
JNZ   L1                     ; 由于(A)的内容为 00H，所以程序往下执行
INC   A                      ; (A)的内容加 1，(A) = 01H
JNZ   L2                     ; 由于(A)的内容不为 00H，所以程序转向 L2 执行
```

### 2. 数值比较转移指令

数值比较转移指令共有 4 条。指令格式如下：

CJNE，目的操作数，源操作数，rel

该指令是 3 字节指令，其功能是目的操作数与源操作数的内容进行比较，若目的操作数 = 源操作数，则顺序执行，即(PC)←(PC) + 3；若目的操作数＞源操作数，则发生转移，转移地址(PC)←(PC) + 3 + rel，CY←0；若目的操作数＜源操作数，则发生转移，转移地址(PC)←(PC) + 3 + rel，CY←1。

具体指令如下：

```
CJNE  A, #data, rel          ; 若(A) = data，则(PC)←(PC) + 3
                             ; 若(A)≠data，则(PC)←(PC) + 3 + rel
CJNE  A, direct, rel         ; 若(A) = (direct)则(PC)←(PC) + 3
                             ; 若(A)≠(direct)，则(PC)←(PC) + 3 + rel
CJNE  Rn, #data, rel         ; 若(Rn)=data 则(PC)←(PC)+3
                             ; 若(Rn)≠data.则(PC)←(PC)+3+rel
CJNE  @Ri, #data, rel        ; 若((Ri))=(direct)，则(PC)←(PC)+3
                             ; 若((Ri))≠(direct)，则(PC)←(PC)+3+rel
```

例如，已知(R7) = 56H，执行指令如下：

```
CJNE  R7, #56H, Next         ; 比较(R7)与 56H，若相等继续执行，否则
...                          ; 跳转到标号为 Next 的地址继续执行
```

```
        Next：
        …                                    ；跳转后执行代码
```

### 3. 减 "1" 不为 0 转移指令

减 "1" 不为 0 转移指令共有两条：

```
        DJNZ    Rn, rel          ；(Rn)←(Rn)−1，若(Rn)≠0，则(PC)←(PC)+2+rel
                                 ；若(Rn)=0，则(PC)←(PC)+2
        DJNZ    direct, rel      ；(direct)←(direct)−1，若(direct)≠0.则(PC)←(PC)+2+rel
                                 ；若(direct)=0，则(PC)←(PC)+2
```

这组指令的功能是对寄存器(或直接寻址单元)内容减 1，并判其结果是否为 0。若不为 0，则转移到目标地址继续循环；若为 0，则结束循环，程序往下执行。利用这两条指令可实现循环控制，循环次数存放于寄存器中或直接寻址单元中。

**【例 3-19】** 试分析如下程序段

```
        MOV     30H, #0AH
        CLR     A
NEXT:   ADD     A, 30H
        DJNZ    30H, NEXT
        SJMP    $
```

完成了什么功能？

**解** 该程序执行之后，(A) = 10 + 9 + 8 + 7 + 5 + 5 + 4 + 3 + 2 + 1 = 37H。

## 3.5.3 子程序调用与返回指令

子程序调用与返回指令共有 4 条。

### 1. 子程序调用指令

子程序调用指令共有两条：

```
        ACALL   addr11(绝对调用指令)    ；(PC)←(PC) + 2
                                        ；(SP)←(SP) + 1，((SP))←(PC7~0)
                                        ；(SP)←(SP) + 1，((SP))←(PC15~8)
                                        ；(PC10~0)←addr11
        LCALL   addr16(长调用指令)       ；(PC)←(PC) + 2
                                        ；(SP)←(SP) + 1，((SP))←(PC7~0)
                                        ；(SP)←(SP) + 1，((SP))←(PC15~8)
                                        ；(PC15~0)←addr16
```

ACALL 指令是 2 字节指令，执行该指令时(PC)加 2，获得下一条指令的地址，并把这 16 位地址压入堆栈，栈指针加 2，然后把指令中地址 addr11(即 $A_{10}\sim A_0$)的值送入 PC 的低 11 位中，高 5 位不变，获得子程序的起始地址。ACALL 指令执行时，被调用的子程序的首地址必须设在包含当前指令(即调用指令的下一条指令)的第一个字节在内的 2 KB 范围内的 ROM 中，同 AJMP 指令一样，建议尽量不采用。

LCALL 指令执行时,被调用的子程序的首地址可以设在 64 KB 范围内的 ROM 空间的任何位置。

调用指令与无条件转移的区别在于,调用指令通过自动方式的堆栈操作对断点进行了保护,待子程序返回时可以调用子程序指令的下一条指令。

### 2. 返回指令

返回指令共有两条:

RET(子程序返回)　　　　　　　; ((SP))→(PC$_{15-8}$)，(SP)←(SP)-1
　　　　　　　　　　　　　　　; ((SP))→(PC$_{7-0}$)，(SP)←(SP)-1
RETI(中断服务子程序返回)　　　; ((SP))→(PC$_{15-8}$)，(SP)←(SP)-1
　　　　　　　　　　　　　　　; ((SP))→(PC$_{7-0}$)，(SP)←(SP)-1

子程序执行完后,程序应返回到原调用指令的下一指令处继续执行。因此,在子程序的结尾必须设置返回指令。返回指令有两条,即子程序返回指令 RET 和中断服务子程序返回指令 RETI。

RET 指令的功能是从堆栈中弹出由调用指令压入堆栈保护的断点地址,并送入程序计数器(PC),从而结束子程序的执行,程序返回到断点处继续执行。

RETI 指令是专用于中断服务程序返回的指令,除正确返回中断断点处执行主程序以外,并有消除内部相应的中断状态寄存器(以保证正确的中断逻辑)的功能。

## 3.5.4　空操作指令

空操作指令如下:

NOP　　　; (PC)←(PC)+1

执行这条指令时,CPU 不产生任何操作,只是将程序计数器(PC)的内容加 1,转向下一条指令去执行。在时间上耗费 1 个机器周期,该指令常用于较短时间的延时。

例如,有如下程序:

START:
```
        SETB   P1.1        ; P1.1 置 1
DL:     MOV    30H, #03H   ; (31H)←03H, 设置初值
DL0:    MOV    31H, #F0H   ; (31H)←F0H, 设置初值
DL1:    DJNZ   31H, DL1    ; (31H)←(31H)-1, (31H)不为 0 重复执行
        DJNZ   30H, DL0    ; (30H)←(30H)-1, (31H)不为 0 转移至 DL0
        CPL    P1.1        ; P1.1 取反
        SJMP   DL          ; 无条件转移至以 DL 处
```

其功能是通过延时在 P1.1 口上输出一个方波。也可以通过改变 30H 和 31H 的初值来改变延时时间,进而实现改变方波的频率。

例如,假设累加器 A 中存放处理命令编号(0~7),程序存储器中存放标号为 PMTB 的转移表首地址,则执行下面程序,将根据 A 中的命令编号转向相应的处理程序。

```
PM:    MOV    R1, A       ; (A)←(A)×3
       RL     A
```

```
            ADD    A, R1
            MOV    DPTR, #PMTB        ; 转移表首地址
            JMP    @A+DPTR            ; 跳转到((A)+(DPTR))间址单元
PMTB:       LJMP   PM0                ; 转向命令 0 处理入口
            LJMP   PM1                ; 转向命令 1 处理入口
            LJMP   PM2                ; 转向命令 2 处理入口
            LJMP   PM3                ; 转向命令 3 处理入口
            LJMP   PM4                ; 转向命令 4 处理入口
            LJMP   PM5                ; 转向命令 5 处理入口
            LJMP   PM6                ; 转向命令 6 处理入口
            LJMP   PM7                ; 转向命令 7 处理入口
```

# 3.6  位操作类指令

MCS-51 单片机具有丰富的位操作指令和优异的布尔变量处理能力。进行位操作时，以进位标志位 CY 作为位累加器。这点类似于字节操作，以寄存器 A 作为累加器。MCS-51 单片机中能够进行位寻址的区域有两部分：一部分是片内 RAM 的 20H～2FH，共 16 个字节单元 128 位，其位地址为 00H～7FH；另一部分是在 SFR 中，字节地址能被 8 整除的专用寄存器的各位，其位地址为 80H～FFH，中间有少数位未被定义，不能按位寻址。这类指令的助记符有 MOV、CLR、CPL、SETB、ANL、ORL、JC、JNC、JB、JNB、JBC，共 11 种操作助记符，如表 3-6 所示。

表 3-6  位操作类指令

| 分　类 | 指令助记符 | 说　明 | 对标志位的影响 | | | | 字节数 | 周期 |
| | | | P | OV | AC | CY | | |
| 位传送<br>指令 | MOV C, bit | (CY)←(bit) | | | | √ | 2 | 1 |
| | MOV bit, C | (bit)←(CY) | | | | | 2 | 2 |
| 置位复位<br>指令 | CLR C | (CY)←0 | | | | √ | 1 | 1 |
| | CLR bit | (bit)←0 | | | | | 2 | 1 |
| | SETB C | (CY)←1 | | | | √ | 1 | 1 |
| | SETB bit | (bit)←1 | | | | | 2 | 1 |
| 位逻辑<br>运算指令 | ANL C, bit | (CY)←(CY)∧(bit) | | | | √ | 2 | 2 |
| | ANL C, /bit | (CY)←(CY)∧($\overline{\text{bit}}$) | | | | √ | 2 | 2 |
| | ORL C, bit | (CY)←(CY)∨(bit) | | | | √ | 2 | 2 |
| | ORL C, /bit | (CY)←(CY)∨($\overline{\text{bit}}$) | | | | √ | 2 | 2 |
| | CPL C | (CY)←($\overline{\text{CY}}$) | | | | √ | 1 | 1 |
| | CPL bit | (bit)←($\overline{\text{bit}}$) | | | | √ | 2 | 1 |

续表

| 分　类 | 指令助记符 | 说　明 | 对标志位的影响 | | | | 字节数 | 周期 |
| --- | --- | --- | --- | --- | --- | --- | --- | --- |
| | | | P | OV | AC | CY | | |
| 位控制<br>转移指令 | JC rel | 若(CY)=1，则(PC)←(PC) + 2 + rel<br>若(CY) ≠ 1，则(PC)←(PC) + 2 | | | | | 2 | 2 |
| | JNC　　rel | 若(CY) = 0，则(PC)←(PC) + 2 + rel<br>若(CY) ≠ 0，则(PC)←(PC) + 2 | | | | | 2 | 2 |
| | JB　　bit, rel | 若(bit) = 1，则(PC)←(PC) + 2 + rel<br>若(bit) ≠ 1，则(PC)←(PC) + 2 | | | | | 3 | 2 |
| | JNB　bit, rel | 若(bit) = 0，则(PC)←(PC) + 2 + rel<br>若(bit) ≠ 0，则(PC)←(PC) + 2 | | | | | 3 | 2 |
| | JBC　　bit, rel | 若(bit) = 1，则(PC)←(PC) + 3 + rel，<br>(bit)←0<br>若(bit) ≠ 1，则(PC)←(PC) + 3 | | | | | 3 | 2 |

注：√表示该指令影响某一标志位。

汇编语言中位操作指令中位地址有以下 4 种表示方式：

(1) 直接地址方式，如 0A1H, 2EH。

(2) 点操作方式，如 PSW.5, ACC.2。

(3) 位名称方式，如 EA，TR0。

(4) 指令定义方式，如 P1_3 BIT P1.3。

### 1. 位传送指令

位传送指令共有以下两条：

```
MOV   C, bit                    ; (CY)←(hit)
MOV   bit, C                    ; (bit)←(CY)
```

这组指令中 C 为进位 CY，bit 为片内 RAM 的 20H～2FH 中的 128 个可寻址位和特殊功能寄存器中的可寻址位。

【例 3-20】　将 20H.0 传送到 25H.3 中。

程序如下：

```
MOV   C, 20H.0
MOV   25H.3, C
```

或者

```
MOV   C, 00H
MOV   2BH, C
```

这里的 00H 和 2BH 是位地址，而不是存储单元字节地址。

### 2. 置位复位指令

置位复位指令共有 4 条：

```
CLR   C                     ; (CY)←0
CLR   bit                   ; (bit)←0
```

这两条指令可以实现位地址内容和位累加器内容的清 0。直接位寻址为端口执行"读-修改

–写"操作。以下直接位寻址相同。

| | | |
|---|---|---|
| SETB | C | ; (CY)←1 |
| SETB | bit | ; (bit)←1 |

这两条指令可以实现进位标志位和直接位地址内容的置位。

### 3. 位逻辑运算指令

位逻辑运算指令共有 6 条：

| | | |
|---|---|---|
| ANL | C, bit | ; (CY)←(CY)∧(bit) |
| ANL | C, /bit | ; (CY)←(CY)∧($\overline{bit}$) |

这两条指令可以实现位地址单元内容或取反后的值与进位标志位的内容"与"操作，操作的结果送至位 CY。

| | | |
|---|---|---|
| ORL | C, bit | ; (CY)←(CY)∨(bit) |
| ORL | C, /bit | ; (CY)←(CY)∨($\overline{bit}$) |

这两条指令可以实现位地址单元内容或取反后的值与进位标志位的内容"或"操作，操作的结果送至位 CY。

| | | |
|---|---|---|
| CPL | C | ; (CY)←($\overline{CY}$) |
| CPL | bit | ; (bit)←($\overline{bit}$) |

这两条指令可以实现位地址单元内容或进位标志位的取反。

【例 3-21】 设 D、E、F 为位变量，试编程实现 E、F 内容的"异或"功能，结果送入 D 中。

**解** $D = E \oplus F = \overline{E}F + E\overline{F}$，用程序实现：

| | | |
|---|---|---|
| MOV | C, F | |
| ANL | C, /E | ; (CY)+FE |
| MOV | D, C | |
| MOV | C, E | |
| ANL | C, /F | ; (CY)←$\overline{EF}$ |
| ORL | C, D | ; (CY)←$\overline{EF}$ + $\overline{EF}$ |
| MOV | D, C | ; "异或"结果送入 D 中 |

### 4. 位控制转移指令

位控制转移指令共有 5 条：

(1) 以 C 状态为条件的转移指令有两条，具体如下：

| | | |
|---|---|---|
| JC | rel | ; 若(CY)=1，则(PC)←(PC)+2+rel |
| | | ; #(CY)≠1，则(PC)←(PC)+2 |
| JNC | rel | ; 若(CY)=0，则(PC)←(PC)+2+rel |
| | | ; 若(CY)≠0，则(PC)←(PC)+2 |

这两条指令的功能是对进位标志位 CY 进行检测，若(CY)=1(第一条指令)或(CY)=0(第二条指令)，则程序转向程序计数器(PC)当前值与 rel 之和的目标地址去执行，否则程序将顺序执行。

(2) 以位状态为条件的转移指令共有 3 条，具体如下：

| | | |
|---|---|---|
| JB | bit, rel | ; 若(bit)=1，则(PC)←(PC)+2+rel |

```
                                ; 若(bit) ≠ 1, 则(PC)←(PC)+2
        JNB   bit, rel          ; 若(bit)=0, 则(PC)←(PC)+2+rel
                                ; 若(bit) ≠ 0, 则(PC)←(PC)+2
        JBC   bit, rel          ; 若(bit)=1, 则(PC)←(PC)+3+rel, bit←0
                                ; 若(bit) ≠ 1, 则(PC)←(PC)+3
```

这 3 条指令的功能是对指定位 bit 进行检测，若(bit)=1(第一和第三条指令)或(bit) = 0(第二条指令)，则程序转向程序计数器(PC)当前值与 rel 之和的目标地址去执行，否则程序将顺序执行。对于第三条指令，当条件满足时(指定位为 1)，还具有将该指定位清 0 的功能。

【例 3-22】 编程实现：若(A) = 0，则 A 的内容加 1，否则 A 的内容减 1。

程序如下：

```
        JZ     LOOP1
        DEC    A
        SJMP   $
LOOP1:  INC    A
        SJMP   $
```

或者

```
        JNZ    LOOP
        INC    A
        SJMP   $
LOOP:   DEC    A
        SJMP   LOOP
```

【例 3-23】 比较片内 RAM 40H、50H 中两个无符号数的大小，若 40H 中的数小，则把片内 RAM 中的位地址 40H 置 1；若 50H 中数小，则把片内 RAM 中的位地址 50H 置 1；若相等，则把 RAM 中的位地址 20H 置 1。

程序如下：

```
        MOV    A, 40H
        CJNE   A, 50H, L1      ; 两数不等转移至 L1
        SETB   20H             ; 两数相等
        SJMP   L
L1:     JC     L2              ; 判断两个数大小, 若(40H) < (50H), 转移至 L2
        SETB   50H             ; 否则(40H) > (50H)
        SJMP   L
L2:     SETB   40H
L:      RET
```

 **知识拓展**

新兴产业是指在科技进步和社会需求的推动下，具有较高增长潜力和市场前景的产业，其发展对于促进经济转型升级，增强国际竞争力，提高人民生活水平都有着重要的意义。二十大报告中提出，在发展中我们要建设现代化产业体系，要推动战略性新兴产业融合集群发展。

单片机的应用可以从三个方面促进新兴产业的发展：首先，单片机的应用可以实现对新兴产业的智能化控制，例如，在工业自动化、物联网、智能家居、智能医疗等领域使用单片机，可以实现对设备、传感器、网络等的精确控制和数据处理，提高生产效率和产品质量；其次，单片机的应用可以降低新兴产业的成本和能耗，例如，在节能灯、太阳能发电、电动汽车等领域使用单片机，可以实现对电力、燃料、温度等的优化调节和管理，提高资源的利用率和环境友好性；再者，单片机的应用可以增强新兴产业的创新能力和竞争力，例如，在人工智能、虚拟现实、无人驾驶等领域使用单片机，可以实现对人类认知、交互、行为等的模拟和扩展，推动技术进步和市场拓展。

因此，单片机的应用是新兴产业不可或缺的技术支撑。对于我们而言，掌握 MCS-51 系列单片机的寻址方式，熟悉其各种指令的含义、功能、用法及特点，是应用单片机实现推动新兴产业发展的重要步骤。

# 习　题

## 1. 填空题

(1) 在程序存储器中的数据表格为

| | |
|---|---|
| 1010H: | 02H |
| 1011H: | 04H |
| 1012H: | 06H |
| 1013H: | 08H |

程序为

```
1000H: MOV    A, #0DH
1002H: MOVC   A, @A+PC
1003H: MOV    R0, A
```

执行后的结果：(A) = _____，(R0) = _____，(PC) = _____。

(2) 假定累加器 A 的内容为 30H，执行指令"1000H：MOVC A，@A + PC"后会把程序存储器_____单元的内容传送至累加器 A 中。

(3) 假定(A) = 85H，(R0) = 20H，(20H) = 0AFH，执行指令"ADD A，@R0"后，累加器 A 的内容为_____，CY 的内容为_____，AC 的内容为_____，OV 的内容为_____。

## 2. 简答题

(1) 指出下列指令中下画线操作数的寻址方式。

```
MOV    R0, #60H
MOV    A, 30H
MOV    A, @R0
MOV    @R1, A
```

```
MOVC   A, @A+DPTR
CJNE   A, #00H, ONE
CPL    C
MOV    C, 30H
```

(2) 已知片内 RAM 中，(30H) = 70H，(40H) = 71H，执行下列一段程序后，试分析有关单元内容。

```
MOV    R0, #30H
MOV    A, @R0
MOV    @R0, 40H
MOV    40H, A
MOV    R0, #60H
```

(3) 试说明下面每一条指令的作用，已知(A)=34H。

```
MOV    R6, #29H
XCH    A, R6
SWAP   A
XCH    A, R6
```

(4) 试说明下列指令的作用，执行后 R0 的结果为多少？

```
MOV    R0, #72H
XCH    A, R0
SWAP   A
XCH    A, R0
```

(5) 阅读下列程序，说明其功能。

```
MOV    R0, #50H
MOV    A, @R0
RL     A
MOV    R1, A
RL     A
RL     A
ADD    A, R1
MOV    @R0, A
```

## 3. 编程题

(1) 把片内 RAM 40H 单元的内容传送至片外 RAM 2230H 单元。

(2) 试编写一段程序，将 P1 端口的高 5 位置位，低 3 位不变。

(3) 试编写一段程序，将 R2 中的各位倒序排列后送入 R3 中。

(4) 设 D、E、F 为位变量，试编程实现 E、F 内容的"同或"功能，结果送入 D 中。

(5) 试编写一段程序，查找片内 RAM 的 20H～50H 单元中是否有 0AAH 这一数据，若有这一数据，将 51H 单元置为 01H，否则置为 00H。

# 第4章 MCS-51单片机汇编语言程序设计

## 内容提要

本章讲述了MCS-51单片机汇编语言程序设计的基本知识，主要介绍了MCS-51汇编语言的伪指令、程序的基本结构、设计步骤及编程格式，以及各种类型的程序设计等内容，同时通过实例说明程序设计的基本方法和技巧。

## 知识要点

▶ 概 念
◇ 伪指令、汇编语言程序设计的基本格式。

▶ 知识点
◇ 顺序结构的程序设计方法。
◇ 分支结构的程序设计方法。
◇ 循环结构的程序设计方法。
◇ 查表程序的设计方法。
◇ 子程序的设计方法。

▶ 重点及难点
◇ 汇编语言程序设计的基本格式。
◇ 各种类型的程序设计方法、技巧及注意事项。

## 案例引入

WPS是一款办公软件，包括文字、表格、演示等功能，可以兼容微软Office的格式。它因轻便、快捷、稳定和大部分免费的功能而受到了很多用户的喜爱。WPS从最初的一款DOS下的文字处理软件，发展成后来的多平台的应用，其崛起展示出了国产软件的实力和潜力。WPS为中国的软件产业树立了一个典范。

WPS在保持与Office兼容性的同时，也开发了一些自己的创新功能，例如，云文档、AI助手、PDF转换等，而不仅是简单地模仿国外的产品。WPS在多年的发展中，不断地听取用户的反馈和建议，修复了一些错误，漏洞，增加了一些新功能，提高了软件的性能，并注重用户体验和服务，不断改进和优化。WPS不仅支持Windows、Mac、Linux等多种操作系统，还支持 Android、iOS 等移动设备。并与百度、华为、腾讯等国内外知名企业进行了合作。这种开放和合作的心态，不仅扩大了其市场和影响力，还与其他平台和企业建立了良好的关系。

请同学们思考：

WPS 软件的崛起是一个坚持梦想并最终胜利的励志故事，国产软件该如何借鉴这一经验，把握时代机遇并且参与国际竞争？

# 4.1　伪　指　令

用汇编语言编写的程序称为汇编语言源程序，它是不能直接被计算机识别的，必须把它翻译成目标程序(机器语言程序)，这个翻译过程称为"汇编"过程。把汇编语言源程序自动翻译成目标程序的程序称为"汇编程序"。而伪指令是指由汇编程序提供的，在汇编时起控制作用，自身并不产生机器码的指令，不属于指令系统；伪指令也称为汇编程序的控制命令，它是程序员发给汇编程序的命令，用来设置符号值、保留和初始化存储空间、控制用户程序代码的位置。常用的伪指令有以下几种。

### 1. 汇编起始地址命令 ORG

该命令总出现在源程序的开头位置，用于规定目标程序的起始地址。

汇编起始地址命令格式为：

[标号：]　ORG　地址

其中，标号项是选择项，根据需要选用；地址项通常为 16 位绝对地址，但也可以使用标号或表达式表示。

例如：ORG 命令规定标号 START 代表地址 8000H，即目标程序的第一条指令从 8000H 开始：

```
        ORG    8000H
START:  MOV    A, #00H
        …
```

汇编后的目标程序在程序存储器中存放的起始地址是 8000H。

### 2. 汇编终止命令 END

汇编终止命令格式为：

[标号：]　END　[表达式]

其中，[表达式]是选择项，只有主程序模块才有；[标号：]也是选择项，当源程序为主程序时才具有，其值为主程序最后一条指令的符号地址。

END 是汇编语言源程序的结束标志。在 END 以后所写的指令，汇编程序不再处理，一个源程序只能有一个 END 指令，并放在所有指令的最后。

### 3. 赋值命令 EQU

赋值命令格式为：

字符名称　EQU　赋值项

其中，赋值项可以是常数、地址、标号或表达式。其功能将一个数或特定的汇编符号赋予规定的字符名称，赋值后，其值在整个程序中有效。例如：

    PORT0   EQU   P0
         MOV   A, PORT0

EQU 指令将 PORT0 赋值为汇编符号 P0，在指令中 PORT0 就可以代替 P0 来使用。

### 4. 定义字节命令 DB

定义字节命令格式为：

    [标号:]   DB   8 位数表

其中，8 位数表可以是一字节常数或字符，或是用逗号分开的字节串，或是用引号括起来的字符串。其功能从指定的地址单元开始，可以定义若干个 8 位内存单元的内容。例如：

         ORG   4000H
    TAB1:   DB      12H, 34H, "A", "123"
    TAB2:   DB      1110B

以上指令经汇编后，将对 4000H 开始的若干内存单元赋值。其结果为：(4000H) = 12H，(4001H) = 34H，(4002H) = 41H，(4003H) = 31H，(4004H) = 32H，(4005H) = 33H，(4006H) = 0EH。

### 5. 定义数据字命令 DW

定义数据字命令格式为：

    [标号:]   DW    16 位数表

其功能从指定的地址单元开始，定义若干个 16 位内存单元的内容。因为 16 位需占用两个字节，所以高 8 位在前(低地址)、低 8 位在后(高地址)。例如：

         ORG   1000H
    DWTAB:   DW    1234H, 56H, 78H

以上指令经汇编后，将对 1000H 开始的若干内存单元赋值。其结果为：(1000H) = 12H，(1001H) = 34H，(1002H) = 00H，(1003H) = 56H，(1004H) = 00H，(1005H) = 78H。

### 6. 定义存储区命令 DS

定义存储区命令格式为：

    [标号:]   DS   16 位数表

其功能用于从指定地址开始，在程序存储器中保留指定数目的单元作为预留存储区，供程序运行使用。源程序汇编时，对预留单元不赋值。例如：

    TABL:   DS      20         ; 从标号 TABL 代表的地址开始，预留 20 个连续的地址单元
         ORG   8100H
         DS      08H        ; 从 8100H 地址开始，保留 8 个连续的地址单元

### 7. 位定义命令 BIT

位定义命令格式为：

    字符名称   BIT   位地址

其中，位地址可以是绝对地址，也可以是符号地址(即位符号名称)。其功能是用于给字符名称赋以位地址。例如：

    AQ   BIT   P1.0

的功能是把 P1.0 的位地址赋给变量 AQ，在其后的编程中 AQ 可以作为位地址使用。

# 4.2　汇编程序设计步骤及编程格式

## 4.2.1　设计步骤

MCS-51 汇编语言程序设计是将单片机应用于工业测控装置、智能仪表等领域所必须进行的一项工作，一般来说，用汇编语言编写一个程序的过程可按以下 6 个步骤进行。

### 1. 分析问题，确定问题的解决方案

首先，要对需要解决的问题进行分析，明确题目的任务，弄清现有条件和目标要求，然后确定设计方法。对于同一个问题，也存在多种不同的解决方案，应通过认真比较，从中挑选出最佳方案。这一步是程序设计的基础。

### 2. 确定符合单片机运算的算法

单片机算法比较灵活，一般要优选逻辑简单、运算速度快、精度高的算法，还要考虑编程简单、占用内存少的算法。

### 3. 绘制流程图

流程图又称为程序框图，它是用各种图形、符号、指向线等来说明程序设计的过程。流程图能充分表达程序的设计思路，便于查找错误。美国国家标准化协会(ANSI)制定了一些常用的流程图符号，已被程序工作者普遍采用，具体如表 4-1 所示。

表 4-1　流程图的符号和说明

| 符　号 | 名　称 | 表示的功能 | 符　号 | 名　称 | 表示的功能 |
|---|---|---|---|---|---|
| ⬭ | 起止框 | 程序的开始和结束 | ▱ | 输入/输出框 | 输入和输出操作 |
| ▭ | 处理框 | 各种处理操作 | ↓→ | 流程线 | 描述程序的流向 |
| ◇ | 判断框 | 条件转移操作 | ⚬—▸⚬ | 引入/引出连接线 | 流程的连接 |

### 4. 内存单元分配

原始数据、运行中的中间数据及结构等都需要安排在某些单元中，这就需要确定数据和工作单元的数量，分配存放单元。

### 5. 编(程)写程序代码

编(程)写程序代码是指根据流程图中各部分的功能，写出具体程序。编(程)写程序代码时，要求所编写的源程序简单明了、层次清晰。

### 6. 程序的调试和修改

对已编好的程序，先要进行汇编。在汇编过程中，可能会出现一些错误，这时需要对源程序进行修改。汇编工作完成后，即可进行上机调试运行。程序的调试和修改是一个非常重要的步骤。一个程序需经过多次修改才能成功。

## 4.2.2 编程格式

完成控制任务的汇编语言源程序由主程序、子程序、中断服务子程序等组成。根据 MCS-51 单片机 ROM 的出厂内部定义，编制汇编语言源程序一般按这样的主框架编制：

```
;*********************************程序变量定义区*********************************
        SDA    BIT    P1.0      ; 定义 SDA 为位变量              第 1 行
        SCL    BIT    P1.1      ; 定义 SCL 为位变量              第 2 行
        IO     EQU    P0        ; 赋值命令，IO＝P0               第 3 行
        …                       ; 其他变量定义                  第 4 行
        …                       ; 其他变量定义                  第 5 行

;*********************************程序变量定义区*********************************


;*********************************程序主体部分*********************************
        ORG    0000H            ; 程序段从 0000H 单元开始存放     第 6 行
        LJMP   MAIN             ; 跳至主程序 MAIN 处             第 7 行
        ORG    0003H            ; 从 0003H 单元开始存放程序段     第 8 行
        LJMP   INT0S            ; 跳至外部中断 0 服务子程序       第 9 行
        ORG    0030H            ; 从 0030H 单元开始存放程序段     第 10 行
MAIN:                           ; 主程序标号说明                第 11 行
        MOV    SP, #30H         ; 设置堆栈指针                  第 12 行
        LCALL  INIT             ; 调用初始化子程序              第 13 行
NEXT:                           ; 控制程序循环标号              第 14 行
        LCALL  FUN1             ; 调用功能 1 子程序             第 15 行
        LCALL  FUN2             ; 调用功能 2 子程序             第 16 行
        …                       ; 其他程序                     第 17 行
        LJMP   NEXT             ; 跳至 NEXT 标号处，构成循环      第 M 行
        ORG    XXXXH            ; 从 XXXXH 单元开始存放程序段     第 M+1 行
INIT:   …                       ; 初始化子程序标号              第 M+2 行
        …                       ;                             第 M+3 行
        RET                     ; 初始化子程序返回              第 N 行
FUN1:   …                       ; 功能 1 程序标号               第 N+1 行
        …                       ;                             第 N+2 行
        RET                     ; 功能 1 子程序返回             第 K 行
FUN2:   …                       ; 功能 2 程序标号               第 K+1 行
        …                       ; 功能 2 子程序返回             第 K+2 行
        RET                     ; 功能 2 子程序返回             第 X 行
INT0S:  …                       ; 外部中断 0 服务子程序          第 X+1 行
        …                       ;                             第 X+2 行
        RETI                    ; 外部中断 0 服务子程序返回       第 Z 行
```

TABEL:                                                       第 Z+1 行

    DB  00H, 01H, 04H, 09H, 16H; 表格数据定义          第 Z+2 行

    DB  25H, 36H, 49H, 64H, 81H; 表格数据定义          第 Z+3 行

    END                                          第 Z+4 行

;**********************************程序主体部分**********************************

这个程序框的第 1～5 行在设计程序时把一些符号或变量定义成通俗的符号。第 6、8、10、M + 1 行表示程序存储的开始地址。第 7 行跳转是因为 MCS-51 单片机出厂时定义 ROM 中 0003H～002BH 分别为各中断源的入口地址；所以编程时应在 0000H 处写一跳转指令，使 CPU 在执行程序时，从 0000H 跳过各中断源的入口地址。主程序以跳转的目标地址作为起始地址开始编写，本程序框架从第 11 行标号 MAIN 处开始。第 8 行为中断服务程序的存储地址。MCS-51 单片机的中断系统对 5 个中断源分别规定了入口地址，这些入口地址仅相距 8B。如果中断服务程序小于 8B，则可以直接编写程序，否则应安排跳转到目标地址编写中断功能服务程序，因此，第 9 行应有跳转指令。另外，中断子程序中一般要有成对的入、出栈指令。第 11、14、M + 2、N + 1、K + 1、X + 1、Z + 1 行为程序语句标号。第 12 行设置堆栈指针一般最小设 30H，栈区不够用还可以增大。第 Z + 2、Z + 3 行为查表指令的表。第 N、K、X、Z 行为子程返回和中断返回指令，这里注意在应用时不要用混。

# 4.3  顺序结构的程序设计

顺序结构的程序是最简单的程序结构。程序既无分支、循环，也不调用子程序；程序执行时一条接一条地按顺序执行指令。用程序流程图表示顺序结构的程序设计时，应一个处理框紧跟着一个处理框。

**【例 4-1】** 将片内 RAM 20H 单元中的数拆成两段，每段 4 位，并将其分别存入 21H、22H 单元中。低 4 位存入 21H 单元中，高 4 位存入 22H 单元中。

**编程说明** 本题所要完成的任务在十六进制及二进制至十进制转换中常遇到。若要取得一个数的低 4 位和高 4 位，则可以用以移位指令配合逻辑指令或交换指令和逻辑指令实现。其流程图如图 4-1 所示。

程序如下：

```
         ORG   0000H
         LJMP  MAIN
         ORG   0030H
MAIN:
         MOV   A, 20H    ; 将 20H 单元中的数据取到 A 中
         ANL   A, #FH    ; 得到数据的低 4 位
         MOV   21H, A    ; 存入 21H 单元
```

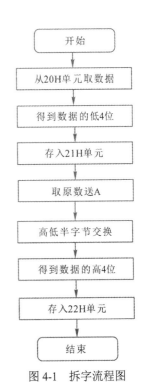

图 4-1  拆字流程图

```
MOV    A, 20H              ;再取原数送 A
SWAP   A                   ;A 中高低半字节交换
ANL    A, #FH              ;得到数据的高 4 位
MOV    22H, A              ;存入 22H 单元
END                        ;结束
```

【例 4-2】 设有任意一个三字节数 J、K、L 作为被乘数,有一单字节数 M 作为乘数,请编程求其积,要求结果存入 20H~23H 单元中(按低字节到高字节顺序存放)。

**编程说明** 求积的过程可用如图 4-2 所示的方法来实现,其程序流程如图 4-3 所示。

图 4-2  三字节数与单字节数乘法求积过程图

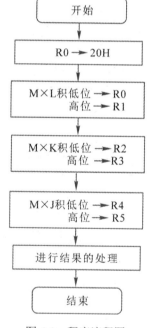

图 4-3  程序流程图

程序如下:

```
M      EQU12
J      EQU12H
K      EQU34H
L      EQU56H
ORG    0000H
```

```
        LJMP    MAIN
        ORG     0030H
MAIN:
        MOV     R0, #20H        ; 存放结果的首地址
        MOV     A, #M           ; 取乘数
        MOV     B, #L           ; 取被乘数
        MUL     AB              ;
        MOV     @R0, A          ; M×L 送结果低位→(20H)
        MOV     R1, B           ; 送结果高位至 R1
        MOV     A, #M
        MOV     B, #K
        MUL     AB
        MOV     R2, A           ; M×K 送结果低位→R2
        MOV     R3, B           ; 送结果高位至 R3
        MOV     A, #M
        MOV     B,#J
        MUL     AB
        MOV     R4, A           ; M×J 送结果低位→R4
        MOV     R5, B           ; 送结果高位至 R5
        MOV     A, R1
        ADD     Λ, R2
        INC     R0
        MOV     @R0, A
        MOV     A, R3
        ADDC    A, R4
        INC     R0
        MOV     @R0, A
        CLR     A
        ADDC    A, R5
        INC     R0
        MOV     @R0, A
        END
```

# 4.4　分支结构的程序设计

在运行一个程序时，通常是按地址编号的大小顺序执行各条指令的。但若需要改变执行的顺序，则需要采用分支结构。分支结构也称为选择结构，它是为分支需要而设计的。分支结构可分为单分支结构和多分支结构。程序设计时应给程序段的起始地址赋予一个地

址标号，以供选择分支使用。分支流程图如图 4-4 所示。

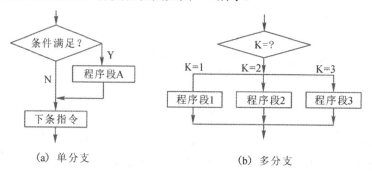

(a) 单分支　　　　　　　　　(b) 多分支

图 4-4　分支流程图

## 4.4.1　单分支结构

单分支程序结构(即二中选一)是通过条件判断实现的，一般使用条件转移指令对程序的执行结果进行判断，其流程图如图 4-4(a)所示。

当多重单分支结构中，可以通过一系列条件判断进行逐级分支。为此可使用比较转移指令 CJNE 实现。

【例 4-3】　空调在制冷时，若排出空气比吸入空气的温度低 8 ℃，则认为工作正常，否则认为工作故障，并设置故障标志。

**编程说明**　设片内 RAM 40H 中存放吸入空气的温度值，41H 存放排出空气的温度值。若(40H) - (41H)≥8℃，则空调制冷正常，在 42H 单元中存放 0，否则在 42H 单元中存放 0FFH，以表示故障。程序流程图如图 4-5 所示。

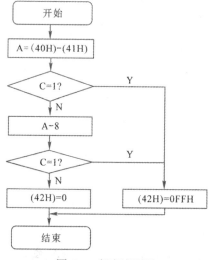

图 4-5　程序流程图

程序如下：

```
T_IN      EQU   40H           ;定义吸入空气温度单元
T_OUT     EQU   41H           ;定义排出空气温度单元
ST        EQU   42H           ;定义故障表示单元
```

```
        ORG     0000H
        LJMP    MAIN
        ORG     0030H
MAIN:
        MOV     A,T_IN              ; 吸入空气温度
        CLR     C
        SUBB    A, T_OUT
        JC      ERROR               ; C = 1，吸入温度小于排出温度
        SUBB    A, #8               ;
        JC      ERROR               ; 温差小于 8
        MOV     ST, #0
        SJMP    EXIT
ERROR:  MOV     ST, #-1             ; 设置故障标志(0FFH)
EXIT:   NOP
        END
```

【例 4-4】　假定采集的温度值 Ta 存放在累加器 A 中，在内部 RAM 的 54H 单元存放温度下限值 T54，在 55H 单元存放温度上限值 T55。若 Ta>T55，则程序转向 JW(降温处理程序)；若 Ta<T54，则程序转向 SW(升温处理程序)；若 T55≥Ta≥T54，则程序转向 FH(返回主程序)。

程序如下：

```
        CJNE    A, 55H, LOOP1       ; 若 Ta≠T55，则转向 LOOP1
        AJMP    FH                  ; 若 Ta=T55，则返回
LOOP1:  JNC     JW                  ; 若(CY)=0，表明 Ta>T55，转降温处理程序
        CJNE    A, 54H, LOOP2       ; 若 Ta≠T54，则转向 LOOP2
        AJMP    FH                  ; 若 Ta=T54，则返回
LOOP2:  JC      SW                  ; 若(CY)=1，表明 Ta<T54，转升温处理程序
    FH: RET                         ; 若 T55≥Ta≥T54，则返回主程序
```

## 4.4.2　多分支结构

多分支程序结构流程中有两个以上的条件可供使用。可供使用的是无条件间接转移指令(或称散转指令) "JMP@A + DPTR"，使用该指令实现多分支转移时，需要有数据表格配合。多分支流程图如图 4-4(b)所示。使用散转指令设计的多分支程序结构可采用下面两种方法：

(1) 数据指针 DPTR 固定，根据累加器 A 的内容，程序转入相应的分支程序中。

(2) 累加器 A 清 0，根据数据指针 DPTR 的值，决定程序转向的目的地址。DPTR 的值可以用查表或其他方法获得。

下面介绍几种不同的分支程序。

### 1. 采用转移指令表实现多分支结构

在许多实际应用中，需要根据某标志单元的内容(输入或运算结果)转至相应的操作程

序中去。针对这一情况，可以先用无条件直接转移指令按顺序组成一个转移表，再将转移表的首地址转入数据指针 DPTR 中，然后将标志单元的内容装入累加器 A 经运算后作为变址值，最后执行 JMP@A + DPTR 指令实现散转。

【例 4-5】 设计 128 路分支的转移程序。设 128 个出口地址分别为 SUB00、SUB01、…、SUB7F；需要转移的出口信息存放在工作寄存器 R3 中。注意出口信息是 0～127 之间的整数。

**编程说明**    对于典型的多分支转移，最有效的办法是执行 MOVC 与散转指令，用 ROM 中短表格的位移量指明多分支转移的相对出口地址。

程序如下：

```
          MOV    A, R3
          RL     A                      ; 将出口信息×2
          MOV    DPTR, #TAB
          JMP    @A+DPTR
    TAB:  AJMP   SUB00                   ;128 个子程序首地址
          AJMP   SUB01
          …
          AJMP   UB7F
```

### 2. 采用地址偏移量表实现多分支结构

上面介绍的散转程序，必须先建立转移表，然后程序根据散转点执行 JMP@A + DPTR 指令进入转移表，再由双字节 AJMP 指令转入 2 K 字节空间范围内的操作入口，或由 3 个字节 LJMP 转移指令转入 64 K 字节空间范围内的操作入口。

在实际应用中，如果散转点较少，所有操作程序处在同一页(256 字节)内时，则可以使用地址偏移量转移表。

【例 4-6】 设计一个三路分支转移程序，转移的目标程序序号存放在 R7 中。
程序如下：

```
          MOV    A, R7
          MOV    DPTR, #TAB3
          MOVC   A, @A+DPTR
          JMP    @A+DPTR
    TAB3: DB     OPR0-TAB3
          DB     OPR1-TAB3
          DB     OPR2-TAB3
    OPR0: [操作程序 0]
    OPR1: [操作程序 1]
    OPR2: [操作程序 2]
```

从本例中可以看出，地址偏移量表每项对应一个操作程序入口，占一个字节，分别表示对应入口地址与表首的偏移量。例如，当 R7 = 1 时，执行 MOVC    A，@A+DPTR 指令后，A 中值为 OPR1 - TAB3，而 DPTR 为 TAB3，执行 JMP@A + DPTR 指令时：

$$A + DPTR = OPR1 - TAB3 + TAB3 = OPR1$$

所以程序转向了 OPR1。

使用这种方法，地址偏移量的长度加上各操作程序长度必须在同一页内，需要注意的是，最后一个操作程序的长度不受限制。

### 3. 采用转向地址表实现多分支结构

前面讨论的采用地址偏移量表实现多分支结构的方法，其转向范围局限于一页，在使用时受到较大的限制。若需要转向较大的范围，则可以建立一个转向地址表，即将所要转向的双字节地址组成一个表，先用查表方法获得表中的转向地址，然后将该地址转入数据指针 DPTR 中，再清累加器 A，最后执行 JMP　@A+DPTR 指令，程序转入所要达到的目的地址中。

【例 4-7】　根据 R7 的内容转向对应的操作程序。

程序如下：

```
          MOV   DPTR, #TAB4
          MOV   A, R7
          ADD   A, R7              ; R7×2
          JNC   NADD
          INC   DPH               ; R7×2 的进位加到 DPH
NADD: MOV   R3, A               ; 暂存
          MOVC  A, @A+DPTR        ; 取地址高 8 位
          XCH   A, R3             ;
          INC   A
          MOV   A, @A+DPTR        ; 取地址低 8 位
          MOV   DPL, A
          MOV   DPH, R3
          CLR   A
          JMP   @A+DPTR
TAB4: DW    OPR0
          DW    OPR1
          …
          DW    OPRn
```

这种方法可以达到 64 K 字节地址空间范围内的转移，分支数 n≤256。若要分支数 n>256，则可仿照双字节加法运算的方法来修改 DPH。

## 4.5　循环结构的程序设计

循环程序是指在程序中有一段程序需要重复执行的一种程序结构。在许多实际应用中，往往需要多次反复执行某种相同的操作，而只是参与操作的操作数不同，这时就可以采用循环程序结构。循环程序可以缩短程序，减少程序所占的内存空间。循环程序一般包

括以下几个部分。

(1) 初始化。在进入循环之前，要对循环中需要使用的寄存器和存储器赋予规定的初始值。比如循环次数、循环体中工作单元的初值等。

(2) 循环体。循环体就是程序中需要重复执行的部分，它是循环结构中的主要部分。

(3) 循环修改。每执行一次循环，就要对有关值进行修改，使指针指向下一数据所在的位置，为进入下一轮循环做准备。

(4) 循环控制。在程序中还需根据循环计数器的值或其他循环条件，来控制循环是否该结束。

(5) 结束处理。分析及保存执行结果。

以上 5 部分可以有两种组织方式，循环程序结构如图 4-6 所示。

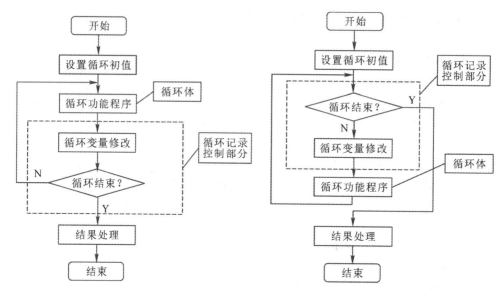

图 4-6　循环程序结构

【例 4-8】 设 $X_i$ 均为单字节数，并按顺序存放于片内 RAM 的 50H 开始的单元中，字节个数 n 存于 R2 中，求 $S = X_1 + X_2 + \cdots + X_n$，把 S(双字节)放在 R3 和 R4 中。

程序如下：

```
        ORG     0000H
        LJMP    MAIN
        ORG     0030H
MAIN:
        MOV     R3, #00H
        MOV     R4, #00H
        MOV     R0, #50H
NEXT:
        MOV     A, R4
        ADD     A, @R0
        CLR     A
```

```
        ADDC    A, R3
        MOV     R3, A
        INC     R0
        DJNZ    R2, NEXT
        END
```

程序流程图如图 4-7 所示。

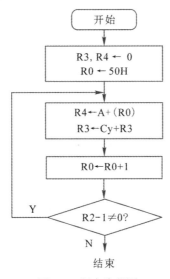

图 4-7  程序流程图

**【例 4-9】** 已知 8051 单片机使用的晶振为 12 MHz，要求：设计一个软件延时程序，延时时间为 1 ms。

**编程说明**  延时程序的延时时间主要与所用晶振和延时程序中循环次数有关。假设内循环用两条 NOP 指令以及一条 DJNZ 指令，需要 4 个机器周期。循环 24 次，需要 96 个机器周期。根据要求延时的时间考虑所用指令，即可算出外循环次数。显然，这是一个双重循环程序。

程序如下：

```
DELAY:
        MOV     R0, #10         ;1 个机器周期
DL2:    MOV     R1, #24         ;1 个机器周期
DL1:    NOP                     ;1 个机器周期
        NOP                     ;1 个机器周期
        DJNZ    R1, DL1         ;2 个机器周期
        DJNZ    R0, DL2         ;2 个机器周期
        RET                     ;2 个机器周期
```

程序段中每条指令执行时需要的机器周期注明在分号后，整个程序段耗用的机器周期数为

$$1 + [1 + [1 + 1 + 2] \times 24 + 2] \times 10 + 2 = 993$$

当采用晶振 12 MHz 时，可知一个机器周期为 1 μs，执行这段程序将用 993 μs，存在 7 μs 误差。若要改变延时时间，可以调节 NOP 指令数，即可改变延时时间。

从上面介绍的几个例子不难看出，循环程序的结构大体上是相同的。要特别注意以下几个问题：

(1) 在进入循环之前，应合理设置循环初始化变量。

(2) 循环体只能执行有限次，如果无限执行的话，称之为"死循环"，这是应当避免的。

(3) 不能破坏和修改循环体，避免从循环体外直接跳转至循环体内。

(4) 多重循环的嵌套，应当注意嵌套的形式。多重循环是从外层向内层一层一层进入，从内层向外层一层一层退出。不允许在外层循环中用跳转指令直接转到内层循环体内。

(5) 循环体内可以直接转到循环体外或外层循环中，实现一个循环由多个条件控制结束的结构。

(6) 对循环体的编程要仔细推敲、合理安排。对其进行优化时，应放在缩短执行时间上，其次是程序的长度上。

# 4.6 查表程序设计

所谓查表法，就是对一些复杂的函数运算(如 $\sin x$，$x^2 + e^x$ 等)，事先把全部可能范围的函数值按一定的规律编成表格存放在计算机的程序存储器中。当用户程序中需要用到这些函数时，直接按编排好的索引值寻找答案。这种方法节省了运算步骤，使程序更简便、执行速度更快。在控制应用场合或智能仪器仪表中，经常使用查表法。这种方法唯一不足的是需要事先计算好函数值，占用较多的存储单元。

为了实现查表功能，在 MCS-51 单片机中专门设置了两条查表指令：

    MOVC    A, @A+DPTR

    MOVC    A, @A+PC

第一条查表指令采用 DPTR 存放数据表格的地址，其查表过程比较简单。查表前需要把数据表的首地址存入 DPTR 中，然后把所查表的所有索引值送至累加器 A 中，最后使用 MOVC A, @A + DPTR 指令完成查表。

采用第二条指令时，操作过程和第一条不同，其步骤可分为以下 3 步。

(1) 使用数据传送指令把所查数据的索引值送至累加器 A。

(2) 用 ADD A, #data 指令对累加器 A 进行修正。

data 值由下式确定：

$$PC + data = 数据表首地址$$

其中，PC 是 MOVC A, @A + PC 指令的下一条指令的地址。因此 data 值实际上等于查表指令和数据表格之间的字节数。

(3) 采用查表指令 MOVC A, @A + PC 完成查表。

为了方便查表，要求表中的数据或符号按照便于查表的次序排列，并将其存放在指定首地址开始的单元。数值在表中的序号即地址应该和数值有直接的对应关系。数值的存放地址等于首地址加上索引值。在实际使用中，使用 MOVC A, @A + DPTR 指令比 MOVC A, @A + PC 指令简单。

【例 4-10】 利用查表指令实现求取数据 0～9 的平方，设数据变量 x 的值存放于累加器 A 中，查表后求 $x^2$ 的值并反送回累加器中。

**编程说明**　数据 0～9 的平方值存放在存储器中。在程序中 TABEL 的地址可以是 16 位二进制数决定的任意值，也就是说，理论上 TABEL 表可以存放在程序存储器的任意空间。

程序如下：

```
        ORG    0100H
SQR1:   MOV    DPTR, #TABEL
        MOVC   A, @A+DPTR
        RET
TABEL:  DB     0, 1, 4, 9, 16, 25, 36, 49, 64, 81
        END
```

如果不想采用 MOVC　A, @A + DPTR 指令，还可改用 MOVC　A, @A+PC 指令。在这里，TABLE 表将紧跟在子程序之后，考虑到 MOVC　A, @A + PC 指令与 TABLE 表间有一条单字节的返回主程序 RET(RET 是单字节指令)，所以程序起始时需要对累加器 A 的内容进行调整。程序中用 INC A 指令来调整累加器 A 的内容。

程序如下：

```
        ORG    0100H
SQR1:   INC    A
        MOVC   DPTR, #TABEL
        MOVC   A, @A+PC
        RET
TABEL:  DB     0, 1, 4, 9, 16, 25, 36, 49, 64, 81
        END
```

【**例 4-11**】　某智能仪器的键盘程序中，将命令的键值(0、1、2、…、6)转换成相应的双字节 16 位命令操作入口地址，其键值与对应的入口地址关系如表 4-2 所示。

表 4-2　键值与对应的入口地址

| 键值 | 0 | 1 | 2 | 3 | 4 | 5 | 6 |
|---|---|---|---|---|---|---|---|
| 入口地址 | 0073H | 0145H | 0210H | 0316H | 0431H | 0598H | 0612H |

设键值存放在片内 RAM 的 20H 单元中，入口地址存放在片内 RAM 的 22H 和 23H 中。

程序如下：

```
        ORG    0200H
        MOV    DPTR, #TAB      ; 取数据表格的首地址
        MOV    A, 20H          ; 取键值(索引值)
        RL     A               ; 左移即索引值乘以2
        MOVC   A, @A+DPTR      ; 查表
        MOV    22H, A          ; 保存入口地址
        INC    DPTR
        MOVC   A, @A+DPTR
```

```
        MOV     23H, A
        RET
TAB:    DB      00H, 73H
        DB      01H, 45H
        DB      02H, 10H
        DB      03H, 16H
        DB      04H, 31H
        DB      05H, 98H
        DB      06H, 12H
        END
```

# 4.7  子 程 序 设 计

在一个程序中经常会遇到反复多次执行某程序段的情况，如果重复书写这个程序段，会使程序变得冗长而杂乱。因此，可以把重复的程序编写为一个小程序，通过主程序调用而使用它。这样不仅减少了编程的工作量，而且也缩短了程序的长度。另外，子程序还增加了程序的可移植性，一些常用的运算程序写成子程序形式，可以被随时引用、参考，这为广大单片机用户提供了方便。

调用子程序的程序称为主程序，主程序与子程序间的调用关系如图 4-8 所示。

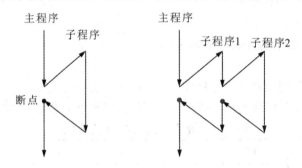

图 4-8   子程序调用及嵌套

在图 4-8 中，调用和返回构成了子程序调用的完整过程。为了实现这一过程，必须有子程序调用和返回指令，调用指令在主程序中使用，而返回指令则应该是子程序的最后一条指令。执行完这条指令之后，程序返回主程序断点处继续执行。在 MCS-51 中，完成子程序调用的指令为 ACALL 与 LCALL，完成从子程序返回的指令为 RET。

在一个比较复杂的子程序中，往往还可能再调用另一个子程序。这种子程序再次调子程序的情况，称为子程序的嵌套。

## 4.7.1   子程序的调用和返回

主程序调用子程序是通过子程序调用指令 LCALL addr16 和 ACALL addr11 来实现的。前者称长调用，指令的操作数给出 16 位的子程序地址；后者称为绝对调用，它的操作数提供子程序的低 11 位入口地址,该地址与程序计数器 PC 的高 5 位并在一起,构成 16 位的转移地址。

子程序调用指令功能是将 PC 中的内容(调用指令的下一条指令地址,称为断点)压入堆栈(即保护断点),然后将调用地址送入 PC,使程序转入入口地址。

子程序的返回是通过返回指令 RET 实现的。这条指令的功能是将堆栈中存放的返回地址(即断点)弹出堆栈,送回至 PC,使程序继续从断点处执行。

主程序在调用子程序时要注意以下几个问题:

(1) 在主程序中,要安排相应指令,满足子程序的入口条件,提供子程序的入口数据。

(2) 在主程序中,不希望被子程序更改内容的寄存器,也可在调用前在主程序中安排压栈指令保护现场,子程序返回后再安排弹出指令恢复现场。

(3) 在主程序中,安排相应的指令,处理子程序提供的出口数据。

(4) 在需要保护的程序中,需要正确设置堆栈指针。

## 4.7.2　子程序设计注意事项

子程序设计时需注意以下几点:

(1) 要给每个子程序赋予一个名字,实际上是一个入口地址的代号。

(2) 要能正确地传递参数。即首先要有入口条件,说明进入子程序时,它所要处理的数据是如何得到的(例如,是把数据存放在累加器 A 中还是某工作寄存器中)。另外,要有出口条件,即处理的结果是如何存放的。

(3) 注意保护现场和恢复现场。在执行子程序时,可能要使用到累加器或某些工作寄存器。而在调用子程序之前,这些寄存器可能存放着主程序的中间结果,这些中间结构是不允许被破坏的。因此在子程序使用这些寄存器之前,要将其中的内容保存起来,即保护现场。当子程序执行完成后,即在返回主程序之前,再将这些内容取出,送至相应的寄存器,这一过程称为恢复现场。保护现场和恢复现场通常是用堆栈来进行的。

(4) 为了使子程序具有一定的通用性,子程序中的操作对象,应尽量用地址或寄存器形式,而不用立即数。另外,子程序中如含有转移指令,应尽量使用相对转移指令,以便它不管放在内存中哪个区域,都能正确执行。

【例 4-12】　用程序实现 $c = a^2 + b^2$。设 a、b 均小于 10,a 存放在片内 RAM 的 31H 单元中,b 存放在 32H 单元中,c 存放在 33H 单元中。

**编程说明**　本题两次用到求平方值,所以在程序中采用把求平方的程序编写为子程序的方法。

程序如下:

```
VAR_A  EQU  31H
VAR_B  EQU  32H
VAR_C  EQU  33H
ORG    0000H
LJMP      MAIN
ORG    0030H
```

MAIN:

```
        MOV     SP, #60H
        MOV     A, VAR_A            ; 取数据 a
        LCALL   SQR                 ; 求 a²
        MOV     R1, A
        MOV     A, VAR_B            ; 取数据 b
        LCALL   SQR                 ; 求 b²
        ADD     A, R1
        MOV     VAR_C, A
        SJMP    $

                                    ; 求平方的子程序
SQR:
        MOV     DPTR, #TAB
        MOVC    A, @A+DPTR
        RET
TAB:    DB      0, 1, 4, 9, 16, 25, 36, 49, 64, 81
        END
```

【例 4-13】 求两个无符号数据块中的最大值。数据块的首地址分别为片内 RAM 的 60H 和 70H，每个数据块的第一个字节都存放数据块的长度，结果存入 40H 单元中。

**编程说明** 本题可采用分别求两个数据块的最大值，然后比较其大小的方法，求最大值的过程可采用子程序。子程序的入口参数是数据块的首地址，返回参数是最大值，存放在累加器 A 中。

程序如下：

```
        ORG     0000H
        LJMP    MAIN
        ORG     0030H
MAIN:
        MOV     R1, #60H
        LCALL   QMAX
        MOV     30H, A
        MOV     R1, #70H
        LCALL   QMAX
        CJNE    A, 30H, NEXT
        SJMP    LP
NEXT:   JNC     LP
        MOV     A, 30H
  LP:   MOV     40H, A
        SJMP    $

                            ; 子程序入口参数：R1 为数据块首地址
```

```
                                    ; 子程序出口参数：A 为最大值
QMAX:  MOV   A, @R1                ; 取数据块的长度
       MOV   R7, A
       CLR   A
LP1:   INC   R1                    ; 取数据块的数据
       MOV   31H, @R1              ; 保存至 RAM 的 31H 中
       CJNE  A, 31H, NEQU          ; 比较 A 与 31H 的内容，不等，转移至 NEQU
       SJMP  NOT_XHG               ; 相等，转移至 NOT_XHG，准备下一次比较
NEQU:  JNC   NOT_XHG               ; 不等，若 A>(31H)，转移至 NOT_XHG
       MOV   A, @R1                ; 若 A<(31H)，将大数保存至 A
NOT_XHG: DJNZ R7, LP1              ; 判断比较是否完成。
       RET
       END
```

## 知识拓展

　　党的二十大为新一代信息技术产业的发展指明了方向，提出要以推动高质量发展为主题，构建新一代信息技术产业新的增长引擎。5G、虚拟现实技术是信息技术的重要前沿方向，是数字经济的前瞻领域，正加速赋能千行百业，为人们的生活增姿添彩。

　　在 5G 发展方面，单片机可以应用于控制 5G 基站的开关、功率、频率等参数，实现对5G 网络的智能优化管理。可以应用于实现物联网、车联网、工业互联网等领域的数据采集、处理和传输，支持 5G 网络的多样化业务。还可以应用于实现 5G 网络的加密、认证、防攻击等功能，以保护网络和数据的安全，提高 5G 网络的可靠性。在虚拟现实方面，单片机不仅可以应用于虚拟现实设备的核心组件，如头显、手柄、传感器等，为虚拟现实场景的渲染和交互提供动力，并通过振动器、扬声器等提供触觉、声音等多模态反馈，增强用户的沉浸感；还可以应用于实现虚拟环境的自适应和个性化，根据用户的喜好、情绪、行为等调节虚拟场景的内容、难度及风格，满足不同用户的需求。

　　因此，单片机的应用对新一代信息技术产业发展的促进作用是显著的。对于我们而言，了解 MCS-51 汇编程序设计的基本步骤，熟悉汇编程序设计的基本格式及各类典型程序的设计方法与技巧，是我们加速新一代信息技术对传统领域的融合赋能，拓展新一代信息技术的应用领域和市场潜力的重要源泉。

# 习　　题

**1. 简答题**

(1) 试写出汇编语言程序的基本框架。

(2) 循环程序由哪几个部分组成，分别起什么作用？

(3) 在子程序设计时应注意什么？

## 2. 编程题

(1) 将片内 RAM 中 30H～3FH 单元中内容传送到片外 RAM 的 3000H 开始的存储区中。

(2) 试分别编写延时 20 ms、1 s 的程序。

(3) 用查表程序求 0～8 之间整数的立方。

(4) 片内 RAM 中 60H 开始存放 20 个数据，试统计正数、负数及为零的数据个数，并将结果分别保存在 50H、51H 和 52H 单元中。

(5) 外部数据区 5000H 为首址的数据块中存放有 BCD 码，将其转换为 ASCII 码，并传送到内部数据区以 30H 为首址的单元中，且数据块长度在内部 RAM 60H 单元中。

(6) 设 10 次采样值依次放在片内 RAM 的 50H～59H 中，试编程去掉一个最大值、去掉一个最小值，求剩余 8 个数的平均值，结果存放在 60H 中。

(7) 试编写程序，将片外 RAM 的 2000H～200FH 数据区中的数据由大到小排列起来。将片内 RAM 中 22H 单元存放的以 ASCII 码表示的数，转换为十六进制数后，存于片内 RAM 中 21H 单元中。

# 第5章 MCS-51单片机的C51程序设计

## 内容提要

本章讲述了MCS-51单片机的C51程序的基础知识，主要包括C51数据类型及存储类型、C51运算符及其表达式、C51流程控制语句、C51构造数据类型、C51指针的概念及使用、C51函数的定义及使用、预编译的用法。

## 知识要点

### 概 念
◇ C51存储类型、存储模式、指针、构造数据类型、函数、宏定义。

### 知识点
◇ C51基本数据类型的定义，存储类型和存储模式的同类型中断的作用。
◇ 特殊功能寄存器SFR及其位地址、并行接口、位变量的C51定义方法。
◇ C51各种运算符及其表达式的使用及优先级关系。
◇ C51基本流程控制的使用方法。
◇ C51构造数据类型的种类、定义方法及使用。
◇ C51通用指针和指定存储类型指针的定义及使用方法。
◇ C51函数的定义、调用及使用时应注意的事项。
◇ C51宏定义的使用方法及文件包含、条件编译的作用。

### 重点及难点
◇ C51存储类型和存储模式的区别。
◇ C51指针的概念及两种类型指针的使用方法。
◇ C51函数中参数的传递问题。

## 案例引入

目前，进行程序设计必须用一种计算机语言作为工具。计算机语言各有特点和应用领域，可供选择的很多。C语言功能丰富，表达力强，使用灵活方便，应用面广。它既适于编写系统软件，又能方便地用来编写应用软件。C语言作为传统的面向过程的程序设计语言，适合编写小型程序，在编写底层的设备驱动程序和内嵌应用程序时，往往是更好的选择。

请同学们思考：

从案例中，我们不难看出 C 语言的重要性，我们该如何学习，并为单片机的发展做出自己的贡献？

# 5.1 认识 C51 程序

随着程序设计技术的发展，在单片机的开发应用中逐渐引入了高级语言，C 语言就是其中的一种。单片机 C51 语言是由 C 语言继承而来的。与 C 语言不同的是，C51 语言运行于单片机平台，而 C 语言则运行于普通的桌面平台。C51 语言具有 C 语言结构清晰的优点，便于学习，同时具有硬件操作能力。具有 C 语言编程基础的读者，能够轻松地掌握单片机 C51 语言的程序设计。C51 程序与 C 语言程序在结构上大体相仿，例如：

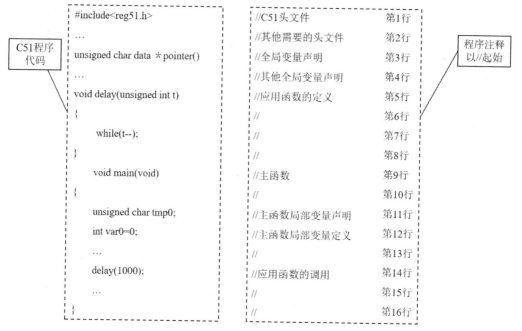

这个示例程序框架每一行都是由左边的代码和右边以双斜杠"//"起始的注释构成的，对于程序代码来说，注释属于可选内容。第 1 行使用的预处理命令包含了 MCS-51 单片机所用到定义的寄存器、I/O 接口等资源的名称、地址等内容，用户可以在程序中方便地以名称的方式调用 MCS-51 单片机相应资源(如 P0、TH0、TL0 等)。同样的，如第 2 行的注释介绍，在程序开始处也可以包含其他头文件(如 math.h 等)，以便调用其他头文件中的代码资源。第 5 行至第 16 行为函数定义。第 9 行至第 16 行为主函数(main 函数)定义，对于 C 语言程序来说，main 函数是程序开始的起点，也是整个程序过程的入口，若没有特殊需要，则 MCS-51 单片机的主函数通常无返回值，且无参数调用。具体来说，第 5 行定义了一个名为 delay 的应用函数，该函数包含 1 个参数(unsigned int t)。函数的定义或声明要在函数调用之前进行，如第 14 行进行了对 delay 函数的调用，传递的参数值为 1000。第 3 行声明了名为 point0 的指针变量，如第 4 行注释介绍，在所有函数体之外可根据需要定义

其他全局变量，第 11 行、第 12 行分别是局部变量声明和定义。

在嵌入式系统设计中，C 语言因简单、紧凑、灵活、可读性强等特点得到了广泛的应用，在单片机的开发中扮演着重要的角色。MCS-51 系列单片机的 C 语言程序设计，简称为 C51 程序设计。自 1985 年第一个 C51 编译器诞生以来，有众多公司推出了各自的 C51 编译器，其中最著名的是德国的 Keil Cx51 编译器。本章首先介绍 C51 的基本知识，然后通过 C51 语言实例编程，使读者快速掌握 C51 程序设计的思路和方法。

## 5.2　C51 数据类型与存储类型

用汇编程序设计 MCS-51 系列单片机应用程序时，除了必须考虑其存储器结构外，还必须考虑其片内数据存储器与特殊功能寄存器正确、合理地使用以及按实际地址处理端口数据。用 C 语言编写 MCS-51 单片机的应用程序，虽然不像用汇编语言那样需要具体地组织、分配存储器资源和处理端口数据，但是在 C 语言编程中，对数据类型与变量的定义，必须与单片机的存储结构相关联，否则编译器不能正确地映射定位。用 C 语言编写单片机应用程序与编写标准的 C 语言程序的不同之处在于：根据单片机存储结构及内部资源定义相应的 C 语言中的数据类型和变量；其他的语法规定、程序结构及程序设计方法都与标准的 C 语言程序设计相同。

### 5.2.1　C51 基本数据类型

无论是变量还是常量，都有自己的数据类型。在程序运行过程中，其值可以改变的量称为变量。每个变量都有一个变量名，根据数据类型的不同，其在单片机片内或片外 RAM 中占据一定字节数的存储单元，并在 RAM 单元中存放该变量的值。

在程序运行过程中，其值不能改变的量称为常量。与变量一样，常量也有不同的数据类型。例如，0、1、3、-5 等为整型常量；3.6、-6.39 等为实型常量；'A'、'b' 等为字符型常量。

通常，可以用一个标识符代表一个常量，例如，用标识符 PI 代表圆周率 3.14。将标识符代表的符号常量名用大写字母表示，变量用小写字母表示，程序员的这一习惯是为了方便区别，并非语法限定。

C51 同 C 语言一样，对标识符是区分大小写的，即 abc 与 ABC 是两个不同的变量。C51 支持的数据类型分为基本数据类型、构造数据类型和指针类型。

C51 的基本数据类型比标准 C(ISO C 1990)的基本数据类型多。例如，bit 类型、sbit 类型、sfr 类型等是 C51 有而标准 C 没有的。

在 MCS-51 系列单片机中选择合适的数据类型，对提高运行效率具有特殊的意义。C51 的基本数据类型如表 5-1 所示，表中后面的 5 种数据类型是 C51 有的而标准 C 没有的。表中所列出的数据类型，只有 bit 和 unsigned char 两种数据类型可以直接支持 MCS-51 系列单片机的机器指令。对 C51 这样的高级语言，不管使用何种数据类型，都需要经过编译器进行复杂的数据类型处理生成一系列机器指令后，才能在单片机中执行。特别是使用浮点变量时，编译后的程序长度明显增加；单片机的运算时间也明显增加。例如，程序中使用了浮点变量时，C51 编译器将调用相应的函数库，把它们加到程序中去。如果在编写 C51 程序时使用大量的、不必要的数据类型变量，则导致 C51 编译器增加了所调用的库函数的数量，以处理大量增加的数据类型变量，这样会使编译后的程序变得过于庞大。因此，如果对运算速度要求较高或者代码空间有限，就要尽可能使用 bit 和 unsigned char 两种数据类型，其他数据类型尽可能少用或者不用。

表 5-1  C51 的基本数据类型

| | 数据类型 | 标准 C | 长度<br>(位 bit) | 长度<br>(字节 Byte) | 值域(取值范围) |
|---|---|---|---|---|---|
| 1 | unsigned char | 有 | 8 | 2 | 0～255 |
| 2 | signed char<br>char | 有 | 8 | 2 | −128～+127 |
| 3 | unsigned int<br>unsigned short int | 有 | 16 | 2 | 0～65535 |
| 4 | signed int<br>int<br>signed short int<br>signed short | 有 | 16 | 2 | −32768～+32767 |
| 5 | unsigned long<br>long | 有 | 32 | 4 | 0～4294967295 |
| 6 | signed long<br>long | 有 | 32 | 4 | −2147483648～+214783647 |
| 7 | float | 有 | 32 | 4 | $\pm1.176\times10^{-38}\sim\pm3.40\times10^{38}$<br>(6 位数字) |
| 8 | double | 有 | 64 | 8 | $\pm1.176\times10^{-38}\sim\pm3.40\times10^{38}$<br>(10 位数字) |
| 9 | 一般指针<br>(又称通用指针) | 有 | 24 | 3 | 存储空间 0～65535 |
| 10 | bit | 无 | 1 | | 0，1 |
| 11 | sbit | 无 | 1 | | 0，1 |
| 12 | sfr | 无 | 8 | 1 | 0～255 |
| 13 | sfr16 | 无 | 16 | 2 | 0～65535 |
| 14 | 指定存储类型指针<br>(又称指定存储区指针) | 无 | 8 或 16 | 1 或 2 | 0～255 或 0～65535 |

## 5.2.2  C51 存储类型

MCS-51 系列单片机在物理上有 4 个存储空间：
(1) 片内程序存储空间，简称片内 ROM。
(2) 片外程序存储空间，简称片外 ROM。
(3) 片内数据存储空间，简称片内 RAM。

(4) 片外数据存储空间，简称片外 RAM。

变量的存储类型是指该变量存放在以上 4 个存储空间的哪一个空间。C51 的 6 种存储类型与存储空间的对应关系如表 5-2 所示。C51 的存储类型及其数据长度和值域如表 5-3 所示。

表 5-2　C51 的存储类型与存储空间的对应关系

| 序号 | 单片机存储空间 | | C51 存储类型 | 与存储空间的对应关系 |
|---|---|---|---|---|
| 1 | RAM | 片内 | data | 直接寻址片内数据存储区，比其他寻址方式访问速度快(128 字节)，字节地址从 00H～7FH |
| 2 | | | bdata | 可位寻址片内数据存储区，允许位与字节混合访问，共 16 字节，128 位，字节地址从 20H～2FH |
| 3 | | | idata | 间接寻址片内数据存储区，可访问片内全部 RAM 地址空间；对于 C51 单片机，共 256 字节，字节地址从 00H～FFH；使用间接寻址指令 MOV　A,@Ri 和 MOV　@Ri,A　(i=0, 1)等 |
| 4 | | 片外 | pdata | 分页寻址片外数据存储区，每页共 256 字节，一般需要 P2 口配合；使用间接寻址指令 MOVX A,@Ri 和 MOVX　@Ri,A (i = 0, 1) |
| 5 | | | xdata | 片外数据存储区，共 64 KB，字节地址从 0000H～FFFFH；由 MOVX　A，@DPTR 和 MOVX @DPTR，A 访问 |
| 6 | ROM | 内外均可 | code | 程序存储器 64 KB 空间，由 MOVC 访问 |

表 5-3　C51 的存储类型及其数据长度和值域

| C51 存储类型 | 长度(位 bit) | 长度(字节 Byte) | 值　域 |
|---|---|---|---|
| data | 8 | 1 | 0～255 |
| bdata | 8 | 1 | 0～255 |
| idata | 8 | 1 | 0～255 |
| pdata | 8 | 1 | 0～255 |
| xdata | 16 | 2 | 0～65535 |
| code | 16 | 2 | 0～65535 |

当使用存储类型 data、bdata 定义常量和变量时，C51 编译器会将它们定位在片内数据存储器中(片内 RAM)。这个存储区根据单片机的型号不同，其长度也不同；这个存储区不是很大，但它能快速收发各种数据，是存放临时性传递变量或使用频率较高的变量的理想场所。

当使用 code 存储类型定义数据时，C51 编译器会将其定义在程序存储区(ROM)中，这里存放着指令代码和其他非易变信息，如常量表格数据等。

当使用 xdata 存储类型定义常量、变量时，C51 编译器会将其定义在外部数据存储空间(片外 RAM)，该空间最大可寻址范围为 64 KB。

pdata 位于片外存储区，有 256 字节，它的一个字节(高 8 位)由 P2 口提供，用于外部 I/O 操作。

idata 存储类型可以间接寻址数据存储器。

访问片内数据存储器比访问片外数据存储器相对要快些，因此可将经常使用的变量定义于片内 RAM，而将规模较大的或者不常使用的数据定义在片外 RAM 中。

带存储类型的变量，其定义的一般格式为

    数据类型　存储类型　变量名

C51 允许在定义变量类型之前先指定存储类型，如：

    存储类型　数据类型　变量名

建议使用前一种方法，即先定义变量的数据类型，后定义变量的存储类型。例如，带存储类型的变量定义

    char data var1;

    bit bdata flags;

    float idata x, y, z;

    unsigned int pdata var2;

字符变量 var1 被定义为 data 存储类型，C51 编译器将该变量定位在片内 RAM 中(地址：00H～7FH)。

位变量 flags 被定义为 bdata 存储类型，C51 编译器将该变量定位在片内 RAM 中的位寻址区(地址：20H～2FH)。

浮点变量 x、y、z 的存储类型是 idata，C51 编译器将该变量定位在片内 RAM 中，并只能通过使用间接寻址的方法进行访问。

整型变量 var2 的存储类型是 pdata，C51 编译器将该变量定位在片外 RAM 中，并用指令 MOVX @Ri 访问。

## 5.2.3　C51 存储模式

存储模式决定了变量的默认存储类型。C51 存储模式分为 3 种，它们是 SMALL 存储模式、COMPACT 存储模式和 LARGE 存储模式。如果在定义变量时没有定义存储类型，C51 编译器会根据这 3 种存储模式自动选择默认的存储类型。存储模式也称编译模式，其说明如表 5-4 所示。

表 5-4　存储模式说明

| 存储模式 | 说　　明 |
|---|---|
| SMALL | 默认的存储类型是 data，参数及局部变量放入可直接寻址片内 RAM 的用户区中(最大 128 字节)；另外，所有对象(包括堆栈)都必须嵌入片内 RAM；栈长很关键，因为实际栈长依赖于函数嵌套调用层数 |
| COMPACT | 默认的存储类型是 pdata，参数及局部变量放入分页的外部数据存储区，通过@R0 或@R1 间接访问，栈空间位于片内数据存储区中 |
| LARGE | 默认的存储类型是 xdata，参数及局部变量直接放入片外数据存储区，使用数据指针 DPTR 进行寻址；用此数据指针进行访问效率较低，尤其对两个或多个字节的变量，这种数据类型的访问机制直接影响代码的长度 |

若变量定义 char var1，在 SMALL 存储模式下，var1 的存储类型被定义为 data；若是在 COMPACT 存储模式下，var1 的存储类型被定义为 idata；在 LARGE 存储模式下，则 var1 的存储类型被定义为 xdata。

## 5.2.4　特殊功能寄存器 SFR 及其位地址的 C51 定义

MCS-51 系列单片机(8031、8051、8751、8032、8052、8752 等)片内有 20 多个特殊功能寄存器(SFR)：对于 8031、8051、8751 有 21 个特殊功能寄存器(SFR)；对于 8032、8052、8752 有 26 个特殊功能寄存器(SFR)。这些特殊功能寄存器分布在片内 RAM 区的高 128 位中，直接字节地址从 80H～FFH。对这些特殊功能寄存器的操作，只能使用直接寻址方式，不能使用间接寻址方式。

相对于标准 C 语言，C51 新增了几种新的数据类型，其中两种是 sfr 和 sfr16 数据类型，目的是能够通过 C51 语言直接访问这些特殊功能寄存器。sfr 和 sfr16 数据类型只适用于对 MCS-C51 系列单片机 C 编程。sfr 定义 8 位特殊功能寄存器，sfr16 定义 16 位特殊功能寄存器。

用 sfr 定义数据类型举例如下：

　　　　sfr IE=0xA8;

　　　　sfr TMOD=0x89;

说明：中断允许控制寄存器 IE，片内 SFR，直接字节地址为 A8H；定时器/计数器模式控制寄存器 TMOD，片内 SFR，直接字节地址为 89H。

用 sfr16 定义数据类型举例如下：

　　　　sfr16 T2=0xCC;

说明：16 位定时器 T2 的低 8 位 TL2 地址为 0CCH，高 8 位 TH2 地址为 0CDH。

用 sfr16 定义一个 16 位 SFR，变量名后面不是赋值语句，而是一个片内 SFR 地址，其低字节在前(字节地址小)，高字节在后(字节地址大)，两个地址紧挨着。这种定义适用于新的 SFR，不能用于 T0 的 TL0(字节地址 8AH)和 TH0(字节地址 8CH)，也不能用于 T1 的 TL1(字节地址 8BH)和 TH1(字节地址 8DH)。

MCS-51 系列单片机中，位于片内特殊功能寄存器区的每一个 SFR 都有其字节地址。这 20 多个 SFR 中有 11 个特殊功能寄存器具有位寻址功能。这些寄存器的字节地址有一个特点，字节地址能被 8 整除，即字节地址末位是 0 或 8H。具有位寻址功能的 SFR，其字节的每一位都可以寻址，即字节的每一位都具有位地址，位地址范围为 80H～FFH。

如果需要单独访问 SFR 中的某一位，C51 扩充的数据类型 sbit 可以满足需求。特殊位 (sbit)的定义像 sfr 和 sfr16 一样，都是对标准 C 的扩充，使用关键词 sbit 可以访问可寻址的位。用关键词 sbit 定义可寻址的位变量，sbit 后面是位变量名，"="号后面是位地址，定义可位寻址的位变量有如下三种方法。

+ **方法一**

语法：sbit 位变量名 = sfr_name^0～7 之一

其中，"^"前面的 sfr_name 必须是已定义的 SFR 的名字；"^"后面的常数定义了该 SFR 字节 $D_7$～$D_0$ 的某一位的位置，其值必须是 0～7 的常数或者符号常量。

sbit 方法一的使用举例如下：

　　　　sfr IP=0xB8;　　　　　　　/*定义特殊功能寄存器 IP(中断优先级寄存器)，字节地址为 0B8H*/

　　　　sbit PS=IP^4;　　　　　　　/*定义 PS 位，是 IP.4，位地址为 0BCH*/

　　　　sbit PT1=IP^3;　　　　　　 /*定义 PT1 位，是 IP.3，位地址为 0BBH*/

- **方法二**

语法：sbit 位变量名 = 字节地址 0x80～0xFF 之一^0～7 之一

其中，"^"前面的值必须在 0x80～0xFF 之间，表示 SFR 字节地址，地址能被 8 整除；"^"后面的常数定义了该 SFR 字节 $D_7$～$D_0$ 的某一位置，其值必须是 0～7 的常数或者符号常量。

sbit 方法二的使用举例如下：

```
sbit PS = 0xB8^4;          /*可寻址位 PS，0B8H 字节的 D4 位，位地址是 0BCH*/
sbit PT1 = 0xB8^3;         /*可寻址位 PT1，0B8H 字节的 D3 位，位地址是 0BBH*/
```

- **方法三**

语法：sbit 位变量名 = 位地址 0x80～0xFF 之一

其中，"="前是位变量名，该位变量不但是可位寻址的，而且在 SFR 区；"="后是位地址，位地址必须在 0x80～0xFF 范围内，即 SFR 区。方法三就是将 SFR 空间内可寻址位的绝对位地址赋给位变量。

sbit 方法三的使用举例如下：

```
sbit PS = 0xBC;
sbit PT1 = 0xBB;
```

说明：可位寻址 PS，位地址是 0BCH；可寻址位 PT1，位地址是 0BBH。

由以上可知，sbit 不同于 bit 数据类型，它表示一个独立的数据类型，是在 SFR 区间的特殊功能位。

## 5.2.5  MCS-51 并行接口的 C51 定义

MCS-51 系列单片机并行 I/O 接口除了芯片上的 4 个 I/O 口(P0～P3)外，还可以在片外扩展 I/O 口。MCS-51 单片机 I/O 口与数据存储器统一编址，即把一个 I/O 口当作数据存储器中的一个单元来看待。

使用 C51 进行编程时，MCS-51 片内的 I/O 口与片外扩展的 I/O 可以统一在一个头文件中定义，也可以在程序的开始位置进行定义，其定义方法如下。

对于 MCS-51 片内 I/O 口，按特殊功能寄存器方法定义。例如：

```
sfr P0=0x80;               /*定义单片机 P0 口，片内 SFR，字节地址为 080H*/
sfr P1=0x90;               /*定义单片机 P1 口，片内 SFR，字节地址为 090H*/
sfr P2=0xA0;               /*定义单片机 P2 口，片内 SFR，字节地址为 0A0H*/
sfr P3=0xB0;               /*定义单片机 P3 口，片内 SFR，字节地址为 0B0H*/
```

对于片外扩展 I/O 口，则根据硬件译码地址，将其视作片外数据存储器的一个单元，有两种方法定义片外并行接口。

- **方法一**

使用 #define 语句定义片外 I/O 口，举例如下：

```
#include <absacc.h>
#define PORTA XBYTE [0xFFC0]
```

其中，absacc.h 是 C51 中绝对地址访问函数的头文件，将 PORTA 定义为外部 I/O 口，地址为 FFC0H，长度为 8 位。

- **方法二**

使用关键词 "_at_" 定义片外 I/O 口，举例如下：

```
xdata unsigned char OUTBIT_at_0x8002;        //定义位码锁存器地址 OUTBIT 变量
xdata unsigned char OUTSEG_at_0x8004;        //定义段码锁存器地址 OUTSEG 变量
xdata unsigned char IN _at_0x8001;           //定义键盘读入口地址 IN 变量
```

说明：在头文件(*.h)或 C51 程序的开头对这些内外 I/O 口进行定义后，就可以在程序中使用这些口变量了。

定义片外并行 I/O 口，目的是便于程序员对变量名操作，避免对枯燥无意义的地址进行操作(不便记忆且容易出错)。C51 编译器按 MSC-51 系列单片机实际硬件结构建立 I/O 口变量名与其片外 RAM 地址的对应关系。编译器不同，定义方法也不同，需要注意所使用编译器的说明书及编译器的版本。

## 5.2.6　位变量(bit)及其 C51 定义

相对于标准 C 语言，C51 新增了几种新的数据类型，其中 sfr、sfr16 和 sbit 三种数据类型前面已经做了介绍。现在再介绍一种 bit 数据类型。bit 数据类型与 sbit 数据类型一样，也是定义位变量的。不同的是，bit 数据类型将位变量指定在位地址在 00H～7FH 的范围内，即字节地址在 20H～2FH 的范围内；sbit 数据类型将变量指定在位地址在 0x80～0xFF 的范围内，即字节地址在 80H～FFH 的范围内可位寻址 SFR。

位变量的 C51 定义的一般语法格式如下：

```
位类型标识符(bit) 位变量名;
```

bit 类型定义举例如下：

```
bit b_in_pin;            /*将 b_in_pin 定义为位变量，作为某引脚输入缓冲位*/
bit b_out_pin;           /*将 b_out_pin 定义为位变量，作为某引脚输出缓冲位*/
bit b_change_sig;        /*将 b_change_sig 定义为位变量，作为某状态标志位*/
bit b_out_pin=0;
bit b_change_sig=1;
```

说明：函数可以有 bit 数据类型的参数，也可以将 bit 数据类型的参数作为函数的返回值。例如，函数的参数、函数的返回值是 bit 数据类型，举例如下：

```
bit func(bit b_in_1, bit b_in_2)
{
  bitb_out;
  b_out = b_in_1|b_in_2;
  return(b_out);
}
void main(void)
{
  bit b1, b2, b3;
  b1=0
```

```
        b2=1
        b3=func(b1, b2);
    }
```

注意，使用(#pragma disable)或包含明确的寄存器组切换(using n)的函数不能返回位值，否则编辑器将会给出一个错误信息。

对于位变量 bit 定义的限制如下：

(1) 不能定义位指针，例如 bit*bit_pointer; 是错误的。

(2) 不能定义位数组，例如不能定义 bit b_array[ ];。

(3) 所有的 bit 变量放在 MCS-C51 系列单片机的片内 RAM 的位寻址区；因为这个区域(片内 RAM 字节地址位 20H～2FH)只有 16 位空间，所以在这个范围内最多只能声明 128 个位变量。

# 5.3 C51 运算符及优先级

## 5.3.1 算术运算符及优先级

C51 的五种算术运算符如表 5-5 所示。

表 5-5 算术运算符

| 算术运算符 | 说　　明 | 优　先　级 |
|---|---|---|
| + | 加法运算符，或正值符号 | 优先级相同(低) |
| - | 减法运算符，或负值符号 | |
| * | 乘法运算符 | 优先级相同(高) |
| / | 除法运算符 | |
| % | 取模(即求余数)运算符 | |

强制类型的转换方式可分为两种：一种是自动类型转换，即如果不指定数据类型转换(缺省)，则在程序编译时由 C 编译器自动进行数据类型转换；另一种是强制类型转换，需要使用强制类型转换运算符"( )"。其语法为：

　　(类型名)(表达式);

强制类型转换运算符"( )"的使用举例如下：

```
    int a, b, c;
    int x;
    float y;
    double z;
    x=(int) (a+b);              /*将 a+b 的值强制转换成 int 类型*/
    y=(float) (7/3);            /*将除法运算 7/3 的值强制转换成 float 类型*/
    z=(double)c;                /*将 c 强制转换成 double 类型*/
```

使用强制类型转换运算符后，运算结果被强制转换成规定的类型。

C51 算术运算符的优先级与标准 C 规定一致，算术运算符的优先级规定为：先乘、除、模，后加、减，括号最优先。即在算术运算符中，乘、除、模运算符的优先级相同，并高于加减运算符。若在表达式中出现括号，则括号中的内容优先级最高。算术运算符除了取负值运算符外都是双目运算符。

## 5.3.2　关系运算符及优先级

C51 提供了 6 种关系运算符，如表 5-6 所示。

**表 5-6　关系运算符**

| 关系运算符 | 说　明 | 优　先　级 |
|---|---|---|
| < | 小于 | 优先级相同(高) |
| > | 大于 | |
| <= | 小于或等于 | |
| >= | 大于或等于 | |
| == | 测试：相等 | 优先级相同(低) |
| != | 测试：不相等 | |

这 6 种关系运算符的优先级可总结如下：

(1) 前 4 种关系运算符(<，>，<=，>=)优先级相同。

(2) 后两种关系运算符(=，!=)优先级也相同。

(3) 前 4 种(<，.，<=，>=)的优先级高于后两种(=，!=)。

(4) 关系运算符的优先级低于算术运算符(+，−，*，/，%)。

(5) 关系运算符的优先级高于赋值运算符(=)。

由此可知，算术运算符优先级高，关系运算符优先级中，赋值运算符优先级低。

## 5.3.3　逻辑运算符及优先级

C51 提供了 3 种逻辑运算符，如表 5-7 所示。其中，"&&"和"‖"是双目运算符，需要两个运算对象；"！"是单目运算符，只有一个运算对象。

**表 5-7　逻辑运算符**

| 逻辑运算符 | 说　明 | 优　先　级 |
|---|---|---|
| ! | 逻辑非(NOT) | 优先级(高) |
| && | 逻辑与(AND) | 优先级相同(低) |
| ‖ | 逻辑或(OR) | |

C51 的逻辑运算符与算术运算符、关系运算符、赋值运算符之间优先级的次序如图 5-1 所示，其中，!(非)运算符优先级最高，算术运算符次之，关系运算符再次之，&&和‖比关系运算符优先级低，赋值运算符优先级最低。

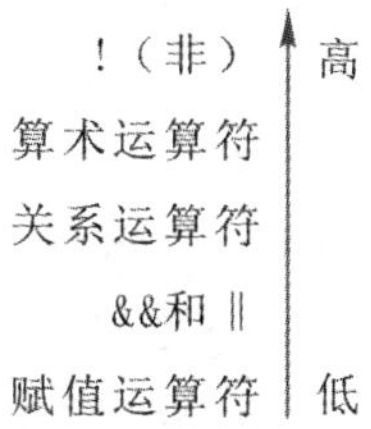

用逻辑运算符将表达式或逻辑量连接起来的式子称为逻辑表达式，逻辑表达式的结合性为自左向右。逻辑表达

```
!（非）     ↑ 高
算术运算符
关系运算符
&&和‖
赋值运算符   │ 低
```

图 5-1　优先级的次序

式的值是一个逻辑量"真"或"假",以"1"代表真,以"0"代表假。

### 5.3.4 位操作运算符

为了控制需要,MCS-51 单片机指令系统提供了丰富的位操作指令;同样,当 C51 语言引入单片机中,也提供了位操作指令,以方便用户使用。

C51 提供了 6 种位操作运算符,如表 5-8 所示。

表 5-8　位操作运算符

| 位操作运算符 | 说　明 |
| --- | --- |
| & | 按位与 |
| \| | 按位或 |
| ^ | 按位异或 |
| ~ | 按位取反 |
| << | 按位左移(空白位补 0,而溢出位舍弃) |
| >> | 按位右移(空白位补 0,而溢出位舍弃) |

6 种位操作运算符中,仅按位取反运算符"~"是单目运算符,其他位操作运算符都是双目运算符,即运算符两侧各有一个运算对象。位运算符的运算对象只能是整形或者字符型数据类型,不能是实型数据。

### 5.3.5 自增减运算符、复合运算符及其表达式

#### 1. 自增运算符

自增运算符"++"的作用是使变量值自动加 1。自增运算符"++"有两种使用方法,举例如下:

　　++i;　　　　//在使用变量 i 之前,先使 i 值加 1,然后再用,即"先加后用"
　　i++;　　　　//在使用变量 i 之后,再使 i 值加 1,即"先用后加"

注意:++i 的作用与 i++ 的作用相当于 i=i+1,但 ++i 和 i++ 的作用是不同的。++i 是先执行 i=i+1,后使用 i 的值;而 i++ 则是先使用 i 的值,后执行 i=i+1。

++i 和 i++ 举例如下:

假如 a 值原来为 3,则有

　　a=3;
　　b=++a;

以上这两条指令执行后,b 值为 4,a 值为 4。

　　a=3;
　　b=a++;

以上这两条指令执行后,b 值为 3,a 值为 4。

#### 2. 自减运算符

自减运算符"--"的作用是使变量值自动减 1。自减运算符"--"也有两种使用方法,

举例如下：

　　　　--i;　　　　　　　　//在使用变量 i 之前，先使 i 值减 1，然后再用，即"先减后用"

　　　　i--;　　　　　　　　//在使用变量 i 之后，再使 i 值减 1，即"先用后减"

　　注意：--i 的作用与 i-- 的作用都相当于 i=i-1。但 --i 和 i-- 的作用是不同的。--i 是先执行 i=i-1，后使用 i 的值；而 i-- 则是先使用 i 的值，后执行 i=i-1。

　　--i 和 i-- 举例如下：

　　假如 a 的值原来是 3，则有

　　　　a=3;

　　　　b=--a;

以上这两条指令执行后，b 的值为 2，a 的值也为 2。

　　　　a=3;

　　　　b=a--;

以上这两条指令执行后，b 的值为 3，a 的值为 2。

　　注意：

　　(1) 自增运算符和自减运算符只能用于变量而不能用于常量表达式。

　　(2) 自增运算符和自减运算符的结合方向是"自右向左"。

　　例如，-i++ 相当于 -(i++)，若 i 原值为 3，则表达式 k=-i++，结果 k 值为 -3，而 i 值为 4。

### 3. 复合运算符

　　C51 同 C 一样，引入复合赋值运算符可以简化程序设计，减少键入变量的字符数，提高程序编程录入效率。算术运算符和位运算都可以与赋值运算符"="一起组成复合赋值运算符。

　　复合运算符共有 10 种，包括 5 种复合算术运算符和 5 种复合位运算符。5 种复合算术运算符即 += , -= , *= , /= , %= , 5 种复合位运算符即 &= , |= , ^= , <<= , >>= 。例如：

　　　　a += b;　　　　　　　//相当于 a = a + b

　　　　a -= b;　　　　　　　//相当于 a = a - b

　　　　a <<= 8;　　　　　　//相当于 a = a << 8

　　　　a >>= 8;　　　　　　//相当于 a = a >> 8

　　　　PORTOUT&=0xfe;　　//相当于 PORTOUT = PORTOUT & 0xfe

该语句的作用是用"按位与"(&)运算符将 PORTOUT 口的 $D_0$ 位清 0，也即 PORTOUT.0 引脚置低电平。

# 5.4　C51 流程控制语句

## 5.4.1　C51 程序的基本结构

　　无论对汇编语言还是 C 语言，流程控制语句都是程序设计中最重要的部分，C51 语言同 C 语言一样，都是结构化程序设计语言。结构化程序设计语言与非结构化程序设计语言相比，有着突出的优点，即结构清晰、不易出错。结构化程序设计语言的构件是基本结构，基本结构是程序的组成部件，只有一个出口和一个入口，即不允许从模块中间插入(增加入口)，也不允许从模块的中途退出(增加出口)。

C51 结构化程序由若干个函数构成，函数由若干个基本结构构成，基本结构由若干条语句构成。结构化的 C51 程序设计语言有三种基本结构：顺序结构、选择结构和循环结构。

### 1. 顺序结构

顺序结构是最基本、最简单的结构，在这种结构中，程序由低地址到高地址依次执行，如图 5-2 所示给出了顺序结构流程图，程序先执行 A 操作，然后再执行 B 操作。

### 2. 选择结构

选择结构可使程序根据不同的情况，选择执行不同的分支。在选择结构中，程序先对一个条件进行判断。当条件成立时，即条件语句为"真"时，执行一个分支；当条件不成立时，即条件语句为"假"时，执行另一个分支。如图 5-3 所示，当条件 P 成立时，执行语句 A；当条件 P 不成立时，执行语句 B。

在 C51 语言中，实现选择结构的语句为 if/else 和 if/else if 语句。另外，在 C51 语言中还支持多分支结构，多分支结构既可以通过 if 和 else if 语句嵌套实现，也可通过 switch/case 语句实现。

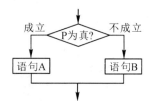

图 5-2　顺序结构流程图　　　　　图 5-3　选择结构流程图

### 3. 循环结构

在程序处理过程中，有时需要某一段程序重复执行多次，这时就需要循环结构来实现，循环结构是能够使程序段重复执行的结构。循环结构又分为两种：当型循环结构(while)和直到型循环结构(do-while)。

(1) 当型循环结构。当型循环结构如图 5-4 所示，当条件 P 成立(为 true)时，重复执行语句 A；当条件不成立(为 false)时停止重复，执行后面的程序。

(2) 直到型循环结构。直到型循环结构如图 5-5 所示，先执行语句 A，再判断条件 P。当条件 P 成立(为 ture)时再重复执行语句 A，直到条件 P 不成立(为 false)时停止重复，执行后面的程序。

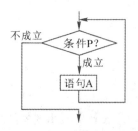

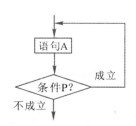

图 5-4　当型循环结构(while)　　　　图 5-5　直到型循环结构(do-while)

构成循环结构的语句主要有：while，do-while，for 和 goto 等。在实际工程应用中，尽量不要使用 goto 语句，因为使用 goto 语句可能会破坏程序结构。

## 5.4.2  选择语句

### 1. if 语句

if 语句是 C51 中的一个基本条件选择语句，if 语句又分为以下 4 种形式。

1) 单 if 语句

单 if 语句的语法如下：

```
if(表达式)
    {语句块;}
```

在这种单 if 无 else 语句结构中，如果括号中的表达式成立(为 true)，则程序执行语句块；如果括号中的表达式不成立(为 false)，则程序什么也不做就跳出花括号的语句，执行后面的其他语句。

单 if 语句的使用举例如下：

```
char abc;
char xyz;
if(abc!=0)
    {xyz=0xAA;}
```

2) if-else 语句

if-else 语句的语法如下：

```
if(表达式)
    {语句块 A;}
else
    {语句块 B;}
```

在 if-else 语句结构中，如果括号中的表达式成立(为 true)，则程序执行语句块 A，然后退出 if-else 结构；如果括号中的表达式不成立(为 false)，则程序执行语句块 B，然后退出 if-else 结构。

if-else 语句的使用举例如下：

```
char abc;
char xyz;
if(abc!=0)
    {xyz=0xaa;}
else
    {xyz=0x55;}
```

3) if-else if 语句

if-else if 语句的语法如下：

```
if(表达式 A)
```

```
        {语句块 A;}
    else if(表达式 B)
        {语句块 B;}
        else if(表达式 C)
            {语句块 C;}
            …
            else if(表达式 Y)
                {语句块 Y;}
                else
                    {语句块 Z;}
```

在 if-else if 语句结构中，如果括号中的表达式 A 成立(为 true)，则程序执行语句块 A；如果括号中的表达式 A 不成立(为 false)，则程序执行 else if(表达式 B)结构，逐层判断执行。最后判断表达式 Y 是否成立，如果成立(为 true)，则执行语句块 Y；如果不成立(为 false)，则执行语句块 Z。进入语句块 A、B、…、Z 的任何一个，执行完都将退出 if-false if 语句。

if-else if 语句的使用举例如下：

```
    char abc;
    char xyz;
    if(abc<=1)
        {xyz=0x00;}
        else if(abc<=2)
            {xyz=0x20;}
            else if(abc<=3)
                {xyz=0x60;}
                else if(abc<=4)
                    {xyz=0xA0;}
                    else
                        {xyz=0xC0;}
```

**4) if 语句嵌套**

如果在 if 语句的某个语句块中又含有一个或多个 if 语句，则这种情况称为 if 语句的嵌套。if 语句嵌套的基本语法结构如下：

```
    if(条件 1)
    {
        if(条件 A)
        {
            语句块 A;
        }
        else
        {
```

```
            语句块 B;
        }
    }
    else
    {
        if(条件 C)
        {
            语句块 C;
        }
        else
        {
            语句块 D;
        }
    }
```

### 2. switch case 语句

switch-case 语句是两种条件选择语句之一，switch-case 语句在应用系统程序设计中非常有用。我们经常会用到多分支选择结构，如果用 if-else if 语句构成的多分支选择结构，则可读性稍差。鉴于此，C51 提供了一个 switch-case 语句，用于支持多分支的选择结构，如图 5-6 所示。

图 5-6　switch-case 程序结构流程图

switch-case 语句的语法如下：

```
    switch(表达式)
    {
        case 常量表达式 1:
        {
            语句块 1;
            break;
        }
        case 常量表达式 2:
        {
            语句块 2;
            break;
        }
        …
```

```
    case 常量表达式 n
    {
        语句块 n
        break;
    }
    default:
    {
        语句块 n+1;
    }
}
```

值得注意的是，在语句块 1～n 后有一个 break 语句，可退出 switch-case 结构。如果语句块 1～n 后没有 break 语句，那么语句块 1 执行完将进入语句块 2 执行，语句块 2 执行完将进入语句块 3 执行，直到执行完语句块 n + 1 后才退出 switch-case 结构。

### 5.4.3　循环语句

**1. while 语句**

while 语句的语法如下：

```
while(表达式)
{
    语句块;          /*循环体*/
}
```

其中，"表达式"是 while 循环结构能否循环的条件；"语句块"是循环体，是执行重复操作的部分。如果表达式成立(为 true)，就重复执行循环体内的语句块；如果表达式不成立(为 false)，就终止 while 循环，执行循环结构之外的下一行语句。

**2. do-while 语句**

do-while 语句的语法如下：

```
do
{
    语句块;          /*循环体*/
}
while(表达式);
```

其中，"语句块"是循环体，是执行重复操作的部分；"表达式"是 do-while 循环结构的循环条件。首先执行循环体语句块，然后执行圆括号中的表达式。如果表达式成立(为 true，非 0)，就重复执行循环体内的语句块；如果表达式不成立(为 false，0)，就终止循环，执行循环结构之外的下一行语句。

do-while 循环语句与 while 循环语句相比较，前者把 while 循环条件作了后移，即把循环条件测试的位置从起始处移至循环的结尾处；后者用于至少执行一次循环体的场合。do-while 循环语句是先执行循环体后判断；while 循环语句是先判断后执行循环体。

### 3. for 语句

for 语句的语法如下:

```
for(表达式 1; 表达式 2; 表达式 3)
{
    语句块;              /*循环体*/
}
```

其中,"表达式 1"是 for 循环结构对循环条件赋初值,也称为循环条件初始化;"表达式 2"是 for 循环结构的循环条件;"表达式 3"在执行完循环体语句块后才执行,往往用于更新循环变量的值;"语句块"是循环体,是执行重复操作的部分。

首先执行"表达式 1",对循环条件赋初值,进行初始化;然后执行"表达式 2",判断"表达式 2"是否成立,如果"表达式 2"成立(为 true,非 0),则执行循环体语句块;接着执行"表达式 3";最后回到上一步执行并判断"表达式 2"是否成立,如果"表达式 2"不成立(为 false,0),则会终止循环,转去执行循环结构之外的下一行语句。

例如,1 ms 延时 C51 程序如下所示:

```
void msec(unsigned int x)
{
    unsigned char j;
    while(x-- )
    {
        for(j=0; j<125; j++ )
        {; }
    }
}
```

## 5.5　构造数据类型

我们已经在本章 5.2.1 小节对基本数据类型作了全面的介绍,如字符型(char)、整型(int)和浮点型(float)等都属于基本数据类型。由这些基本数据类型按一定规则可以构成新的数据类型,这些新的数据类型我们称之为构造数据类型,它们是对基本数据类型的扩展。C51 支持的构造数据类型有数组、结构体、共用体和枚举。

### 5.5.1　数 组

数组是由若干个具有相同数据类型的数据变量组成的集合。在 C 语言中,构成一个数组的元素个数必须是固定的;构成一个数组的各元素必须是统一数据类型;不允许在同一数组中有不同类型的变量。

数组名的命名规则与变量名的命名规则相同。数组元素用同一个数组名的不同下标来区别,数组的下标放在方括号中,从 0 开始,是 0,1,2,3,…,n 的一组有序整数。例如,数组 a[i],a 是数组名。当 i = 0,1,2,3,…,n 时,a[0],a[1],…,a[n]分别是数组

a[i]的元素(也称为成员)。数组有一维数组、二维数组、三维数组、多维数组之分,常用的为一维数组、二维数组和字符数组。

一维数组的定义如下:

  类型说明符 数组名[整型表达式]

数组举例如下:

  char a[10];

  a[0] = '0';

  a[1] = '1';

  …

  a[9] = '9';

  a [10] = 'a';    //越界,禁止越界使用数组

以上定义了一个一维字符型数组,数组名为 a。数组 a 有 10 个元素,每个元素的数据类型都是 char 型。数组元素由数组名 a 和下标共同表示,数组元素分别为 a[0],a[1],a[2],…,a[9]。

注意:数组 a 的第一个元素是 a[0],不是 a[1];数组 a 的第一个元素的下标是 0,不是 1;数组 a 的第十个元素是 a[9],不是 a[10],数组 a 的第十个元素的下标是 9,不是 10。禁止越界使用数组。

在 C51 程序设计中,八段数码管的段码表就是用数组表示的。具体可以使用以下定义方式,例如,

  unsigned char code LED [ ] =

  {                  //共阴极八段数码管显示段码表

    0x3f, 0x06, 0x5b, 0x4f, 0x66, 0x6d, 0x7d, 0x07,

    0x7f, 0x6f, 0x77, 0x7c, 0x39, 0x5e, 0x79, 0x71

  };

数组名是 LED,数据类型为 unsigned char,存储类型为 code(即将该数组存放在程序存储区)。

## 5.5.2 结构体(struct)

结构体就是把若干个不同数据类型组合在一起,构成一个组合形式的数据类型,称之为结构体数据类型,也称为结构类型,简称结构体或结构。这些不同数据类型可以是基本类型,也可以是枚举类型、指针类型、数组类型,甚至是其他(非本身)结构类型。构成一个结构体类型的各个数据类型称为结构元素(或成员),结构体数据类型的命名规则与变量的命名规则相同。

定义结构体数据类型的语法如下:

  struct 结构体类型名

  {

    数据类型标识符 成员名 A;

    数据类型标识符 成员名 B;

    数据类型标识符 成员名 Z;

```
        ...
    };
```

注意：在同一个结构体类型中，成员名不允许重名；成员名的数据类型可以相同，也可以不同；花括号 "}" 后面以分号 ";" 结尾。

定义一个名为 date 的结构体类型示例如下：

```
    struct date
    {
        unsigned int year;
        unsigned char month;
        unsigned char day;
        char week;
    };
```

说明：我们用 struct 关键词定义了一个结构体数据类型。struct date 表示这是一个结构体类型，其中 struct 是关键词，不能省略，date 为结构体数据类型名，不是变量名。

date 结构体类型包括了 4 个结构成员：unsigned int year，unsigned char month，unsigned char day，char week。这 4 个结构成员的数据类型可以相同，也可以不同，其中一个是无符号整型(unsigned int)，两个是无符号字符型(unsigned char)，另一个是字符型(char)。

date 是程序员定义的数据类型，与基本数据类型(如 int，char，float 等)一样，可以用来定义变量的类型。

定义一个结构体类型的变量有以下 3 种方法：

· **方法一**

先定义结构体类型，再定义该结构体类型的变量。例如，用方法一定义结构体类型的变量。

```
    struct date
    {
        unsigned int year;
        unsigned char month;
        unsigned char day;
        char week;
    };                      //在上面定义 date 结构体类型的基础上，下面定义该结构体类型的变量

    struct date nowday;
    nowday.year=2011;
    nowday.month=5;
    nowday.day=1;          //2011 年 5 月 1 日 星期日 Sunday
    nowday.week='S';
```

说明：在上面定义了结构体类型 date 之后，使用 "struct date nowday" 指令来定义 nowday 为 data 类型的结构体变量。date 是我们构造的新数据类型(结构体)，nowday 是变量名词，其中类型是 date 结构体类型。

- **方法二**

同时定义结构体类型和该结构体类型的变量，其语法如下：

```
struct   结构体名
{
    数据类型标识符    成员名 A;
    数据类型标识符    成员名 B;
    …
    数据类型标识符    成员名 Z;
}
变量名 1, 变量名 2, …, 变量名 n;
```

- **方法三**

直接定义结构体类型变量，其语法如下：

```
struct   /*无结构体类型名*/
{
    数据类型标识符   成员 A;
    数据类型标识符   成员 B;
    …
    数据类型标识符   成员 Z;
}
变量名 1, 变量名 2, …, 变量名 n;
```

## 5.5.3  共用体(union)

共用体与前面讲述的数组、结构体一样，也是 C 语言的一种构造数据类型。共用体是一种比较复杂的构造数据类型。

C 语言语法要求我们在使用变量之前必须定义其数据类型，这样在程序运行时，才会根据其数据类型在内存中为其分配相应字节的内存单元，不同数据类型的数据(变量)占据的分配内存空间互不重叠。无论是早期的计算机还是现在的单片机，内存都非常有限，应用程序的变量之多与内存之少就形成了矛盾。能否让若干个变量分时共享同一存储空间呢？有了问题就会有解决办法，C 语言的发明者为我们提供了共用体数据类型，也(成)称为联合，以解决这一问题。

定义共用体数据类型的语法如下：

```
union  共用体类型标识符
{
    数据类型标识名    成员名 A;
    数据类型标识名    成员名 B;
    …
    数据类型标识名    成员名 Z;
};
```

共用体类型的变量举例如下：

```
union u_int_char
{
    int i;                      //占 2 个字节 RAM
    char ch;                    //占 1 个字节 RAM
};
union u_int_char uabc;          //定义共享体变量 uabc
uabc.i=1;
uabc.ch = 'a';
```

其中，"union u_int_char"及后面花括号内的语句，定义了一个名为 u_int_char 的共用体数据类型，u_int_chat 包含两个不同的基本类型元素(成员)：一个是 int 型，另一个是 char 型。"union u_int_char uabc"定义一个 u_int_char 共享体类型的变量 uabc(占 2 个字节 RAM)，能够使一个整体变量 uabc.i(占 2 个字节 RAM)和一个字符型变量 uabc.ch(占 1 个字节 RAM)分时共享同一存储空间(2 个字节 RAM)。

注意：变量 uabc 仅占用 2 个字节 RAM，而不是占用 3 个字节 RAM。

定义一个共享体类型的变量也有 3 种方法，它们同定义结构体类型变量类似，这里不再赘述。

## 5.5.4　枚举(enum)

枚举数据类型是若干个整型常量的集合。当一个变量仅有有限个取值时，就用枚举数据类型来定义该变量。

定义枚举类型，语法如下：

```
enum        枚举类型名
{
    枚举字符 1,
    枚举字符 2,
    …,
    枚举字符 n,
};
enum 枚举类型名      变量列表;
```

定义枚举类型的变量举例如下：

```
enum weekday
{
    Sun, Mon, Tue, Wed, The, Fri, Sat
};
enum weekday daywork, daycheck;
daywork=1;
daycheck=0;
```

该程序先定义了 weekday(星期)枚举类型，后定义了两个枚举变量 daywork(运转日)和 daycheck(检修日)。

定义一个枚举类型的变量也有 3 种方法，它们同定义结构体类型变量类似，这里不再赘述。在各个枚举值中，每一项枚举字符代表一个整数值。默认情况下，第一项枚举字符数值为 0，第二项枚举字符数值为 1，第三项枚举字符数值为 2，…，以此类推。可以通过初始化指定某项枚举字符的常数值。某项枚举的值指定后，该项枚举字符后面各项枚举字符值随之依次递增。

枚举值可以不连续，举例例如下：

```
enum key
{
    down, up, ok=8, esc
};
```

说明：down 默认赋值为 0，up 赋值为 1，ok 被指定为 8，esc 值为 9。

# 5.6  C51 指 针

在 C 语言中，指针是一个非常重要的概念，指针既是 C 语言的重点，也是难点。C 语言区别于其他高级程序设计语言的主要特点，就是引入了指针的概念。使用指针可以有效地表示复杂的数据结构，可以有效且方便地操作数组，可以动态地分配内存，可以直接处理内存地址，在调用函数时还能返回不止一个变量值，等等。总之，使用指针可以使 C 语言程序简洁、紧凑、灵活、高效。

在第 3 章单片机汇编指令中学过寄存器间接寻址指令"MOV  A, @Ri"和"MOV @Ri A"，其中的 Ri(R0、R1)寄存器的实质就是一个指针变量。弄清楚这两条汇编指令，指针的用法就容易掌握了。

## 5.6.1  指针的概念

指针的实质就是地址，所以可以用最简单的一句话来描述指针：指针就是地址。

对于 C51 的变量，我们强调 3 个概念：变量名、变量值和变量所在的地址。

变量名是一个变量的标识符名字，如 C51 指令 "unsigned char data ch1；" 定义了一个变量，变量名是 ch1，存储类型是 data。变量值是一个变量的内容，如 C51 指令"ch1=0x12；"就是将数值 0x12 赋值给变量 ch1，该指令执行后，变量 ch1 的变量值就是 0x12。变量的存储类型是 data，则说明变量被定义在了片内 RAM 中。假设变量 ch1 被分配在片内 RAM 的 08H 单元，即字节地址是 08H 的片内 RAM 单元，那么 ch1 变量所在的地址就是 08H。

对于 MCS-51 系列单片机，以单片机的片内 RAM 单元为例，在这里我们强调 3 个概念，即片内 RAM 单元的内容、片内 RAM 单元的名字、片内 RAM 单元的地址。

(1) 片内 RAM 单元的内容指的是在该 RAM 单元中存放着的数据值，如汇编指令 "MOV ch1, #12H"，该指令执行后，片内 RAM 单元 ch1 的内容就是 0x12。

(2) 片内 RAM 单元的名字是用伪指令 "EQU" 或 "DATA" 给片内 RAM 单元取的名

字，如汇编伪指令"ch1 EQU 08H"就是给字节地址为 08H 的片内 RAM 单元取的名字，叫做 ch1，ch1 与字节地址为 08H 的片内 RAM 单元是同一个字节。

(3) 片内 RAM 单元的地址是该单元的字节地址，它表示着该单元在整个内存中的位置(片内 RAM 地址从 00H～FFH，片外 RAM 地址从 0000H～FFFFH)，如汇编伪指令"ch1 EQU 08H"就表示片内 RAM 单元 ch1 的地址是 08H。

对于 MCS-51 系列单片机，C51 语言与汇编语言有以下对应关系：

(1) C51 语言的变量名与汇编语言的 RAM 单元的名字相对应。

(2) C51 语言的变量值与汇编语言的 RAM 单元的内容相对应。

(3) C51 语言的变量所在的地址与汇编语言的 RAM 单元的地址相对应。

变量的指针就是变量所在的地址，将变量的指针简称为指针。如果设一个变量专门用来存放其他变量的地址(指针)，则称该变量为指向变量的指针变量，简称指针变量。指针变量的值是指针(地址)。

定义指针变量语法如下：

　　　　数据类型标识符　*指针变量名；

定义指针变量的方法举例如下：

```
char   a, b, c;          //定义整型变量 a，b，c
int *pint;               //定义指针变量 pint，指针变量 pint 指向 int 类型的数据
float fd;
flost *pfloat;           //定义指针变量 pfloat，指针变量 pfloat 指向 float 类型的数据
a=1; b=2; c=3;
p=&c;
fd=1.23;
pfloat=&fd;
```

其中，指针变量名 pint 前面的"*"号表示 pint 为指针变量；指针变量 pfloat 前面的"*"号表示变量 pfloat 为指针变量；指针变量名为 pint 和 pfloat，而不是 *pint 和 *pfloat。

## 5.6.2　指针的类型

Keil 公司的 C51 编译器提供了通用指针和指定存储区指针两个类型的指针。

### 1. 通用指针

通用指针也称为一般指针。通用指针变量保存在 RAM 中，占用 3 个字节。第一个字节是指针变量的存储类型(空间位置)，第二个字节是指针(地址)的高字节，第三个字节是指针(地址)的低字节，即

| 地址 | +0 | +1 | +2 |
| --- | --- | --- | --- |
| 内容 | 存储类型 | 指针的高字节 | 指针的低字节 |

存储类型编码如下：

| 存储类型 | idata | xdata | pdata | data | code |
| --- | --- | --- | --- | --- | --- |
| 值 | 1 | 2 | 2 | 4 | 5 |

通用指针可访问 MCS-51 系列单片机片内 RAM 空间、片外 RAM 空间、ROM 空间内的任何一个变量。因此，C51 库函数多使用通用指针类型。通过这些通用指针，C51 库函数可访问片内外 RAM 空间、ROM 空间中的所有数据。定义通用指针变量的语法如下：

　　　数据类型标识符　　*存储类型标识符　指针变量名；

其中，存储类型标识符指的是指针自身的存储位置。若没有说明指针变量的存储类型，则存储类型是由 C51 的存储模式决定的，具体可参考 5.2.3 小节的内容。

通用指针的定义举例如下：

　　　int *data p;　　　　　　　//定义一个指向整型的通用指针变量，通用指针自身存储于片内数据
　　　　　　　　　　　　　　　　//存储器中(data)。
　　　int * p;　　　　　　　　　//定义一个指向整型的通用指针变量，通用指针自身存储类型由 C51
　　　　　　　　　　　　　　　　//的存储模式决定

### 2. 指定存储区指针

指定存储区指针又称指定存储类型指针，也称为基于内存的指针。指定存储区指针在指针的定义(声明)中包含了一个存储类型标识符，指向一个确定的存储空间。存储类型标识符有 data、bdata、idata、pdata、cdata 和 code；存储空间有片内 RAM、片外 RAM 和 ROM，详见表 5-2。定义指定存储区指针变量的语法如下：

　　　　数据类型标识符　存储类型标识符 *存储类型标识符　指针变量名；

注意：前面的存储类型标识符说明的是指针指向的存储空间，后面的存储类型标识符说明的是指针自身的存储位置。若没有说明指针变量的存储类型的话，则是由 C51 的存储模式决定，具体可参考 5.2.3 小节的内容。

通用指针和指定存储区指针的对比如下：

| 指针类型 | 通用指针 | xdata | idata | pdata | data | code |
|---|---|---|---|---|---|---|
| 大小(字节) | 3 | 2 | 1 | 1 | 1 | 2 |

指定存储区指针的定义举例如下：

　　　int data *xdata p;　　　　//p 指向内部数据存储区中的整型数据，占用 1 个字节
　　　　　　　　　　　　　　　 //指针本身存储于外部数据存储器中(xdata)
　　　Int data *p;　　　　　　 //p 指向内部数据存储区中的整型数据，占用 1 个字节
　　　　　　　　　　　　　　　 //指针本身由 C51 的存储模式决定

注意：使用通用指针编译后产生的代码比使用指定存储区指针编译后产生的代码要多得多，执行起来也慢得多。如果优先考虑执行速度，则应尽可能使用指定存储区指针，而不用通用指针；如果优先考虑函数的通用性，则应尽可能使用通用指针，而不用指定存储区指针。

## 5.7　C51 函数

函数是 C 语言中的一种基本模块，一个 C 语言程序是由若干个模块化的函数构成的。其中，必须有且只有一个主函数 main( )，C 语言程序总是由主函数 main( )开始的，main( )函数是一个控制程序流程的特殊函数，它是程序的起点。在进行程序设计的过程中，如果

所设计的程序较大，一般应将其分成若干个子程序模块，每个模块完成一种特定的功能，这种模块化的程序设计方法可以大大提高编程效率和速度。在 C 语言中，子程序是用函数来实现的。对于一些需要经常使用的子程序，可以设计成一个专门的函数库，以供反复调用。此外，Keil Cx51 编译器还提供了丰富的运行库函数，用户可以根据需要随时调用。

## 5.7.1　函数的定义

从用户的角度划分，C51 函数有两种函数：标准库函数和用户自定义函数。标准库函数是 Keil Cx51 编译器提供的，不需要用户进行自定义，可以直接调用。用户自定义函数则是用户根据自己需要编写的实现某种特殊功能的函数，它必须先进行定义，之后才能被调用。函数定义的一般形式如下：

```
函数类型　函数名(形式参数表)[reentrant]
形式参数表说明
{
    局部变量定义
    函数体语句
}
```

### 1. 函数类型

函数类型说明了函数返回值的类型。它可以是前面介绍的各种数据类型，用于说明函数最后的 return 语句送回给被调用处的返回值的类型。如果一个函数没有返回值，那么函数类型可以不写。在实际处理中，一般把它的类型定义为 void。

### 2. 函数名

函数名是用户为自定义函数取的名字，以便调用函数时使用。它的取名规则与变量的命名规则一样。

### 3. 形式参数表

形式参数表用于列举在主调用与被调用函数之间进行数据传递的形式参数。在函数定义时，形式参数的类型必须加以说明，可以在形式参数表的位置说明，也可以在函数名后面、函数体前面进行说明。如果函数没有参数传递，在定义时，形式参数可以没有或用 void，但括号不能省略。

定义一个返回两个整数最大值的函数 max( )，如下所示：

```
int max(int x, int y)
{
    int itemp;
    itemp=x>y? x：y;
    return itemp;
}
```

也可以写成这样：

```
int max(x, y)
int x, y;
```

```
    {
        int itemp;
        itemp=x>y? x: y;
        return itemp;
    }
```

**4. reentrant 修饰符**

在 C51 中，这个修饰符用于把函数定义为可重入函数。所谓可重入函数就是允许被递归调用的函数。函数的递归调用是指当一个函数正被调用且尚未返回时，又直接或间接调用函数本身。一般的函数不能做到这样，只有可重入函数才允许递归调用。在 C51 中，当函数被定义为可重入函数，C51 编译器编译时将会为可重入函数生成一个模块栈，通过这个模块栈来完成参数传递和局部变量存放。关于可重入函数，应注意以下几点：

(1) 用 reentrant 修饰的可重入函数被调用时，实参表内不允许使用 bit 类型的参数。函数体内也不允许存在任何关于位变量的操作，更不能返回 bit 类型的值。

(2) 编译时，系统为可重入函数在内部或外部存储器中建立一个模拟堆栈区，这个堆栈区称为重入栈。可重入函数的局部变量及参数被放在重入栈中，使可重入函数实现递归调用。

(3) 在参数的传递上，实际参数可以传递给间接调用的可重入函数。无重入属性的间接调用函数不能包含调用参数，但是可以使用定义的全局变量来进行参数传递。

## 5.7.2 函数的调用

C 语言程序中函数是可以互相调用的。所谓函数调用就是在一个函数体中引用另外一个已经定义了的函数，前者称为主调用函数，后者称为被调用函数。函数调用的一般形式如下：

    函数名(实际参数表);

其中，"函数名"指出被调用函数；"实际参数表"中可以包含多个实际参数，各个参数之间用逗号隔开。实际参数的作用是将它的值传递给被调用函数中的形式参数。需要注意的是，函数调用中的实际参数与函数定义的形式参数在个数、类型及顺序上必须严格保持一致，以便将实际参数的值正确传递给形式参数，否则在函数调用时会产生意想不到的结果。如果调用的是无参函数，则可以没有实际参数表，但圆括号不能省略，分号也不能省略。

在 C 语言中可以采用以下 3 种方式完成函数的调用：

(1) 函数语句。在主调函数中将函数调用作为一条语句，例如，

    delay( );

这是个无参调用，它不要求被调用函数返回一个确定的值，只要求完成一定的操作。

(2) 函数表达式。在主调函数中将函数作为一个运算对象直接出现在表达式中，这种表达式称为函数表达式。例如，

    c=funtion1(m, n)+funtion1(x, y);

该语句其实是一个赋值语句，它包括两个函数，每一个函数都有一个返回值，将两个返回值相加的结果赋值给变量 c。因此，这种函数调用方式要求被调用函数返回一个确定的值。

(3) 函数参数。在主调函数中将函数调用作为另一个函数的实际参数。例如,

　　　　y=funtion1(funtion1(2, 3), y);

其中, 函数 funtion1(i, j)放在另一个函数 funtion1(funtion1(i, j), y)的实际参数表中, 以其返回值作为另一个函数的实际参数。这种在调用一个函数的过程中又调用了另一个函数的方式, 称为嵌套函数调用。在输出一个函数的值时经常采用这种方法, 例如,

　　　　printf("%d", funtion1(i, j));

其中, 函数 funtion1(i, j)是作为 printf( )函数的一个实际参数处理的, 它也属于嵌套函数调用方式。

## 5.7.3　对被调用函数的说明

　　与使用变量一样, 在 C51 中调用一个函数之前(包括标准库函数), 必须对该函数的类型进行说明, 即"先说明, 后调用"。如果调用的是库函数, 一般在程序的开始处用预处理命令#include 将有关函数说明的头文件包含进来。例如, 前面例子中经常出现的预处理命令#include<stdio.h>, 就是将与库输出函数 printf( )有关的头文件 stdio.h 包含到程序文件中。

　　头文件"stdio.h"中存有有关库输入、输出函数的一些说明信息, 如果不使用这个包含命令, 库输入、输出函数就无法被正确地调用。如果调用的是用户自定义函数, 而且该函数与调用它的主调函数在同一文件中, 一般应该在主调用函数中对被调用函数的类型进行说明。

　　函数说明的一般形式如下:

　　　　类型标识符　被调用的函数名(形式参数表);

其中, "类型标识符"说明了函数返回值的类型;"形式参数表"中说明各个形式参数的类型。

　　需要注意的是, 函数的说明与函数返回值的定义是完全不同的, 函数的定义是对函数功能的确立, 它是一个完整的函数单位, 而函数的说明只是说明了函数返回值的类型。二者在书写形式上也不一样,函数说明结束时在圆括号的后面需要由一个分号作为结束标志, 而在函数定义时, 被定义函数名的圆括号后面没有分号, 即函数定义还未结束, 后面应接着书写形式参数说明和被定义的函数体部分。如果被调用函数是在主调用函数前面定义的, 或者已经在程序文件的开始处说明了所有被调用函数的类型, 在这两种情况下可以不必再在主调用函数中对被调用函数进行说明。也可以将所有用户自定义函数说明另存为一个专门的文档, 需要时用 include 将其包含到主程序中去。

　　C 语言程序中不允许在一个函数定义的内部包括另一个函数的定义, 即不允许嵌套定义。但是允许在调用一个函数的过程中包含另一个函数调用, 即嵌套函数调用在 C 语言程序中是允许的。

　　下面举一个函数调用的例子。若数字 data0 中存有 16 个小于 0x10 的十六进制数, 要求得到这 16 个数据的数字字符的 ASCII 码值分别按顺序存入片内数据存储区的 30H～3FH 中。编写程序如下:

　　　　#include<reg51.h>

　　　　unsigned char data0[16]={0x00, 0x01, 0x02, 0x03, 0x04, 0x05, 0x06,

```
        0x07, 0x08, 0x09, 0x0a, 0x0b, 0x0c, 0x0d, 0x0e, 0x0f};        //原始数据
        unsigned char decode(unsigned char value)        //转换为 ASCII 码函数定义
        {
            if(value <10)value + =0x30;                  //函数体语句
            else value + = 0x37;
            return value;
        }
        void main(void)                                  //主函数
        {
            unsigned char data * data_pointer = 0x30;    //数据指针定义
            unsigned char i;                             //局部变量定义
            for(i=0; i<16; i++)                          //共 16 个数据，循环 16 次
            {
                data_pointer[i]=decode(data0 [ i ] );    //调用 decode 函数并使用指针存储结果
            }
            while(1)                                     //停止运行
        }
```

程序执行结果如下：

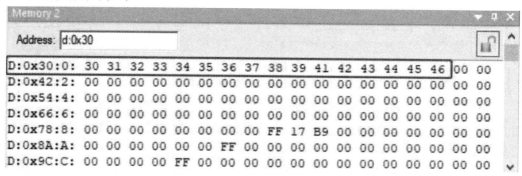

在这个例子中，主函数 main( )定义好了数据指针 data_pointer，使用 16 次循环完成将 16 个 1 位十六进制数据转换为 ASCII 码的工作，循环体中调用了 decode( )函数并将 data0 数组中的数据作为 decode( )函数的传递函数，decode( )函数执行完毕后会返回参数对应的 ASCII 码值，由数据指针 data_pointer 完成结果的存储。

## 5.7.4 函数的参数和函数的返回值

通常在进行函数调用时，主调用函数与被调用函数之间具有数据传递关系。这种数据传递是通过函数的参数实现的。在定义一个函数时，位于函数名后面圆括号中的变量名称为形式参数，而在调用函数时，函数名后面括号中的表达式称为实际参数。形式参数在未发生函数调用之前，不占用内存单元，因而也是没有值的，只有在发生函数调用时它才被分配内存单元，同时获得从主调用函数中实际参数传递过来的值。函数调用结束后，它所占用的内存单元也被释放。

实际参数可以是常数，也可以是变量或表达式，但要求它们具有确定的值。进行函数调用时，主调用函数将实际参数的值传递给被调用函数中的形式参数。为了完成正确的参数传递，实际参数的类型必须与形式参数的类型一致；如果两者不一致，则会发生类型不匹配的错误。

### 5.7.5　实际参数的传递方式

在进行函数调用时，必须用主调用函数中的实际参数来替换被调用函数中的形式参数，这就是所谓的参数传递。在 C 语言中，对于不同类型的实际参数，有三种不同的参数传递方式。

#### 1. 基本类型的实际参数传递

当函数的参数是基本类型的变量时，主调用函数将实际参数的值传递给被调用函数中的形式参数，这种方式称为值传递。函数中的形式参数在未发生函数调用之前是不占用存储单元的，只有在进行函数调用时才为其分配临时存储单元，而函数的实际参数是要占用确定的存储单元的。值传递方式是将实际参数的值传递到被调用函数中形式参数分配的临时存储单元中，函数调用结束后，临时存储单元被释放，形式参数的值也就不复存在，但实际参数所占用的存储单元保持原来的值不变。这种参数传递方式在执行被调用函数时，如果形式参数的值发生变化，可以不必担心主调用函数中实际参数的值会受到影响。因此，值传递是一种单向传递。

#### 2. 数组类型的实际参数传递

当函数的参数是数组类型的变量时，主调用函数将实际参数数组的起始地址传递到被调用函数中形式参数的临时存储单元，这种方式称为地址传递。地址传递方式在执行被调用函数时，形式参数通过实际参数传来的地址直接到主调用函数中去存取相应的数组元素，故形式参数的变化会改变实际参数的值。因此，地址传递是一种双向传递。

#### 3. 指针类型的实际参数传递

当函数的参数是指针类型的变量时，主调用函数将实际参数的地址传递给被调用函数中形式参数的临时存储单元，因此也属于地址传递。在执行被调用函数时，也是直接到主调用函数中访问实际参数变量，在这种情况下，形式参数的变化会改变实际参数的值。

上面介绍的函数调用中，所涉及的是基本类型的实际参数传递，这种参数传递方式比较容易理解和应用；最后一种所涉及的是指针类型的实际参数传递，关于数组类型和指针类型实际参数的传递较为复杂，请读者多读程序，仔细理解。

### 5.7.6　中断服务函数与寄存器组定义

Keil Cx51 编译器支持在 C 语言源程序中直接编写 8051 单片机的中断服务程序。Keil Cx51 编译器对函数的定义进行了扩展，增加了一个扩展关键词 interrupt，它是函数定义时的一个选项，加上这个选项即可将一个函数定义成中断服务函数。

定义中断服务函数的一般形式为

函数类型　函数名(形式参数表) [interrupt m][using n]

### 1. interrupt m 修饰符

interrupt m 是 C51 函数中一个非常重要的修饰符，这是因为中断函数必须通过它进行修饰。在 C51 程序设计中经常将中断函数用于实现系统的实时性，提高程序处理效率。

在 C51 程序设计中，当函数定义时用了 interrupt m 修饰符，系统编译时把对应函数转化为中断函数，自动加上程序头段和尾段，并按 MCS-51 系统中断的处理方式自动把它安排在程序存储器中的相应位置。在该修饰符中，m 的取值为 0～31，对应的中断情况如下：0——外部中断 0；1——定时器/计数器 T0；2——外部中断 1；3——定时/计数器 T1；4——串行口中断；5——定时器/计数器 T2(52 系列单片机具有)；其他值预留。

编写 MCS-51 中断函数应注意如下 7 项。

(1) 中断函数不能进行参数传递，如果中断函数中包含任何参数声明，都将导致编译出错。

(2) 中断函数没有返回值，如果试图定义一个返回值，将得不到正确的结果，建议在定义中断函数时将其定义为 void 类型，以明确说明没有返回值。

(3) 在任何情况下都不能直接调用中断函数，否则会产生编译错误。因为中断函数的返回是由 8051 单片机的 RETI 指令完成的，RETI 指令影响 8051 单片机的硬件中断系统；如果在没有实际中断情况下直接调用中断函数，RETI 指令的操作结果会产生一个致命的错误。

(4) 如果在中断函数中调用了其他函数，则被调用函数所使用的寄存器必须与中断函数相同，否则会输出不正确的结果。

(5) 编译器对中断函数编译时，会自动在程序开始和结束处加上相应的内容。具体如下：在程序开始处 ACC、B、DPH、DPL 和 PSW 入栈，结束时出栈；中断函数未加 using n 修饰符的，开始时还要将 R0～R1 入栈，结束时出栈；如中断函数加 using n 修饰符，则在开始将 PSW 入栈后还要修改 PSW 中的工作寄存器组选择位。

(6) C51 编译器从绝对地址 $8 \times m + 3$ 处产生一个中断向量，其中 m 为中断号，也即 interrupt 后面的数字。该向量包含一个到中断函数入口地址的绝对跳转。

(7) 中断函数最好写在文件的尾部，并且禁止使用 extern 存储类型说明，以防止其他程序调用。

编写一个用于统计外部中断 0 的中断次数的中断服务程序，具体程序如下：

```
extern int num;                    //定义统计中断的次数变量
void int0() interrupt 0 using 1
{

    num++;

}
```

### 2. using n 修饰符

MCS-51 单片机有 4 组工作寄存器，每组 8 个寄存器，分别用 R0～R7 表示。修饰符 using n 用于指定本函数内部使用的工作寄存器组，其中 n 的取值为 0～3，表示寄存器组号。对于 using n 修饰符的使用，注意以下几点：

(1) 加入 using n 后，C51 编译时自动在函数的开始处和结束处加入以下指令：

```
{
    PUSH PSW                              //标志寄存器入栈
    MOV PSW，#与寄存器组号 n 相关的常量     //设置标志寄存器中 RS0，RS1 位
    ……
    POP PSW                               //标志寄存器出栈
}
```

(2) using n 修饰符不能用于有返回值的函数，因为 C51 函数的返回值是放在寄存器中的，如果寄存器组改变了，返回值就会出错。

### 5.7.7　函数变量的存储方式

函数变量按其有效作用范围可以划分为局部变量和全局变量，还可以按变量的存储方式为其划分存储种类。在 C 语言中，变量有 4 种存储种类，即自动变量(auto)、外部变量(extern)、静态变量(static)、寄存器变量(register)。这 4 种存储种类与全局变量之间的关系如图 5-7 所示。

图 5-7　变量的存储种类

(1) 自动变量是 C 语言中使用最为广泛的一类变量。按照默认规则，在函数体内部或复合语句内部定义的变量，如果省略存储种类说明，该变量即为自动变量。习惯上通常采用默认形式。

(2) 使用存储种类说明符"extern"定义的变量称为外部变量。按照默认规则，凡是在所有函数之前，在函数外部定义的变量都是外部变量，定义时可以不写 extern 说明符。但是，在一个函数体内说明一个已在该函数体外或者别的程序模块中定义过的外部变量时，必须使用 extern 说明符。

(3) 使用存储种类说明符"static"定义的变量称为静态变量。

(4) 为了提高程序的执行效率，C 语言允许将一些使用频率较高的变量定义为能够直接使用硬件寄存器的寄存器变量。定义一个变量时在变量名前面加上存储种类符号"register"，即将该变量定义成了寄存器变量。寄存器变量可以被认为是自动变量的一种，它的有效作用范围也与自动变量相同。一方面，由于计算机中寄存器是有限的，因此不能将所有变量都定义成寄存器变量；通常在程序中定义寄存器变量时只是给编译器一个建议，该变量是否能真正成为寄存器变量，要由编译器根据实际情况来确定。另一方面，Cx51编译器能够识别程序中使用频率最高的变量，在可能的情况下，即使程序中并未将该变量定义为寄存器变量，编译器也会自动将其作为寄存器变量来处理。

## 5.7.8　函数的参数和局部变量的存储器模式

Keil Cx51 编译器允许采用三种内存模式：SMALL、COMPACT 和 LARGE。一个函数的内存模式确定了函数的参数和局部变量在内存中的地址空间。处于 SMALL 模式下函数的参数和局部变量位于 8051 单片机的内部 RAM 中，处于 COMPACT 和 LARGE 模式下函数的参数和局部变量则使用 8051 单片机的外部 RAM。定义一个函数时可以明确指定函数的内存模式，一般形式如下：

函数类型　　　函数名(形式参数表)[存储器模式]

其中，"存储器模式"是 Keil Cx51 编译器扩展的一个选项。不用该选项时即没有明确指定函数的存储器模式，这时该函数按编译时的默认存储器模式处理。

存储器模式说明，举例如下：

```
#pragma large                                 //默认存储模式为 LARGE
extern int calc(char i, int b)small;          //指定 SMALL 模式
extern int func(int i, float f)large;         //指定 LARGE 模式
extern void * tcp(char xdata *xp, int ndx)small;  //指定 SMALL 模式
int mtest(int i, inty)small                   //指定 SMALL 模式
{
    return(i*y+y*i +func(-1, 4.75));
}
int large_func(int i, int k)                  //未指定模式，按默认的 LARGR 模式处理

{
    return(mtest(i, k)+2);
}
```

该程序的第一行用了一个预编译命令 "#pragma"，它的意思是告诉 Keil Cx51 编译器在对程序进行编译时，按该预编译命令后面给出的编译控制指令 "LARGE" 进行编译，即本例程序编译时的默认内存模式为 LARGE。程序中共有五个函数：calc( )、func( )、*tcp( )、mtest( )和 large_func( )，其中前面四个函数都在定义时明确指定了函数的内存模式，只有最后一个函数未指定。在用 Cx51 进行编译时，只有最后一个函数按 LARGE 内存模式处理，其余四个函数则分别按它们各自指定的内存模式处理。这个例子说明，Keil Cx51 编译器允许采用内存的混合模式，即允许一个程序中某个(或几个)函数使用一种内存模式，另一个(或几个)函数使用另一种内存模式。采用内存混合模式编程，可以充分利用 8051 单片机中有限的内存空间，同时还可以加快程序的执行速度。

# 5.8　预处理器

C 语言与其他高级程序设计语言的一个主要区别就是对程序的编译预处理功能，编译预处理器是 C 语言编译器的一个重要组成部分。在 C 语言中，通过一些预处理命令可以在

很大程度上为 C 语言提供许多功能和符号等方面的扩充,这样可以增加 C 语言的灵活性和方便性。预处理命令可以在编写程序时加在需要的地方,但它只在程序编译时起作用,且通常是按行进行处理的,因此又称为编译控制行。C 语言中的预处理命令类似于汇编语言中的伪命令。编译器在对整个程序进行编译之前,先对程序中的编译控制行进行预处理,然后再将预处理的结果与整个 C 语言源程序一起进行编译,以产生目标代码。常用的预处理命令有宏定义、文件包含、条件编译等。为了与一般 C 语言语句相区别,预处理命令由符号“#”开头。

## 5.8.1  宏定义

宏定义命令为 #define。它的作用是用一个字符串来进行替换,而这个字符串既可以是常数,也可以是其他任何字符串,甚至还可以是带参数的宏。宏定义的简单形式是符号常量定义,复杂形式是带参数的宏定义。

### 1. 不带参数的宏定义

不带参数的宏定义又称为符号常量定义,一般格式如下:

#define　标识符　常量表达式

其中,“标识符”是所定义的宏符号名(也称宏名),它的作用是在程序中使用所指定的标识符来代替所指定的常量表达式。例如,“#define pi 3.141592”就是用 pi 这个符号来代替常数 3.141592。使用了这个宏定义之后,程序中就不必每次都写出常数 3.141592,而可以用符号 pi 代替。在编译时,编译器会自动将程序中所有的符号名 pi 都替换成常数 3.141592。这种方法使编程人员可以在 C 语言源程序中用一个简单的符号名来替换一个很长的字符串,还可以使用一些有一定意义的标识符,以提高程序的可读性。

在实际使用宏定义时,通常将宏符号名用大写字母表示,以区别于其他的变量名。由于宏定义不是 C 语言的语句,因此在宏定义行的末尾不加分号,否则在编译时将连同分号一起进行替换而导致出现语法错误。在进行宏定义时,可以引用已经定义过的宏符号名,即可以进行层层代换,但最多不能超过 8 级嵌套。需要注意的是,预处理命令对于程序中用双引号括起来的字符串内的字符,即使该字符与宏符号名相同也不作替换。

宏符号名的有效范围是从宏定义命令#define 开始,直到本源文件结束。通常将宏定义命令#define 写在源程序的开头,函数的外面,作为源文件的一部分,从而在整个文档范围内有效。需要时可以用命令 #undef 来终止宏定义的作用域。

### 2. 带参数的宏定义

带参数的宏定义与符号常量定义的不同之处在于,对于源程序中出现的宏符号名不仅进行字符串替换,而且还进行参数替换。带参数宏定义的一般格式如下:

#define　宏符号名(参数表)　表达式

其中,表达式包含了括号中所指定的参数,这些参数称为形式参数,在以后的程序中它们将被实际参数所替换。带参数的宏定义将一个带形式参数的表达式定义为一个带形式参数表的宏符号名,对程序中所有带实际参数表的该宏符号名,用指定的表达式来替换,同时用参数表中的实际参数替换表达式中对应的形式参数。下面通过一些实例来说明带参数的宏定义的用法。

带参数的宏定义常用来代表一些简短的表达式，它用来将直接插入的代码代替函数调用，从而提高程序的执行效率。例如，

```
#define MIN(x, y)    ((x)<(y))?(x):(y)
```

该语句定义了一个带参数的宏 MIN(x, y)，以后在程序中就可以用这个宏而不用函数 MIN( )。例如，语句"m=MIN(u, v);"经宏展开后成为"m=(((u)<(v))?(u):(v))"。

宏定义的应用，举例如下：

```
#include<reg51.h>                                        //宏定义
#define MIN(x, y)((x)<(y))?(x):(y)
voidprepare_data(void)
{
    unsigned char data * data_pointer=0x30;
    data_pointer[0]=0x3c;
    data_pointer[1]=0x3f;
}
void main(void)
{
    unsigned char data * data_pointer
    prepare_data();
    data_pointer=0x30;
    *(data_pointer+0x10)=MIN(data_pointer[0], data_pointer[1]);        //使用宏
    while(1);
}
```

程序执行结果如下：

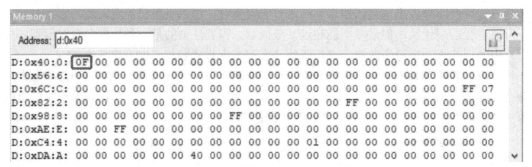

这个例子实现了将片内存储区 30H 和 31H 中数据较小的值存放至片内存储区 40H 中的功能。

## 5.8.2 文件包含

文件包含是指一个程序文件将另一个指定的文档全部内容包含进来。我们在前面的例子中已经多次使用过文档包含命令#include<stdio.h>，就是将 Keil Cx51 编译器提供的输入/

输出库函数的说明文件 stdio.h 包含到自己的程序中去。

文件包含命令的一般格式如下：

　　　　#include <文件名>

或

　　　　#include "文件名"

文件包含命令 #include 的功能是用指定文件的全部内容替换该预处理行，采用<文件名>格式时，在头文件目录中查找指定文件，采用“文件名”格式时，在当前目录中查找指定文件。进行较大规模程序设计时，文件包含命令是十分有用的。为了适应模块化编程的需要，可以将组成 C 语言程序设计的各个功能函数分散到多个程序文件中，分别由若干人员完成编程，最后再用 #include 命令将它们嵌入到一个总的程序文件中。需要注意的是，一个 #include 命令只能指定一个被包含文件，如果程序中需要包含多个文档则需要使用多个包含命令。还可以将一些常用的符号常量、带参数的宏以及构造类型的变量等定义在一个独立的文档中，当某个程序需要时再将其包含进来。这样做可以减少重复劳动，提高程序的编制效率。

文件包含命令 #include 通常放在 C 语言程序的开头，被包含文件一般是一些公用的宏定义和外部变量说明，当它们出错或是由于某种原因需要修改其内容时，只需对相应的包含文档进行修改，而不必对使用它们的各程序文件都做修改，这样有利于程序的维护和更新。当程序中需要调用 Keil Cx51 编译器提供的各种库函数时，必须在程序的开头使用 #include 命令将相应函数的说明文件包含进来，前面的程序例子中经常在程序的开头使用命令 #include<stdio.h>就是为了达到这个目的。最后还需要指出的是，使用#include 命令只能调入 ASCII 文本文件。

## 5.8.3　条件编译

一般情况下，对 C 语言程序进行编译时所有的程序都参加编译，但有时希望对其中一部分内容只在满足一定条件时才进行编译，这就是所谓的条件编译。条件编译可以选择不同的编译范围，从而产生不同的代码。Keil Cx51 编译器的预处理器提供以下条件编译命令：#if、#elif、#else、#endif、#ifdef、#ifndef，这些命令有 3 种使用格式，分述如下。

- **格式一**

　　　　#ifdef　　标识符
　　　　　　程序段 1
　　　　#else
　　　　　　程序段 2
　　　　#endif

该命令格式的功能是：如果指定的标识符已被定义，则程序段 1 参加编译并产生有效代码，而忽略程序段 2，否则程序段 2 参加编译并产生有效代码而忽略程序段 1。其中#else 和程序段 2 可以没有。这里的程序段可以是 C 语言的语句组，也可以是命令行。

这种条件编译对于提高 C 语言源程序的通用性是很有好处的。例如，对工作于 6 MHz和 12 MHz 时钟频率下的 8051 和 8052 单片机，可以采用如下的条件编译使编写的程序具有通用性：

```
#define CPU 8051
#ifdef CPU
    #define FREQ 6
#else
    #define FREQ 12
#endif
```

这样，后面的源程序不做任何修改就可以适用于两种时钟频率的单片机系统。当然，还可以仿照这段程序设计出其他多种条件编译。

- **格式二**

```
#ifndef  标识符
    程序段 1
#else
    程序段 2
#endif
```

该命令格式与第一种命令格式只在第一行上不同，它的作用与第一种刚好相反。如果指定的标识符未被定义，则程序段 1 参加编译并产生有效代码，而忽略程序段 2；否则程序段 2 参加编译并产生有效代码而忽略程序段 1。

以上两种格式的用法也很相似，可根据实际情况视需要而定。例如，对于上面的例子也可以采用如下的条件编译：

```
#define CPU 8052
#ifndef CPU
    #define FREQ 12
#else
    #define FREQ 6
#endif
```

其效果是完全一样的。

- **格式三**

```
#if  常量表达式 1
    程序段 1
#elif  常量表达式 2
    程序段 2
    …
#elif  常量表达式 n-1
    程序段 n-1
#else
    程序段 n
#endif
```

这种格式条件编译的功能是：如果常量表达式 1 的值为真(非 0)则程序段 1 参加编译，然后

转至#endif 命令，结束本次条件编译；否则，如果常量表达式 1 的值为假(0)，则忽略程序
段 1(不参加编译)，而进入下一个#elif 命令，对常量表达式 2 的值进行判断。如果常量表达
式 2 的值为假(0)，则转至下一个#elif 命令。如此进行，直到遇到#else 或#endif 命令为止。
使用这种条件编译格式可以事先给定某一个条件,使程序在不同的条件下完成不同的功能。

### 5.8.4　其他预处理命令

除了上面介绍的宏定义、档包含和条件编译预处理命令之外，Keil Cx51 编译器还支持
#error、#pragma 和 #line 预处理命令。#line 命令一般很少使用，下面介绍#error 和#pragma
命令的功能和使用方法。

#error 命令通常嵌入在条件编译之中，以便捕捉到一些不可预料的编译条件。正常情
况下该条件的值应为假，若条件的值为真，则输出一条由#error 命令后面的字符串所给出
的错误信息并停止编译。例如，如果有#define MYVAL，它的值必须为 0 或 1，为了测试
MYVAL 的值是否正确，可在程序中安排如下一段条件编译：

    #if(MYVAL!=0&&MYVAL!=1)

    #error MYVAL must be defined to either 0 or 1

    #endif

当 MYVAL 的值出错时，将输出出错信息并停止编译。

#pragma 命令通常用在源程序中向编译器传送各种编译控制命令，其使用格式如下：

#pragma 编译命令名序列

例如，对程序进行编译时希望采用 DEBUG、CODE、LARGE 编译命令，则只要在源
程序的开始处加入一个命令行“#pragma DB CD LA”即可。

#pragma 命令可以出现在 C 语言源程序中的任何一行，从而使编译器能重复执行某些
编译控制命令，以达到某种特殊的目的。如果#pragma 命令后面的参数不是 Keil Cx51 编译
器的合法编译控制命令，编译器将忽略其作用。需要指出的是，并非所有的 C51 编译控制
命令都可以在 C 语言源程序中对#pragma 预处理命令多次使用，对于 Keil Cx51 编译器的
首要控制命令只能使用一次，如果多次使用将导致致命的编译错误。

 **知识拓展**

在高科技和信息技术的支撑下，工业生产发生着根本性的转变。党的二十大报告提出
到 2035 年基本实现新型工业化,强调坚持把发展经济的着力点放在实体经济上,推进新型
工业化,加强建设制造强国。

在以信息技术为核心，以智能化、数字化、网络化为特征的新型工业化模式中，单片
机的相关技术得到了越来越广泛的应用。在控制机器人、数控机床、3D 打印机等设备中应
用单片机,可以实现智能化的生产线,减少人力成本和错误率,提高生产效率和产品质量,
实现工业生产自动化程度的提高。在物联网、云计算、大数据等技术中应用单片机,可以
增加产品的附加值和竞争力,为工业产品提供更多的功能和服务,实现工业产品的网络化。
在新能源、新材料、新工艺等领域的研发中应用单片机,可以促进工业创新和转型升级,

开发新的产品和市场，为工业发展带来新的动力和机遇。

因此，单片机的广泛应用是工业发展的重要支撑和引领力量。对于我们而言，掌握 MCS-51 单片机的 C51 程序设计的基础知识，通过编程实例快速掌握 C51 程序设计的思路和方法，有助于我们理解单片机应用对于推进新型工业化的重要意义和作用，也是促进单片机与工业领域深度融合的重要保障。

# 习 题

## 1. 简答题

(1) 哪些数据类型是 MCS-51 系列单片机直接支持的？

(2) C51 特有的数据结构类型有哪些？

(3) C51 的存储类型有几种，它们分别表示的存储器区域是什么？

(4) C51 中 bit 位与 sbit 位有什么区别？

(5) 在 C51 中，通过绝对地址来访问的存储器有几种？

(6) 在 C51 中，中断函数与一般函数有什么不同？

(7) 按给定存储器类型和数据类型，写出下列变量的存储类型。

① 在 data 区定义字符变量 val1。

② 在 idata 区定义整型变量 val2。

③ 在 xdata 区定义无符号字符数组 val3[4]。

④ 在 xdata 区定义一个指针类型的指针 px。

⑤ 定义可寻址位变量 flag。

⑥ 定义特殊功能寄存器变量 P3。

⑦ 定义特殊功能寄存器变量 SCON。

⑧ 定义 16 位的特殊功能寄存器 T0。

## 2. 编程题

(1) 对一个 5 元素的无符号字符数组按从小到大的顺序排序。

(2) 用指针实现输入 3 个无符号字符数据，按从大到小的顺序输出。

(3) 有 3 名学生，每个学生的信息包括学号、姓名、成绩，要求找出成绩最高的学生的姓名和成绩。

# 第6章 MCS-51 单片机中断系统

## 内容提要

本章讲述了 MCS-51 单片机的中断系统，主要内容包括中断的概述及作用，中断的种类、设置、控制、响应过程及其应用。

## 知识要点

### 概念
◇ 中断的概念、中断的作用。

### 知识点
◇ 不同类型中断的使用场合、响应过程及使用方法。
◇ 中断允许控制寄存器 IE、定时器控制寄存器 TCON、串行口控制寄存器 SCON、中断优先级控制寄存器 IP 与中断有关位的作用及用法。
◇ 同优先级中断的优先顺序，响应不同中断的固定入口地址。
◇ 中断处理的流程。

### 重点及难点
◇ 中断部分初始化的设置。
◇ 运行过程中的查询及控制。
◇ 中断处理程序的编写。

## 案例引入

在计算机系统中，中断是一种重要的机制，用于响应外部事件或异常情况。中断处理程序是一段专门的代码，用于处理中断请求，并在完成后恢复正常的程序执行。通常中断处理程序需要尽快执行，以避免影响系统的性能或实时性。然而，并不是所有的中断都需要立即处理，有些中断可以延迟处理，以减少对系统的干扰。

在生活中，中断的延迟处理也是一种重要的时间管理技巧。它指的是当我们面对突如其来的干扰或打扰时，不立即回应，而是将其推迟到更合适的时间。也就是说，我们在处理一些重要且紧急的事情时，可以先安排一个合适的时间来处理中断，而不是立即放弃手头的任务，这有助于保持专注，避免分心，提高效率。

请同学们思考：

我们该如何根据实际情况，判断并灵活运用中断的延迟处理策略来帮助自己处理事务？

# 6.1 中 断 概 述

## 6.1.1 中断的概念

中断是指计算机在执行某一程序的过程中，由于计算机系统内部或外部的某种设备提出请求或某种事件的发生，而必须停止当前程序的执行，转去执行另一较紧急的处理程序，待处理结束之后，再回来继续执行原程序的过程。

如某人正在家中看书，听到电话铃响，便把书签夹在正看的地方或给书上作个记号，等接完电话再从刚才看的地方继续看书，接电话交谈对看书就产生了一个中断。

又如现在有记忆播放功能的 DVD 碟机，突然有事不能看了，就用遥控器关掉碟机，办完事后用遥控器打开碟机，选择记忆播放就会从上一次关机处继续播放，这种碟机内部的 CPU 在关机时自动记录关机时所播放的位置，从而实现记忆播放，这就是中断的典型应用。

一个完整的中断过程应包括中断请求、中断响应、中断处理和中断返回 4 个阶段。

## 6.1.2 计算机中的中断

计算机系统中一个 CPU 面对多项任务，会出现几项任务争夺一个 CPU 的情况。采用中断技术可以用有效合理的方法解决资源竞争，使多项任务能共享一个 CPU，按照设计者的意图去处理多项任务。

基于资源共享原理的中断技术，提高了 CPU 的利用率，使 CPU 与多个外设并行工作，CPU 以中断方式处理外设的请求，实现对突发事件及时自动处理，通过键盘对计算机的运行进行干预等。

## 6.1.3 MCS-51 单片机中断系统

单片机的中断主要应用在实时控制中，对现场的控制参量、信息及不可预见的情况等实现快速及时的响应和处理，利用中断功能则可直接实现对这些瞬息万变的突发情况按照设计者的意图去处理。

采用了中断技术后，可以解决 CPU 与外设之间速度匹配的问题，使计算机可以及时处理系统中许多随机的参数和信息，同时也提高了计算机处理故障与应变的能力，从而提高单片机应用系统的可靠性。

MCS-51 中断系统的结构如图 6-1 所示，可以看出有 5 个中断源。中断允许控制寄存器 IE，中断优先级控制寄存器 IP，以及相同优先级的优先顺序，这些内容在后面将详细讲述。

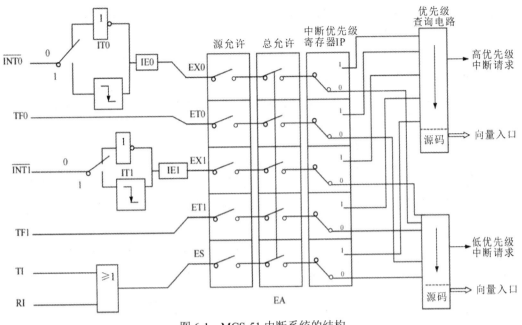

图 6-1　MCS-51 中断系统的结构

# 6.2　MCS-51 的中断源与中断矢量

## 6.2.1　中断源

中断源是指在计算机系统中向 CPU 发出中断请求的来源，可能来自硬件或软件，中断可以人为设定，也可以是为响应突发性随机事件而设置。通常的来源有单片机内部的定时、I/O 设备、实时控制系统中的随机参数和信息故障源等。

MCS-51 单片机有 3 类中断，即外部中断、定时/计数器中断和串行发送/接收中断。8051 有 5 个中断源，即两个外部中断，两个定时/计数器中断和一个串行发送/接收中断。

### 1. 外部中断

外部中断是由连接到单片机外部引脚信号变化而引起的中断，反映外部某一事件的发生，其外部引脚为：外部中断 0 引脚 $\overline{\text{INT0}}$ (P3.2)，外部中断 1 引脚 $\overline{\text{INT1}}$ (P3.3)。

外部中断的请求方式可通过 TCON 寄存器的控制位定义为电平触发方式或脉冲触发方式。电平触发方式是低电平有效，即 P3.2 或 P3.3 端为低电平激活外部中断，即提出中断申请。这种触发方式简单、可靠，使用得比较多。脉冲触发方式是下跳沿有效，即 P3.2 或 P3.3 端由高电平变为低电平时激活外部中断，但高、低电平必须至少保持一个机器周期，即提出中断申请。

CPU 是在每个机器周期的 $S_5P_2$ 检测 P3.2 和 P3.3 上的信号，如果是有效信号，则对定时器控制寄存器 TCON 中的 IE0 或 IE1 置 1，建立中断请求标志。

### 2. 定时器/计数器中断

当定时器/计数器的计数出现溢出时，说明计数值已满或定时时间到，定时器控制寄存器 TCON 中计数溢出标志位 TF0 或 TF1 作为单片机的中断请求标志，申请进入定时/计数中断，此中断请求信号是在芯片内部发生的。

### 3. 串行中断

每当串行口接收或发送完一组数据时，产生一个串行中断请求，把串行口控制寄存器 SCON 中的 TI 或 RI 置 1。该中断是为解决单片机与其他计算机数据传送而设置的，中断请求信号也是在芯片内部发生的。

中断源的主要内容概括如表 6-1 所示。

表 6-1  中断源的主要内容及说明

| 中断源 | 说　明 |
| --- | --- |
| $\overline{INT0}$ | P3.2 引脚输入，低电平/负跳变有效，在每个机器周期的 $S_5P_2$ 采样并建立 IE0 标志 |
| 定时器 0 | 当定时器 T0 产生溢出时，置位内部中断请求标志 TF0，触发中断申请 |
| $\overline{INT1}$ | P3.2 引脚输入，低电平/负跳变有效，在每个机器周期的 $S_5P_2$ 采样并建立 IE1 标志 |
| 定时器 1 | 当定时器 T1 产生溢出时，置位内部中断请求标志 TF1，触发中断申请 |
| 串行口 | 当一个串行帧接收/发送完时，使中断请求标志 RI/TI 置位，触发中断请求 |

## 6.2.2  中断矢量

中断矢量(或中断向量)是中断处理程序在程序存储器中存放的起始地址，它是固定不变的，如表 6-2 所示。当某一中断被响应后，硬件会自动把对应的中断向量赋给 PC，使得 CPU 转去执行相应的中断处理程序。在应用系统中如果某一中断没有被使用(不以中断方式工作)，其对应的中断向量无作用。

表 6-2  中断矢量

| 中断源 | 中断矢量 |
| --- | --- |
| 外部中断 0 | 0003H |
| 定时器 T0 中断 | 000BH |
| 外部中断 1 | 0013H |
| 定时器 T1 中断 | 001BH |
| 串行口中断 | 0023H |
| 定时器 T2 中断(仅 8052 有) | 002BH |

# 6.3  中断设置与控制

中断控制是指提供给用户设置其状态，以实现控制、管理中断的手段。它共有 4 个面向用户的专用寄存器，即中断允许控制寄存器 IE、定时器控制寄存器 TCON 和串行口控制寄存器 SCON、中断优先级控制寄存器 IP。

## 6.3.1　中断允许控制寄存器 IE

MCS-51 单片机有 5 个(8052 有 6 个)中断源, 中断允许控制寄存器 IE 的功能是设置所有中断是允许状态还是禁止状态。

CPU 内设置了一个中断允许触发器, 以控制 CPU 能否响应中断。同时, 为了使每个中断源都能独立地被允许或禁止, 以便用户能灵活使用, 它在每个中断信号的通道中分别设置了中断屏蔽触发器, 只有该触发器无效, 它所对应的中断请求信号才能进入 CPU, 即此类型中断开放(允许)。否则, 即使其对应的中断请求标志置位为 1, CPU 也不会响应中断, 即此类型中断被屏蔽(禁止)了。

中断允许控制寄存器 IE 的字节地址为 A8H, 位地址为 A8H～AFH。

中断允许控制寄存器 IE 的每位定义如下:

| 位地址 | AFH | AEH | ADH | ACH | ABH | AAH | A9H | A8H |
|--------|-----|-----|-----|-----|-----|-----|-----|-----|
| 位符号 | EA | X | ET2 | ES | ET1 | EX1 | ET0 | EX0 |

### 1. EA: 中断允许总控制位

EA = 0 时, 禁止所有中断, CPU 屏蔽所有中断; EA = 1 时, 总的中断允许, CPU 开放中断。但具体每个中断是否被允许取决于该中断的允许位。

### 2. EX0 和 EX1: 外部中断允许控制位

EX0 为外部中断 0 的中断允许位, EX1 为外部中断 1 的中断允许位。EX0(EX1) = 0 时, 对应的外部中断被禁止; EX0(EX1) = 1 时, 允许对应的外部中断, 即以中断方式工作。

### 3. ET0 和 ET1: 定时/计数器中断允许控制位

ET0 为定时/计数器 0 的中断允许位, ET1 为定时/计数器 1 的中断允许位。ET0(ET1) = 0 时, 禁止对应的定时/计数器中断; ET0(ET1)=1 时, 允许对应的定时/计数器中断。

### 4. ES: 串行中断允许控制位

ES = 0 时, 禁止串行中断; ES = 1 时, 允许串行中断。

在具体使用时, 按照应用系统的实际情况, 确定这 5 个中断源中哪些采用中断工作方式, 初始化就设定对应的 IE 值, 即 EA、EX0、EX1、ET0、ET1、ES 不同的值; 程序运行中或中断处理程序中, 不允许响应某个中断或不允许高级中断打断时, 可关闭中断总允许, 即将 EA 设置为 0 或将某中断允许位设置为 0; 一般初始化采用字节操作指令, 程序运行中采用位操作指令。系统复位时 IE 为 00H, 即禁止所有的中断。

## 6.3.2　定时器控制寄存器 TCON

定时器控制寄存器 TCON 中与中断有关的有 6 位, 其内容为外部中断触发方式设定位、外部中断请求标志位及定时器溢出标志位。其字节地址为 88H, 位地址为 88H～8FH。

定时器控制寄存器 TCON 的每位定义如下:

| 位地址 | 8FH | 8EH | 8DH | 8CH | 8BH | 8AH | 89H | 88H |
|--------|-----|-----|-----|-----|-----|-----|-----|-----|
| 位符号 | TF1 | TR1 | TF0 | TR0 | IE1 | IT1 | IE0 | IT0 |

### 1. IT0 和 IT1：外部中断请求的触发方式位

外部中断请求的触发方式有两种可供使用者选择，一般在初始化时由用户应用程序置 1 或清 0。

设置 IT0(IT1)为 0 时，即为电平触发方式，低电平有效。

设置 IT0(IT1)为 1 时，即为脉冲触发方式，负跳变有效。

### 2. IE0 和 IE1：外部中断请求标志位

CPU 检测到 $\overline{INT0}$ ($\overline{INT1}$)出现中断请求的有效信号时，IE0(TE1)由硬件自动置 1，CPU 查询 IE0(IE1)的状态为 1 时就响应对应的中断，当转向中断服务程序时,硬件自动将 IE0(IE1)清 0。

### 3. TF0 和 TF1：计数溢出标志位

当计数器溢出时，该位由硬件自动置 1。当采用中断工作方式时，CPU 查询 TF0(TF1)的状态为 1，转向对应的中断处理程序并自动将 TF0(TF1)清 0；当采用查询方式时，必须由用户应用程序将 TF0(TF1)清 0，为下一次查询计数器溢出做好准备。

## 6.3.3 串行口控制寄存器 SCON

串行口控制寄存器 SCON 与中断有关的有两位，即发送中断请求标志位和接收中断请求标志位，其字节地址为 98H，位地址为 98H～9FH。

串行口控制寄存器 SCON 的每位定义如下：

| 位地址 | 9FH | 9EH | 9DH | 9CH | 9BH | 9AH | 99H | 98H |
|---|---|---|---|---|---|---|---|---|
| 位符号 | SM0 | SM1 | SM2 | REN | TB0 | RB0 | TI | RI |

### 1. TI：串行口发送中断请求标志位

发送完一帧串行数据后，TI 由硬件自动置 1。中断工作方式时，转向中断服务程序后由用户应用程序清 0，为下一次作好准备；查询工作方式时，TI 作为状态查询位使用，也由用户应用程序清 0，为下一次作好准备。

### 2. RI：串行口接收中断请求标志位

接收完一帧串行数据后，由硬件自动置 1，其他用法与 TI 相同。

无论是发送标志还是接收标志，都会产生串行中断请求，即串行中断请求可以由 TI 和 RI 的逻辑或得到，在中断服务程序根据这两个标志位来判断是发送中断还是接收中断。

## 6.3.4 中断优先级控制寄存器 IP

MCS-51 单片机定义了两个中断优先级(0 低、1 高)，中断优先级越高则响应优先权越高，其字节地址为 0B8H，位地址为 0B8H～0BFH。

中断优先级控制寄存器 IP 的每位定义如下：

| 位地址 | 0BFH | 0BEH | 0BDH | 0BCH | 0BBH | 0BAH | 0B9H | 0B8H |
|---|---|---|---|---|---|---|---|---|
| 位符号 | X | X | PT2 | PS | PT1 | PX1 | PT0 | PX0 |

IP 中对应的位设置为 1，表示其为高优先级；设置为 0，表示其为低优先级。具体的

每位定义如下。

PX0：外部中断 0 的优先级设定位。

PT0：定时/计数器 0 的中断优先级设定位。

PX1：外部中断 1 的优先级设定位。

PT1：定时/计数器 1 的中断优先级设定位。

PS：串行通信的中断优先级设定位。

## 6.3.5　中断优先级控制

中断优先级的控制或设置由中断允许控制寄存器 IE、中断优先级控制寄存器 IP 的设置和同一优先级中的优先顺序决定。

### 1. 同级内的优先顺序

同级内的优先顺序即每执行完一条指令后同一级查询中断标志位的顺序，先查询的被先响应，如表 6-3 所示。

表 6-3　同级中断的优先顺序

| 中断源 | 中断标志位 | 同级内优先顺序 |
|---|---|---|
| 外部中断 0 | IE0 | 最高 |
| 定时/计数器 0 中断 | TF0 | |
| 外部中断 1 | IE1 | |
| 定时/计数器 1 中断 | TF1 | ↓ |
| 串行口中断 | RI 或 TI | |
| 定时/计数器 2 中断 | TF2 或 EXF2 | 最低 |

### 2. 中断优先级的控制原则

(1) 当 CPU 正在执行中断服务程序时，又有中断优先级更高的中断申请产生，这时 CPU 就会暂停当前的中断服务转而处理高优先级的中断申请，待高优先级中断处理程序完毕再返回原中断程序断点处继续执行，即可以中断嵌套。

(2) 当 CPU 正在执行中断服务程序时，同优先级或低优先级中断申请时不会被响应，当正在执行的中断程序完成后，如果没有高优先级的中断申请才会被响应。

(3) 同优先级内的优先顺序按表 6-3 所示先响应优先级高的。

### 3. 定义中断优先的原则

对于具体的实际应用系统，定义其中断优先的原则如下：

(1) 中断的轻重缓急程度。当某一中断产生后对系统、生产或安全产生致命性的或非常严重的后果，应设置其为高优先级，对局部产生小的影响时应设置其为低优先级。

(2) 中断处理的工作量。中断处理工作量小的占用 CPU 的时间短，设置为高优先级；中断处理工作量大的占用 CPU 的时间长，设置为低优先级。

(3) 中断设备的工作速度。快速设备要及时响应，否则可能丢失数据，应设置为高优先级，反之低速设备应设置为低优先级。

(4) 中断发生的频繁程度。把中断发生频率低的设为高优先级，把中断发生频率高的设为低优先级，有利于其他中断的及时响应，对响应其他中断的影响小些。

(5) 中断发生的场合。根据应用系统的特点，在程序的不同位置可以定义不同的中断优先顺序。

**【例 6-1】** 某软件中对寄存器 IE、IP 设置如下：

    MOV    IE, #8FH
    MOV    IP, #06H

试确定中断的优先顺序并说明之。

**解**  由 IE 为#8FH 可知：EA=1 即 CPU 中断允许；EX0 = 1，EX1 = 1，ET0 = 1，ET1 = 1，说明外部中断 0、外部中断 1、定时/计数器 0、定时/计数器 1 的中断允许；ES = 0 即串行中断不允许，中断的优先顺序与串行中断无关。

由 IP 为#06H 可知：PX1 = 1，PT0 = 1，说明外部中断 1、定时/计数器 0 为高优先级；PT1 = 0，PX0 = 0，说明定时/计数器 1、外部中断 0 为低优先级，即外部中断 1、定时/计数器 0 的中断均可以打断正在响应的定时/计数器 1 和外部中断 0 的中断。

按照同优先级由高到低的优先顺序(外部中断 0>定时/计数器 0>外部中断 1>定时/计数器 1>串行中断)可知：高优先级中断由高到低的优先顺序为定时/计数器 0>外部中断 1，低优先级中断由高到低的优先顺序为外部中断 0>定时/计数器 1。

综上所述，中断的优先顺序为：定时/计数器 0>外部中断 1>外部中断 0>定时/计数器 1，即每执行完一条指令查询中断的顺序。

# 6.4  中断的响应与处理

## 6.4.1  中断的响应

在每条指令执行结束后(不含一些特殊指令)，系统都自动检测中断请求信号，如果有中断请求，且 CPU 处于开中断状态，则按照响应的条件和响应过程去响应中断。

### 1. 中断响应的条件

(1) 当前机器周期不是正在执行指令的最后一个机器周期，任何中断请求都得不到响应。

(2) 同优先级或高优先级的中断已在进行中，此中断不会被响应。

(3) 正在执行的是一条 RET、RETI 或者访问特殊功能寄存器 IE 或 IP 的指令(即在 RET、RETI、读写 IE 或 IP 之后)，不会马上响应中断请求，而须执行一条其他指令之后才会响应。因为执行 RET、RETI 就从堆栈中取出保存的 PC，马上响应其他中断则断点的保护会出现问题；如果是执行改变 IE 或 IP 的指令，马上响应其他中断会出现响应新 IE 不允许的中断或新 IP 优先级低的中断。

### 2. 中断响应的过程

单片机一旦响应某一中断请求，就由硬件完成以下功能：

(1) 根据响应的中断源的中断优先级，使响应的优先级状态触发器置 1。

(2) 把当前程序计数器 PC 的内容压入堆栈，自动完成断点保护。

(3) 清除被响应的中断请求标志位，即清除 TCON 中的 TF0 或 TF1、TCON 中的 IE0 或 IE1，但不清除 SCOX 中的 RI 和 TI。

(4) 把被响应的中断源所对应的中断服务程序的入口地址(中断矢量)送入 PC，从而转入响应的中断服务程序。

### 3. 中断响应的时间

中断响应的时间是指从中断产生到执行中断处理程序所需要的时间，一般情况下不需考虑中断响应的时间，但在精确定时或在有些应用场合则必须考虑中断响应的时间。

(1) 最短的时间需要 3 个机器周期。中断查询的机器周期正好是指令的最后一个机器周期时，查询占 1 个机器周期，响应中断执行隐指令 LCALL 需两个机器周期，则共需 3 个机器周期。

(2) 最长的时间需要 8 个机器周期。中断查询正好是开始执行 RET、RETI 或访问 IE、IP 的指令，最长需要两个机器周期，接着再执行的是 MUL、DIV 指令，需要 4 个机器周期，响应中断执行隐指令 LCALL 需要两个机器周期，则共需 8 个机器周期。

## 6.4.2　中断的初始化设置

初始化阶段设置的主要内容如下：

(1) 用户按照工作方式设定中断允许控制寄存器 IE，设置定时器控制寄存器 TCON，设置串行口控制寄存器 SCON。

(2) 根据要求的中断优先顺序，结合同优先级中固定的优先顺序，设置控制寄存器 IP 的内容。

(3) 设定堆栈指针的初值，按照最极端的情况考虑堆栈的容量并留有一定的余量。

(4) 各控制寄存器既可按字节寻址也可按位寻址，初始化时同时考虑中断无关位的设置，一般用字节寻址设置。

## 6.4.3　中断处理程序

响应任意一个中断后，都需要对断点和现场进行保护，中断返回时必须恢复断点和现场，而断点的保护和恢复由硬件自动完成(即自动工作方式，将当前 PC 自动压入堆栈进行断点保护，将堆栈保护的断点送给 PC 完成断点恢复)。因此在中断处理程序中开始必须保护好现场，中断响应完成后返回前必须恢复好现场，它是用户程序必须完成的内容(即指令工作方式，中断处理程序中编写现场保护和恢复程序)，以便返回时程序能正确执行。具体中断处理程序的流程如图 6-2 所示。

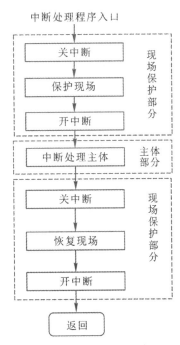

图 6-2　中断处理程序流程

### 1．关中断

在低优先级中断保护现场前要将中断关掉，以防止现场没保护好却响应了高优先级中断而破坏了现场。

### 2．保护现场

一般是用堆栈指令将原程序中用到的寄存器、存储单元等的内容压入堆栈保护起来。因为中断发生的随机性，所以要按照最极端的情况考虑保护的内容，且保护的内容一定要全面。

### 3．开中断

保护现场后开中断，允许响应高优先级中断即中断嵌套。

### 4．中断处理主体

中断处理主体是响应此中断的功能程序。

### 5．恢复现场

将保护在堆栈中的数据弹出来恢复现场，必须按照先进后出的原则编写程序，保证现场的正确恢复，恢复时弹出的数量必须和保护时压栈的数量相等，否则将导致自动恢复的断点错误。

### 6．开中断

现场恢复好后开中断。

### 7．返回

此时 CPU 自动将压入到堆栈的断点地址弹回到程序计数器 PC，从而使 CPU 继续执行刚才被中断的程序。

可以看出：中断优先级别高的(即 IP 的对应位设为 1)在保护现场和恢复现场时无须关中断和开中断，中断嵌套只能出现在中断主体程序中。

【例 6-2】 外部中断 1 的优先级设为 0，且主程序中有 20H、R0、DPTR、PSW、A 的内容需要保护，编制相应的程序。

程序如下：

```
        ORG    0000H           ; 程序存储的起始地址
        AJMP   MAIN            ; 跳转至主程序
        ORG    0013H           ; 外部中断 1 的入口地址
        LJMP   EXINT1          ; 跳转至外部中断 1 服务程序
        …
        ORG    0100H           ; 主程序
MAIN:   …
        …
        ORG    1000H           ; 外部中断 1 服务程序
EXINT1: CLR    EA              ; 关中断
        PUSH   ACC             ; 保护现场
        PUSH   DPH
```

```
        PUSH    DPL
        PUSH    R0
        PUSH    20H
        SETB    EA          ; 开中断
        …                   ; 中断主体程序
        …
        CLR     EA          ; 关中断
        POP     20H         ; 恢复现场
        POP     R0
        POP     DPL
        POP     DPH
        POP     ACC
        SETB    EA          ; 开中断
        RETI                ; 外部中断 1 返回
```

# 6.5　中 断 的 应 用

## 6.5.1　具体使用步骤

(1) 在具体使用时，按照应用系统的实际情况，确定 5 个中断源中哪些采用中断工作方式，依据中断优先原则确定优先顺序并进行初始化设置。

(2) 编写各种中断处理程序，程序运行中或中断处理程序中，不允许响应某个中断或高优先级中断打断时关闭总允许，即某个中断允许位设置为 0 或 EA 设置为 0。

(3) 充分考虑中断发生的随机性，在各种可能出现的极端情况下保证系统能正常运行，堆栈的深度要留有余量，现场保护要全面、可靠等。

(4) 编程中应注意：

① 在 0000H 放一条跳转到主程序的跳转指令，这是因为 MCS-51 单片机复位后，程序从 0000H 开始执行，紧接着 0003H 是中断程序的入口地址，故在此中间只能插入一条无条件转移指令。

② 某一中断矢量至下一中断矢量之间可用的存储单元不够，故放一条无条件转移指令跳至对应的中断处理程序。

③ 中断处理程序中压栈和出栈数量必须相同，按照先进后出的原则顺序必须对应。

④ 优先级别高的中断在中断处理程序中对现场保护和恢复时不用关中断。

⑤ 中断处理程序的末尾必须为中断返回指令 RETI，以使程序自动返回断点处。

## 6.5.2　应用实例

【例 6-3】　用外部中断 $\overline{\text{INT0}}$ 实现主程序在键控下的单步运行。

**解** 用按键控制单步运行，即每按一次键程序执行一条指令，而外部中断都是低电平或下跳延触发，故可画出如图 6-3 所示的电路图。

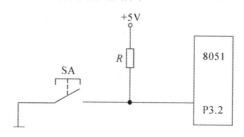

图 6-3 程序单步运行电路图

利用 CPU 执行 RETI 指令后不会马上响应中断请求，而需执行一条其他指令之后才会响应中断，在外部中断 0 的处理程序中检测 P3.2 引脚的电平，只有 P3.2 由低变高且再变低时(因按键动作时间是毫秒级，而指令执行是微秒级)，说明键又一次被按下，即外部中断 0 提出中断申请，则执行 RETI 返回主程序，往下执行一条指令又立即响应中断，如此循环下去，即按一次键就执行主程序的一条指令，实现了程序单步运行。

为了简化程序，把其他中断都关掉，外部中断 0 设置为电平激活方式，且初始化必须用软件触发外部中断 0，等待按键后再执行指令，否则程序会一直执行下去。程序如下：

```
            ORG    0000H              ; 程序存储的起始地址
            AJMP   MAIN               ; 跳转至主程序
            ORG    0003H              ; 外部中断 0 的入口地址
            LJMP   EXINT0             ; 跳转至外部中断 0 服务地址
            …
            ORG    0100H              ; 主程序
    MAIN:   MOV    EI, #81H           ; 初始化，关其他中断
            CLR    IT0                ; 设 INT0 为电平触发
            CLR    P3.2               ; 触发 INT0
            MOV    A, 20H             ; 单步指令 1
            ADD    A, 30H             ; 单步指令 2
            …
            ORG    1000H              ; 外部中断 1 服务程序
    EXINT0: SETB   P3.2               ; 端口内置高，使端口能够响应外部电平变化
    L0:     JNB    P3.2, L0           ; 在中断 0 引脚变高前原地等待
    L1:     JB     P3.2, L1           ; 在中断 0 引脚变低前原地等待
            RETI                      ; 外部中断 0 返回，执行一条指令后
```

【例 6-4】 用外部中断实现响应多个中断源的中断请求。

**解** MCS-51 单片机有两个外部中断输入端，当存在两个以上的中断源时，它的中断输入端口就不够了。此时可以采用中断与查询相结合的方法来实现，即任一中断源都能触发同一个外部中断，在中断处理程序中判断其他输入口线的状态来识别产生中断的装置。

如果有 8 个中断源，其输出为高电平时要求以中断方式响应，则可画出如图 6-4 所示

的中断源扩展电路图。如果 PX0 设置为 1，仅需对 PSW、ACC 进行保护，则对应的程序
如下所示。

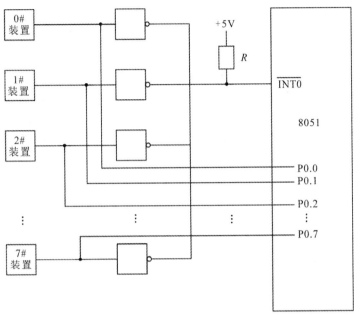

图 6-4　中断源扩展电路图

```
            ORG    0003H              ; 外部中断 0 入口
            LJMP   EXINT0
            …
EXINT0:     PUSH   PSW                ; 保护现场
            PUSH   ACC
            JB     P0.7, DV7
            JB     P0.6, DV6
            …
            JB     P0.0, DV0
BACK:       POP    ACC                ; 恢复现场
            POP    PSW
            RETI                      ; 返回
DV7:        …                         ; 装置 7 中断服务程序
            AJMP   BACK
DV6:        …                         ; 装置 6 中断返回程序
            AJMP   BACK
            …
            …
DV0:        …                         ; 装置 0 中断服务程序
            AJMP   BACK
```

**知识拓展**

设施农业是指利用各种人工设施，对农业生产环境进行调控，以提高农作物的产量和质量的一种农业生产方式。二十大报告中对此也做出了指示，强调我们要树立大食物观，发展设施农业，构建多元化食物供给体系。

应用单片机可以通过温湿度传感器、光照传感器来实时采集设施内外的环境数据，并根据预设的目标值，控制风机、加热器、遮阳网等设备的开关，调节设施内的温度、湿度和光照强度。可以通过土壤水分传感器、肥料浓度传感器等，检测土壤的水肥状况，并根据作物的需求，控制灌溉阀门和施肥泵的开关，实现精准灌溉和施肥。还可以通过病虫害检测仪、摄像头等，监测设施内的病虫害情况，并根据防治方案，控制喷雾器和杀虫灯的开关，实现及时防治和减少农药使用。这些都对发展设施农业有着重要的促进作用。同时，单片机还可以通过网络与远程服务器或其他智能设备进行数据传输和交互，实现远程监控管理和信息共享服务，这不仅有助于及时发现和解决问题，降低生产风险，还有助于构建智慧农业平台，提高设施农业的信息化水平。

因此，单片机的应用对发展设施农业有着积极的意义。对于我们而言，学习并掌握不同类型中断的应用场合，熟悉中断的初始化和中断处理程序的编写，是助力提高我国农业的竞争力和可持续发展能力的重要支撑。

# 习　　题

## 1. 填空题

(1) 采用中断技术是解决资源竞争有效合理的方法，可使多项任务_____一个 CPU。

(2) 定时/计数器 0 的中断请求标志位是_____，定时/计数器 1 的计数溢出标志位是_____。

(3) 外部中断 0 的中断向量是_____，串行中断的中断程序入口地址是_____。

(4) 正在执行的指令是_____、_____、_____时，不会马上响应中断请求，而至少执行一条其他指令后才会响应中断。

(5) 中断处理程序中进行保护现场和恢复现场时，如果压栈和出栈操作的_____不同，程序就无法返回至原来的断点。

(6) 外部中断的请求方式通过寄存器 TCON 的控制位可定义为_____触发或_____触发。

(7) 系统复位时 IE 为_____，即_____所有的中断。

## 2. 简答题

(1) 某应用系统要求中断优先级由高到低的优先顺序为如下两种情况时，分别编写其完整的初始化程序：

① 外部中断 1、定时器 1、串行中断、外部中断 0、定时器 0。

② 外部中断 0、定时器 1、定时器 0、外部中断 1。

(2) 某软件中对寄存器 IE、IP 的内容分别设置为#97H、#15H，确定其中断的优先顺序并说明之。

(3) 画出中断处理程序的流程图并加以说明。

(4) 说出中断请求标志位 IE0，IE1、IF0、IF1、TI、RI 在中断发生后直至中断处理结束时是如何变化的，编程中如何使用。

### 3. 应用设计题

8051 单片机的硬件连接如图 6-5 所示(其中电源、复位、振荡电路省略)，晶振的频率为 6 MHz，试分别用中断和查询方式编写程序，实现如下功能：

(1) 系统上电后，LED$_0$、LED$_1$、LED$_2$、LED$_3$ 同时亮 2 s 后灭。

(2) 按键 SA$_1$ 按下后，LED$_0$、LED$_1$、LED$_2$、LED$_3$ 分别亮 1 s 后熄灭的单灯顺序亮灭循环。

(3) 按键 SA$_2$ 按下后，LED$_0$、LED$_1$、LED$_2$、LED$_3$ 同时同步进行亮 1 s 灭 1 s 的闪烁。

(4) 按键 SA$_1$ 的操作优先于按键 SA$_2$。

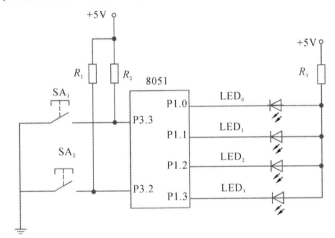

图 6-5  8051 单片机的硬件连接

# 第7章 MCS-51 单片机定时/计数器

## 内容提要

本章主要介绍了 C51 系列单片机的两个 16 位定时/计数器的结构、定时和计数的工作原理、4 种不同的工作方式及特点，以及计数初值的计算方法，并列举了一些应用编程示例。

## 知识要点

> **概念**

◇ 定时、计数

> **知识点**

◇ 定时/计数器的定时和计数在使用方法上的区别。

◇ 定时控制寄存器 TCON、工作方式控制寄存器 TMOD 及中断允许控制寄存器 IE 的使用。

◇ 4 种工作方式在使用上的区别。

◇ 定时/计数器的初值计算。

◇ 采用中断或查询方式实现定时或者计数的编程。

> **重点及难点**

◇ 定时/计数器初始化的设置。

◇ 计数器初值的计算。

◇ 中断方式的定时程序编写。

## 案例引入

北斗系统是我国自主研发的全球卫星导航系统，其高精度定位能力依赖于卫星内部的原子钟。原子钟是导航卫星的核心设备，能够提供精确的时间测量和同步。在卫星导航系统中，时间误差的微小变化会导致定位误差的巨大增加。因此，提高时间的稳定性和精度是提升北斗系统性能的关键。

为了支持北斗系统的时间同步功能，我国某电子企业开发的基于高精度锁相环技术的时钟时间同步 SoC 芯片，是国内首个支持北斗系统的商用芯片。该芯片能够接收北斗卫星信号，实现高精度的时间同步和授时服务，在 5G 通信、智能电网、轨道交通、金融等领域着广泛应用。该芯片的性能可媲美国外同类产品，实现了北斗系统核心器件的国产化。

请同学们思考：

国产高精度时钟芯片的研制，提高了我国在空间技术领域的核心竞争力，也为其他领域的应用提供了技术支撑，我们该如何让更多的设备用上"中国芯"？

# 7.1　定时方法概述

在单片机应用系统中，定时是不可或缺的。在单片机系统中定时的方法一般有软件定时、硬件定时和可编程定时 3 种。

### 1. 软件定时

软件定时是通过执行一个循环程序进行时间延迟的。通过计算循环程序的机器周期可以得到精确的时间，且不需要外加硬件电路。但这样软件要占用 CPU 的资源，因此一般软件定时的时间不宜过长，也不宜用得过多。

### 2. 硬件定时

对于时间较长的定时，则使用硬件电路完成。定时功能全部由硬件完成不占用 CPU 资源，但若要调整定时的时间则需要改变元件的参数才能完成。

### 3. 可编程定时

可编程定时主要是通过对系统时钟脉冲进行计数来实现的。通过程序改变计数值也就改变了定时时间，该定时方式使用起来灵活方便。由于可编程定时是采用计数方式来实现定时的，因此还可以对外部的脉冲进行计数。

单片机中集成了两个可以编程的 16 位定时/计数器，分别为定时/计数器 0(T0)和定时/计数器 1(T1)。它们都是 16 位的加法计数结构，由 TH0 和 TL0 及 TH1 和 TL1 这 4 个 8 位计数器组成。这 4 个 8 位计数器均为特殊寄存器，对应的地址分别为 8AH、8BH、8CH 和 8DH。

# 7.2　定时/计数器的计数和定时功能

## 7.2.1　计数功能

所谓计数，是指对外部的脉冲或事件进行计数。MCS-51 单片机有 T0(P3.4)和 T1(P3.5)两个管脚，分别作为计数的输入端。当输入管脚有下降沿出现时计数器值加 1。

工作在计数功能时，单片机在每个机器周期的 $S_5P_2$ 拍节对计数管脚进行采样。若前一个机器周期采样为高电平，后一个机器周期采样为低电平，则为一个有效的下降沿，然后在后一个机器周期的 $S_3P_1$ 进行计数。因为采样脉冲是在两个机器周期内进行的，所以计数的频率不能高于晶体振荡频率的 1/24，这样才能保证可靠地采样到下降沿。

## 7.2.2　定时功能

定时功能也是通过计数来实现的。此时计数脉冲来自单片机内部，每个机器周期计数器加 1。由于一个机器周期等于 12 个晶体振荡周期,因此计数频率为振荡频率的 1/12。若单片机的晶振频率为 12 MHz,则计数频率为 1 MHz,即计数周期为 1 μs。这样通过计算计数值就可以计算出经过的时间,通过设置计数初值来完成要满足的定时时长。

# 7.3 定时/计数器的控制寄存器

在 80C51 中,和定时/计数器应用有关的寄存器有定时控制寄存器、工作方式控制寄存器和中断允许控制寄存器。

## 7.3.1 定时控制寄存器的高四位

TCON 寄存器地址为 88H,它是一个可以位寻址的寄存器,位地址为 88H~8FH。

| 位地址 | 8FH | 8EH | 8DH | 8CH | 8BH | 8AH | 89H | 88H |
|--------|-----|-----|-----|-----|-----|-----|-----|-----|
| 位符号 | TF1 | TR1 | TF0 | TR0 | IE1 | IT1 | IE0 | IT0 |

其中和定时器有关的位为 TR0、TF0、TR1 和 TF1。

### 1. TR0 和 TR1

TR0 和 TR1 是定时器启动/停止控制位,该位可由用户根据需要置 1 或清 0。TR0(TR1) = 0,停止定时器工作;TR0(TR1) = 1,启动定时器工作。

### 2. TF0 和 TF1

TF0 和 TF1 是定时器溢出标志位,当定时器溢出(计满)时该位被单片机自动置 1。使用查询方式时,此位状态供查询,注意在查询有效后必须用软件方法将其清 0;使用中断方式时,此位作为中断请求标志位,在转向中断入口地址时由硬件自动清 0。

## 7.3.2 工作方式控制寄存器(TMOD)

TMOD 寄存器地址为 89H,不能采用位地址寻址,只能采用字节指令对其内容进行设置,其中高 4 位用来设置 T1 的工作方式,低 4 位用来设置 T0 的工作方式。

| 位 序 | BIT7 | BIT6 | BIT5 | BIT4 | BIT3 | BIT2 | BIT1 | BIT0 |
|--------|------|------|------|------|------|------|------|------|
| 位符号 | GATE | $C/\overline{T}$ | M1 | M0 | GATE | $C/\overline{T}$ | M1 | M0 |

(1) GATE:门控位。

GATE = 0 时,由运行控制位 TR 来控制定时器启动或停止;GATE = 1 时,由外中断请求信号 $\overline{INT0}$(或 $\overline{INT1}$)和 TR 控制启动定时器。当 TR0(TR1)为 1 且 $\overline{INT0}$($\overline{INT1}$)端信号为高电平时定时器开始计数;当 TR0(TR1)为 0 或 $\overline{INT0}$($\overline{INT1}$)端信号为低电平时定时器停止计数。

(2) $C/\overline{T}$:定时或计数方式选择位。

$C/\overline{T}$ = 0,定时方式,定时/计数器在每个机器周期加 1;$C/\overline{T}$ = 1,计数方式,定时/计数器对外部脉冲进行计数。

(3) M1M0：工作方式选择位。

M1M0 = 00，工作方式 0，13 位定时/计数工作方式；M1M0 = 01，工作方式 1，16 位定时/计数工作方式；M1M0 = 10，工作方式 2，8 位自动装载定时/计数工作方式；M1M0 = 11，工作方式 3，T0 为两个 8 位定时/计数器，T1 在工作方式 3 下停止工作。

### 7.3.3  中断允许控制寄存器(IE)

IE 在特殊功能寄存器中，字节地址为 A8H，位地址(由低位到高位)分别是 A8H～AFH。

| 位地址 | AFH | AEH | ADH | ACH | ABH | AAH | A9H | A8H |
|--------|-----|-----|-----|-----|-----|-----|-----|-----|
| 位符号 | EA | — | — | ES | ET1 | EX1 | ET0 | EX0 |

与定时器相关的中断允许控制位为 ET0 和 ET1。ET0(ET1) = 0，禁止定时器中断；ET0(ET1) = 1，允许定时器中断。

# 7.4  定时器工作方式 0

MCS-51 单片机的定时/计数器共有 4 种工作方式，现以定时/计数器 0 为例从方式 0 开始逐个介绍。定时/计数器 1 与定时/计数器 0 在前 3 种工作方式下原理基本相同。但工作方式 3 下 T1 不能工作，只有 T0 有工作方式 3。

### 7.4.1  电路逻辑结构

工作方式 0 是 13 位计数结构，计数器由 TH0 的全部 8 位和 TL0 的低 5 位构成，TL0 的高 3 位不用。定时/计数器 0 在工作方式 0 的逻辑结构如图 7-1 所示。

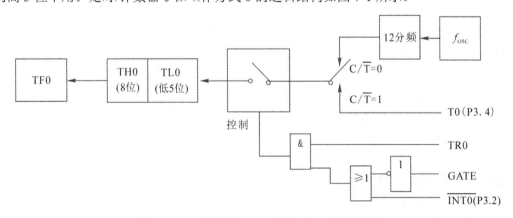

图 7-1  定时/计数器 0 在工作方式 0 的逻辑结构

当 C/$\overline{T}$ = 0 时，多路开关接通振荡脉冲的 12 分频输出，13 位计数器以此进行计数，这就是所谓的定时模式。当 C/$\overline{T}$ = 1 时，多路开关接通计数引脚(T0)，外部计数脉冲由引脚(T0)输入，当计数脉冲发生负跳变时，计数器加 1，这就是所谓的计数工作模式。不管哪种工作模式，当 TL0 的低 5 位溢出时，向 TH0 进位；而全部的 13 位计数溢出时，则向计数溢出标志位 TF0 进位。

### 7.4.2　启动和停止控制

当 GATE = 0 时，为纯软件启停控制，GATE 信号经反相后变为高电平，使"或"门输出恒为高，这样就打开了"与"门，TR0 的状态直接控制"与"门的输出。当通过指令将 TR0 置 1 时，控制开关接通，计数器开始计数，当把 TR0 清 0 时，开关断开，计数器停止计数。

当 GATE = 1 时，为软件和硬件结合控制的启停方式，这时计数脉冲的接通和断开决定于 TR0 和 $\overline{\text{INT0}}$ 的"与"的关系，当 TR0 = 1 且 $\overline{\text{INT0}}$ 引脚为高电平时控制开关接通，开始计数。因此，当软件 TR0 置 1 后就可以利用单片机的定时/计数器对 $\overline{\text{INT0}}$ 引脚的脉冲宽度进行测量。

### 7.4.3　定时和计数范围

在工作方式 0 下进行计数时，计数值的范围是 $1\sim8192(2^{13})$。使用定时功能时定时时间的计算公式为

$$T = (2^{13} - 计数初值) \times 晶振周期 \times 12$$

或

$$T = (2^{13} - 计数初值) \times 机器周期$$

其时间单位与晶振周期或机器周期的时间单位相同，为 μs。若晶振频率为 6 MHz，则最小定时时间为

$$[2^{13} - (2^{13} - 1)] \times \frac{1}{6} \times 10^{-6} \times 12 = 2 \times 10^{-6} = 2\ \mu s$$

最大定时时间为

$$(2^{13} - 0) \times \frac{1}{6} \times 10^{-6} \times 12 = 16384 \times 10^{-6} = 16384\ \mu s$$

**【例 7-1】**　设单片机晶振频率为 6 MHz，使用定时器 1 在工作方式 0 下产生周期为 1000 μs 的等宽正方波连续脉冲，并由 P1.0 输出，以查询方式完成。

**解**　(1) 计算计数器初值。

在 P1.0 端产生 1000 μs 的等宽正方波，只需在 P1.0 端以 500 μs 为周期交替输出高低电平即可实现，为此，定时时间应为 500 μs。若单片机晶振频率为 6 MHz，则一个机器周期为 2 μs。方式 0 为 13 位计数结构，设待求的初值为 X，则

$$(2^{13} - X) \times 2 \times 10^{-6} = 500 \times 10^{-6}\ s$$

解得 X = 7942。二进制数表示为 11111000 00110，低 5 位放入 TL1，TL1 = 06H，高 8 位放入 TH1，TH1 = F8H。

(2) 相关控制寄存器的设置。

TMOD 的设置：定时器 1 工作在方式 0 下，则 M1M0 = 00；为实现定时功能 $C/\overline{T} = 0$；由 TR1 启停控制位控制，因此 GATE = 0，TMOD 的高四位为二进制 0000。定时/计数器 0 不用，所以保持其原来的控制位不变。

定时器的中断控制，由于要求采用查询方式，当定时器 1 的溢出标志位 TF1 置 1 时不允许产生中断，故应禁止中断，即 IE 的 ET1=0。

(3) 程序设计。

程序如下：

```
          ANL    TMOD, #0FH        ; 设置 T1 定时工作方式 0，T0 工作方式不变
          CLR    ET1               ; 禁止定时器 1 的中断
          MOV    TH1, #0F8H    ;
          MOV    TL1, #06H         ; 设置定时器 1 的初值
          SETB   TR1               ; 启动定时器 1
LOOP:     JBC    TF1, LOOP1        ; 查询溢出标志，若为 1，将其清 0 并跳转到 LOOP1
          AJMP   LOOP              ; 若溢出标志不为 1，返回继续查询
LOOP1:    MOV    TH1, #0F8H    ;
          MOV    TL1, #06H         ; 重新设置初值
          CPL    P1.0              ; 端口状态取反
          AJMP   LOOP              ; 返回继续定时
          END
```

## 7.5 定时器工作方式 1

方式 1 是 16 位定时/计数器结构的工作方式，计数器由 TH0 全部 8 位和 TL0 全部 8 位构成，其逻辑电路和工作情况与方式 0 完全相同，所不同的只是组成计数器的位数。

MCS-51 单片机之所以重复设置几乎完全一样的方式 0 和方式 1，是出于与 MCS-48 单片机兼容的考虑，所以对于方式 1 无须多加讨论。下面将其计数范围和定时范围列出。

当定时/计数器在方式 1 下作计数器用时，其计数范围为 $1 \sim 65\,536(2^{16})$；当定时/计数器在方式 1 下作定时器用时，其定时时间计算公式为

$$T = (2^{16} - 计数初值) \times 晶振周期 \times 12$$

若晶振频率为 6 MHz，则最小定时时间为

$$[2^{16} - (2^{16} - 1)] \times \frac{1}{6} \times 10^{-6} \times 12 = 2 \times 10^{-6} = 2\ \mu s$$

最大定时时间为：

$$[2^{16} - 0] \times \frac{1}{6} \times 10^{-6} \times 12 = 131072 \times 10^{-6} = 131072\ \mu s$$

【例 7-2】 利用定时/计数器 1 的计数功能对 T1 引脚输入的脉冲进行计数，在 P1.1 口实现对 T1 引脚脉冲的 200 分频。要求在工作方式 1 下采用中断编程方式实现。

**解** (1) 计算计数器初值。

在 P1.1 端实现对输入脉冲的 200 分频，只需定时器 1 对 T1 引脚的脉冲每进行 100 次计数后将 P1.1 端口状态取反即可实现，为此，定时/计数器 1 应每计 100 次溢出一次。设待求的初值为 X，则 $2^{16} - X = 100$，解得 X = 65436。十六进制数表示为 FF9CH，低 8 位放入 TL1，TL1 = 9CH；高 8 位放入 TH1，TH1 = FFH。

(2) 相关控制寄存器的设置。

TMOD 的设置：定时器 1 工作在方式 1 下，则 M1M0 = 01；为实现计数功能 C/$\overline{\text{T}}$ = 1；由 TR1 启停控制位控制，因此 GATE = 0，TMOD 的高四位为二进制 0101。定时/计数器 0 不用，所以保持其原来的控制位不变。定时器的中断控制，当定时器 1 的溢出标志位 TF1 置 1 时产生中断，故应允许中断，即 IE 的 EA = 1 且 ET1 = 1。

(3) 程序设计。

程序如下：

```
        ORG    0000H           ;
        AJMP   MAIN            ; 主程序入口放一条跳转指令，跳转到主程序
        ORG    001BH           ; 定时/计数器 0 的中断入口地址
        MOV    TL1, #9CH       ; 写入初始值低 8 位
        MOV    TL1, #FFH       ; 写入初始值高 8 位
        CPL    P1.1            ; 中断服务程序，将 P1.0 取反
        RETI                   ; 中断返回
        ORG    0030H           ; 主程序存放在内部 ROM 中的位置
MAIN:   MOV    SP, #60H        ; 内部 RAM 中将堆栈开辟在用户 RAM 区
        ANL    TMOD, #FH       ; 高四位清 0
        ORL    TMOD, #50H      ; 设置 TMOD 中定时/计数器 1 的工作方式
        MOV    TL1, #9CH       ; 装载初值到 TL0
        MOV    TH1, #FFH       ; 将初值放入预加载寄存器 TH0
        SETB   EA              ; 总中断允许
        SETB   ET1             ; 定时/计数器 0 中断允许
        SETB   TR1             ; 启动定时器 0
        SJMP   $
        END
```

# 7.6　定时器工作方式 2

工作方式 0 和工作方式 1 有一个共同的特点，就是当计数器溢出后计数器全为 0，不能自动重新装载初值，因此循环定时应用时就需要在计数溢出后通过软件设置的方式反复设置计数初值，这不但影响定时的精度，而且也给程序设计带来麻烦。方式 2 就是针对此问题而设置的，它在计数溢出后自动重新装载设置的计数初值。在该工作情况下，把 16 位的计数器分为两部分，即以 TL0(TL1) 作计数器，以 TH0(TH1) 作预置计数器，初始化时分别把初始值装入 TL0(TL1) 和 TH0(TH1) 中，若计数溢出，则由预置计数器自动给计数器 TL0(TL1) 重新装载初值。

## 7.6.1　电路逻辑结构

定时/计数器 0 在工作方式 2 的逻辑结构如图 7-2 所示。

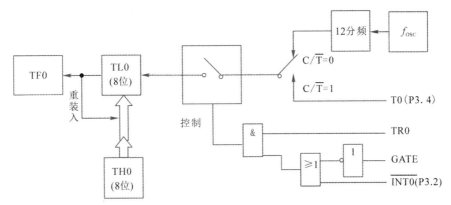

图 7-2  定时/计数器 0 在工作方式 2 的逻辑结构

初始化时 8 位计数初值同时装入 TL0 和 TH0 中。TL0 溢出时，置 TF0 为 1，同时把保存在预置计数器 TH0 中的初值自动装入 TL0，然后 TL0 重新计数，如此重复不止，这样有利于提高定时精度。在该工作方式下，定时/计数器是 8 位的计数结构，计数值有限，最大能计到 256。这种自动装载的方式经常使用在循环定时和循环计数中，如用于产生固定脉宽的脉冲和用作串行数据通信的波特率发生器。

### 7.6.2  循环定时和循环计数应用

【例 7-3】 已知晶振频率 $f_{osc} = 6$ MHz，要求采用定时器 0 以工作方式 2 产生 100 μs 定时，在 P1.0 输出周期为 200 μs 的连续正方波脉冲。试采用中断方式实现并编写相关程序。

**解** (1) 计算计数初值。

在 6 MHz 晶振下，一个机器周期为 2 μs，假设计数初值为 X，则

$$(2^8 - X) \times 2 \times 10^{-6} = 100 \times 10^{-6}$$

解得 X = 206，即 16 进制 0CEH。

(2) 相关控制寄存器的设置。

中断使能控制寄存器 IE 中的相关位：EA = 1，ET0 = 1。

TMOD 的设置：定时/计数器 0 为方式 2，M1M0 = 10；为实现定时功能 $C/\overline{T} = 0$；由 TR0 启停控制，因此 GATE = 0，TMOD 的低四位为二进制 0010。定时/计数器 1 不用，所以保持其原来的控制位不变。

(3) 程序设计。

程序如下：

```
        ORG    0000H
        AJMP   MAIN          ; 主程序入口放一条跳转指令，跳转到主程序
        ORG    000BH         ; 定时/计数器 0 的中断入口地址
        CPL    P1.0          ; 中断服务程序，将 P1.0 取反
        RETI                 ; 中断返回
        ORG    0030H         ; 主程序存放在内部 ROM 中的位置
MAIN:   MOV    SP, #60H      ; 内部 RAM 中将堆栈开辟在用户 RAM 区
        ANL    TMOD, #F0H    ; 低四位清 0
```

```
ORL      TMOD, #02H        ; 设置 TMOD 中定时/计数器 0 的工作方式
MOV      TL0, #CEH         ; 装载初值到 TL0
MOV      TH0, #CEH         ; 将初值放入预加载寄存器 TH0
SETB     EA                ; 总中断允许
SETB     ET0               ; 定时/计数器 0 中断允许
SETB     TR0               ; 启动定时器 0
SJMP     $
END
```

# 7.7  定时器工作方式 3

工作方式 0、1 和 2 下，两个定时/计数器的设置和使用是完全相同的。但在工作方式 3 下，两个定时/计数器的设置和使用是不同的，因此下面分开介绍。

## 7.7.1  工作方式 3 下的定时/计数器 0

在工作方式 3 下，定时/计数器 0 被拆为两个独立的 8 位计数器 TL0 和 TH0。其中 TL0 既可以用作计数又可以用作定时，定时/计数器 0 的各控制位和引脚信号全归它使用，其功能和操作与方式 0 和方式 1 完全相同，而且逻辑电路结构也极其相似，如图 7-3(a)所示。定时/计数器 0 的高 8 位 TH0，只能作为简单的定时使用。由于定时/计数器 0 的控制位已被 TL0 占用，因此只能借用定时/计数器 1 的控制位 TR1 和 TF1，即以计数溢出去置 TF1，而定时的启动和停止则由 TR1 的状态来控制，如图 7-3(b)所示。

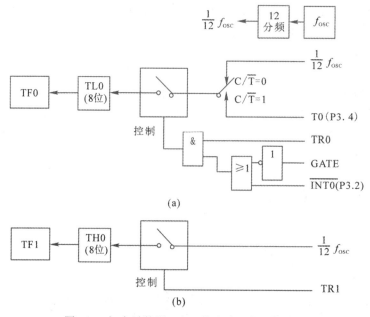

图 7-3  定时/计数器 0 在工作方式 3 的逻辑结构

由于 TL0 既能作定时器使用又能作计数器使用，而 TH0 只能用作定时器使用，因此

在工作方式 3 下，定时/计数器 0 可以构成两个定时器或一个定时器和一个计数器。

## 7.7.2　在定时/计数器 0 设置为工作方式 3 时定时/计数器 1 的使用

因定时/计数器 0 在工作方式 3 下已经借用了定时/计数器 1 的运行控制位 TR1 和溢出标志位 TF1，所以定时/计数器 1 不能用于工作方式 3，只能用于工作方式 0、工作方式 1 和工作方式 2，且在定时/计数器 0 已经工作于方式 3 时，定时/计数器 1 通常用作串行口波特率的发生器，以确定串行通信的速率。因为已经没有计数溢出标志位 TF1 可供使用，所以只能把溢出直接送给串行口，如图 7-4 所示。当作为波特率发生器使用时，只需设置好工作方式，定时/计数器 1 便可自动运行。如需要停止，只要把它设置成工作方式 3 就可以了。

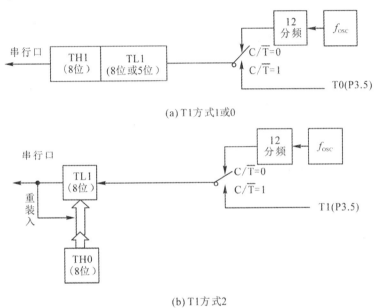

图 7-4　定时/计数器 0 在方式 3 时定时器/计数器 1 的使用

 **知识拓展**

物流是经济发展的先行官，也是产业链、供应链、稳定运行的基础。二十大报告中提出要加快发展物联网，建设高效顺畅的流通体系，降低物流成本。

单片机可以应用于智能分拣系统、自动化仓库系统、自动化搬运与输送系统等方面的开发，实现对仓库内货物的快速识别、定位和分拣，提高物流设备的智能化水平，从而提高物流效率和准确性，降低人力成本和差错率。单片机也可以应用于对物流过程中的货物、车辆、环境进行实时的监测和追踪，并将数据上传到云端，对异常情况进行预警，实现物流全链条的可视化和数字化管理，保障货物的完好性，提高物流信息的透明度和可追溯性。并优化物流路径和调度，从而降低运输成本和损耗。还可以应用于新零售、共享物流、智慧供应链、智能快递柜中，通过物联网技术实现对用户需求的精准分析，从而提高物流服务质量，提升用户体验，对物流行业的创新和变革也起到了一定的支持作用。

因此，单片机的应用是物联网技术在物流领域的重要推动力。对于我们而言，掌握定时/计数器控制寄存器的设置，能够根据实际需要选择适当的工作方式，灵活运用定时/计数器，是推动物联网及高效顺畅的流通体系快速发展的重要力量。

# 习　题

### 1. 填空题

(1) 当计数器产生计数溢出时，把定时器控制寄存器的 TF0(TF1)位置 1。对计数器溢出的处理，在中断方式时，该位作为_____使用；在查询方式下该位作为_____使用。

(2) 定时器 0 工作于方式 2 的计数模式，初值设置为 156，若通过引脚 T0 输入周期为 1 ms 的脉冲，则定时器 0 的定时时间为_____。

(3) 可利用定时器扩展外部中断源。若以定时器 1 扩展外部中断源，则该扩展外中断的中断请求输入端应为_____引脚，定时器 1 应取工作方式_____，预置的计数初值为_____，扩展外中断的入口地址为_____。

### 2. 应用设计题

(1) MCS-51 单片机外接晶振频率为 6 MHz，使用定时器 1，使得在 P1.0 输出周期为 400 μs、占空比为 10%的方波脉冲，以查询或中断工作方式编程实现。

(2) 利用 T0 门控位测试 $\overline{\text{INT0}}$ 引脚上出现的正脉冲宽度，已知晶振频率为 12 MHz，将所测得值高位存入片内 71H，低位存入片内 70H。(假设正脉冲的宽度小于定时器在工作方式 1 时的最大定时范围)

(3) 使用定时器 T1 定时，每隔 10 s 使与 P1.0 口连接的发光二极管闪烁 3 次，然后熄灭，每次闪烁时亮 0.5 s 灭 0.5 s。设 P1.0 高电平灯亮，反之灯灭。

# 第8章　MCS-51 单片机系统扩展

 **内容提要**

本章主要介绍了 51 系列单片机的并行扩展方法。首先介绍了单片机并行扩展需要的三大总线(地址总线、数据总线和控制总线)的构成及应用方法，然后按照并行扩展的应用方式分别讲述了简单 I/O 扩展、存储器并行扩展、人机接口技术及单片机与 A/D 和 D/A 的接口技术，最后介绍了常用可编程并行扩展芯片 8255 和 8279 与单片机的接口设计方法。

 **知识要点**

▶**概　念**

◇　总线、并行扩展、人机接口。

▶**知识点**

◇　MCS-51 单片机地址总线、数据总线和控制总线的构成。
◇　单片机并行扩展中的片选技术。
◇　简单 I/O 扩展常用的方法。
◇　程序存储器、数据存储器扩展技术及地址编码方法。
◇　键盘和显示的两种人机接口技术。
◇　单片机与并行 D/A、A/D 芯片的接口设计方法。

▶**重点及难点**

◇　单片机三大总线的构成及片选技术。
◇　存储器扩展时的地址编码方法。
◇　I/O 扩展的基本方法及矩阵键盘的工作原理和扫描技术。

 **案例引入**

随着人们需求的增加，电子设备朝着提高性能、功能、便利性，提升不同使用场景和需求的适用性方面不断发展。就电脑而言，通过外接 U 盘、移动硬盘等设备，更换或增加内置硬盘、固态硬盘等方式进行存储扩展，可以增加存储容量，提高电脑的运行效率和稳定性。通过外接显示器、投影仪等设备，更换或升级显示屏、显卡等方式进行显示扩展，可以增加视觉效果,有利于人们进行图像处理、视频编辑和游戏娱乐。通过外接键盘、鼠标、触摸板、手写板等设备进行键盘扩展,可以提高电脑的操作便捷性和灵活性,使其帮助人们进行文本编辑、绘图设计等工作。

请同学们思考:

扩展的重要性是什么?单片机该如何进行扩展?

# 8.1 单片机系统扩展概述

扩展是构建单片机系统的重要内容。由于单片机芯片本身的硬件资源有限,往往不能满足系统需要,因此,必须以芯片外扩展的办法来解决,即通过所说的系统扩展。扩展有两类,即存储器扩展和 I/O 扩展;外扩展方法有两种,即并行扩展和串行扩展。本章内容主要讨论并行扩展。

## 8.1.1 单片机并行扩展总线

单片机系统扩展是以单片机为核心进行的,存储器扩展中包括程序存储器和数据存储器,其余所有扩展内容统称为 I/O 扩展。单片机并行扩展系统结构如图 8-1 所示。

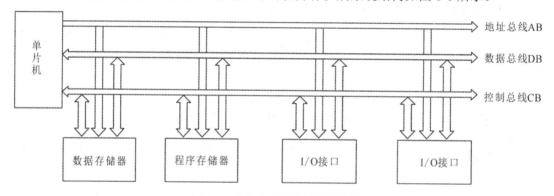

图 8-1 单片机并行扩展系统结构

由扩展系统结构图可知,扩展是通过系统总线进行的。所谓总线就是连接单片机各扩展部件的一组公共信号线,它是系统共享的通路。通过总线把各扩展部件连接起来,以进行数据、地址和控制信号的传送。

### 1. 并行扩展总线的组成

并行扩展总线包括 3 个组成部分,即地址总线、数据总线和控制总线。

1) 地址总线

地址总线(Address Bus,简写 AB)上传送的是地址信号,用于外扩展存储单元和 I/O 端口的寻址。地址总线是单向的,因为地址信号只能从单片机向外传送。

一条地址线提供一位地址,所以地址总线的数目决定可寻址存储单元的数目。例如,$n$ 位地址,可以产生 $2^n$ 个连续地址编码,可访问 $2^n$ 个存储单元,即寻址范围为 $2^n$ 个地址单元。80C51 单片机外扩展空间为 64 KB,即 $2^{16}$ 个地址单元,因此地址总线有 16 位。

2) 数据总线

数据总线(Data Bus，简写 DB)用于传送数据、状态、指令和命令。数据总线的位数应与单片机字长一致。例如，80C51 单片机是 8 位字长，所以数据总线的位数也是 8 位。数据总线是双向的，即可以进行两个方向(读/写)的数据传送。

3) 控制总线

控制总线(Control Bus，简写 CB)是一组控制信号线，其中既有单片机发出的，也有外扩展部件发出的。一个控制信号的传送是单向的，但是由不同方向信号线组合的控制总线则应表示为双向。

总线结构可以提高系统的可靠性，增强系统的灵活性。此外，总线结构也使系统扩展易于实现，各扩展部件只要符合总线规范，就可以很方便地接入系统。

**2. 80C51 单片机并行扩展总线**

虽然系统扩展需要地址总线和数据总线，但在单片机芯片上并没有为此提供专用的地址引脚和数据引脚，实际扩展时都是用 I/O 口线来充当地址线和数据线的。80C51 单片机并行扩展总线结构如图 8-2 所示。

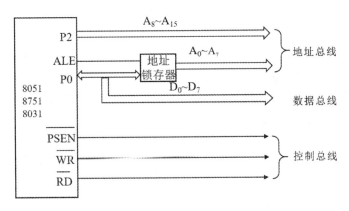

图 8-2　80C51 单片机并行扩展总线结构

1) 以 P0 口的 8 位口线充当低位地址线/数据线

低位地址线是指低 8 位地址 $A_0 \sim A_7$，而数据线为 $D_0 \sim D_7$。由于 P0 口一线两用，既传送地址又传送数据，所以要采用分时技术对它上面的地址和数据进行分离。

使用分时技术被分离出的是低 8 位地址，因为 CPU 对扩展系统的操作总是先送出地址，然后再进行数据读/写操作，所以应把首先出现的地址分离出来，以便腾出总线供其后的数据传送使用。为保存分离出的地址，需另外增加一个 8 位锁存器，并以 ALE 作为锁存控制信号。图 8-3 所示为单片机读外部数据的时序，从图中可以看出，在 CPU 送出地址时，ALE 信号正好有效。为了与 ALE 信号相适应，应选择高电平或下降沿选通的锁存器，例如 74LS373 等。

低 8 位地址进入锁存器，经另一途径提供给扩展系统。在其后的时间里，P0 口线即作为数据线使用，进行数据传送。其实，我们在 P0 口的电路逻辑中已考虑了这种需要，其中的多路转接电路 MUX 以及地址/数据就是为此而设计的。

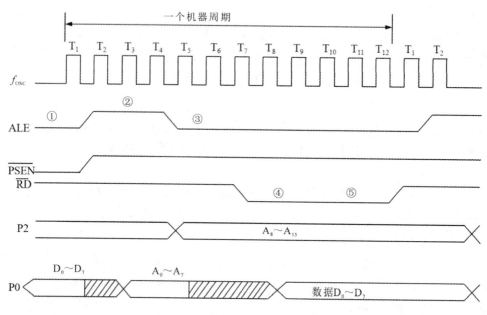

图 8-3　单片机读外部数据的时序

### 2) P2 口的口线作高位地址线

P2 口只作为高位地址线使用。如果使用 P2 口全部 8 位口线，再加上 P0 口提供的低 8 位地址，就形成了完整的 16 位地址总线，使单片机外扩展的寻址范围达到 64 K 单元。

在实际应用中，高位地址线根据需要从 P2 口中引出，需要用几位就引出几条口线。在极端情况下，若外扩展容量小于 256 个单元，则不需要高位地址线。

### 3) 控制信号

除地址线和数据线外，系统扩展时还需要单片机提供一些控制信号，这就是扩展系统的控制总线。这些控制信号包括：

(1) 使用 ALE 作为地址锁存的选通信号，以实现 8 位地址锁存。

(2) 以 $\overline{\text{PSEN}}$ 信号作为扩展程序存储器的读选通信号。

(3) 以 $\overline{\text{EA}}$ 信号作为内、外程序存储器的选通信号。

(4) 以 $\overline{\text{RD}}$ 和 $\overline{\text{WR}}$ 作为扩展数据存储器和 I/O 端口的读/写选通信号。

可以看出，尽管 80C51 单片机有 4 个并行 I/O 口，共 32 条口线，但由于系统外扩展的需要，仅剩 P1 口以及 P3 口部分口线可作普通 I/O 使用。

## 8.1.2　并行扩展系统的 I/O 编址和芯片选取

单片机系统中接入扩展芯片后，数据线和控制信号的连接比较简单。地址线的连接涉及 I/O 编址和芯片选取问题，则比较复杂。

### 1. 单片机外扩展地址空间

单片机的外扩展地址空间与它的存储器系统有关。80C51 单片机存储器系统与外扩展地址空间结构如图 8-4 所示。

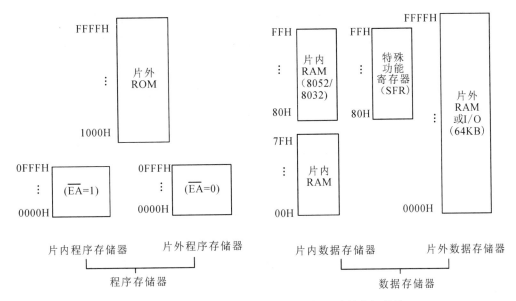

图 8-4　80C51 单片机存储器系统与外扩展地址空间结构

有两个并行存在且相互独立的存储器系统,即程序存储器系统和数据存储器系统。在程序存储器系统中,包括 4 KB 的片内程序存储器和 4 KB 的片外程序存储器,其中片外程序存储器供扩展程序存储器使用。在数据存储器系统中,包括由通用寄存器和专用寄存器等占有的片内数据存储器 256 个 RAM 单元以及 64 KB 的片外数据存储器,其中片外数据存储器用于数据存储和 I/O 扩展。

程序存储器系统和数据存储器系统的外扩展地址空间大小相同,但外扩展程序存储器 ROM 的起始地址与单片机芯片是否有片内程序存储器有关。如果没有片内程序存储器,外扩展 ROM 的地址从 0000H 开始,如果有片内程序存储器,则外扩展 ROM 的地址从 1000H 开始。而外扩展 RAM 的起始地址与单片机芯片内 RAM 单元的存在无关,都从 0000H 开始。

**2. 片选技术**

进行单片机系统扩展,首先要解决寻址问题,即如何找到要访问的扩展芯片以及芯片内的目标单元。因此,寻址应分为芯片选择和芯片内目标单元选择两个层次。由于芯片内目标单元的选择问题已在各自的芯片内解决,外扩展时只需要把芯片的地址引脚和系统地址总线中对应的位地址线连接起来即可,芯片内自有译码电路完成单元寻址,所以外扩展系统的寻址问题主要集中在芯片的选择上。

为了进行芯片选择,扩展芯片上都有一个甚至多个片选信号引脚(常用名为 $\overline{CE}$ 或 $\overline{CS}$ )。所以寻址问题的主要内容就归结到如何产生有效片选信号。常用的芯片选择方法(即寻址方法)有线选法和译码法两种。

**1) 线选法寻址**

所谓线选法寻址,就是直接以位地址信号作为芯片的片选信号,使用时只需把地址线与扩展芯片的片选信号引脚直接相连即可。线选法寻址的最大特点是简单,但只适用于规模较小的单片机系统,而且其扩展地址不连续。假定单片机系统分别扩展了程序存储器芯片 2716、数据存储器芯片 6116、并行接口芯片 8255、键盘/显示器接口芯片 8279 和 D/A 转换芯片 0832，则采用线选法寻址的扩展片选连接示意图如图 8-5 所示。

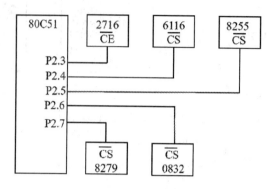

图 8-5　线选法寻址的连接示意图

口线 P2.3～P2.7(即高位地址线)分别连接到 2716、6116、8255、0832 和 8279 的片选信号引脚。口线信号为低电平状态时芯片被选中。

2) 译码法寻址

所谓译码法，就是使用译码器对高位地址进行译码，以其译码输出作为扩展芯片的片选信号。这是一种最常用的寻址方法，能有效地利用存储器空间，适用于大容量、多芯片的系统扩展，扩展芯片的地址可以连续。

同样是扩展程序存储器芯片 2716、数据存储器芯片 6116、并行接口芯片 8255、键盘/显示器接口芯片 8279 和 D/A 转换芯片 0832，采用 74LS138(3-8 译码器)，以译码法寻址的系统扩展片选连接示意图如图 8-6 所示。

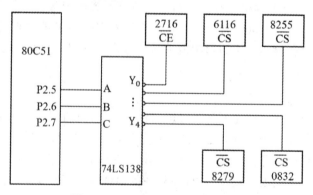

图 8-6　译码法寻址的连接示意图

口线 P2.5～P2.7 经译码后可产生 8 个状态输出，只需其中的 5 个分别连接在 2716、6116、8255、0832 和 8279 的片选信号引脚上。可见，译码法能提高系统的寻址能力，但增加了硬件开销。

## 8.2　简单 I/O 扩展

MCS-51 单片机共有 4 个并行的 I/O 口，在使用时往往会由于与外部设备进行信息交互较多，导致单片机的 I/O 不够使用，这时就需要扩展单片机的 I/O 口。当所需扩展的外部 I/O 口数量不多时，可以使用常规的逻辑电路和锁存器进行扩展。这一类的外围芯片一般价格较低而且种类较多，常用的如 74LS377、74LS245、74LS373、74LS244、74LS273、74LS577、74LS573 等。

通常，单片机是通过 P0 口来扩展 I/O 口的。P0 口是数据总线接口，它只能分时使用，故输出时接口电路应有锁存功能；输入时，应视输入数据是常态还是暂态的不同，接口电路应能三态缓冲或锁存选通等。数据的输入、输出用读/写信号控制。

### 8.2.1　单片机 I/O 口扩展的基础知识

使用单片机本身的 I/O 口，可以实现一些简单的数据输入/输出传送，例如，从单片机 P1.0～P1.3 输入开关状态，再经 P1.4～P1.7 输出去驱动发光二极管，使发光二极管显示开关的状态。这时 I/O 口对信息的输入、输出可以直接操作。如图 8-7 所示，可以采用查询或者中断方式来实现此功能。

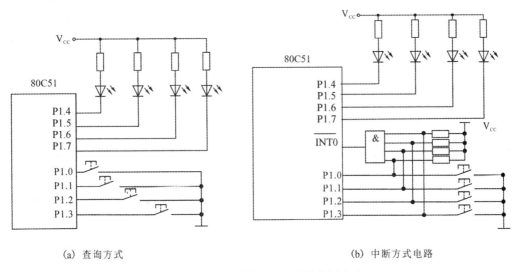

(a) 查询方式　　　　　　　　　　　　(b) 中断方式电路

图 8-7　单片机 I/O 口直接使用方式

对于复杂的 I/O 操作，必须有接口电路的协调和控制才能进行。一般 I/O 接口电路主要完成以下基本功能。

#### 1. 速度协调

外部设备之间的速度差异很大。对于慢速设备，如开关、继电器和机械传感器等，每秒产生不了一个数据；而对于高速采样设备，每秒要传送成千上万个数据。面对各种设备的速度差异，单片机无法按固定的时序以同步方式进行 I/O 操作，只能以异步方式进行，也就是只有在确认设备已为数据传送做好准备的前提下才能进行 I/O 操作。为此，需要接口电路产生状态信号或中断请求信号，表明设备是否做好准备，即通过接口电路来进行单片机与外部设备之间的速度协调。

#### 2. 输出数据锁存

CPU 与外部设备速度的不一致，需要有接口电路把输出数据先锁存起来，待输出设备为接收数据做好准备后，再传送数据。这就是接口电路的数据锁存功能。

### 3. 数据总线隔离

总线上可能连接着多个数据源(输入设备)和多个数据负载(输出设备)。当一对源和负载的数据传送正在进行时，所有其他不参与的设备在电性能上必须与总线隔开。如何使这些设备在需要时与数据总线接通，而在不需要时又能及时断开，这就是接口电路的总线隔离功能。为了实现总线隔离，需要接口电路提供具有三态缓冲功能的三态缓冲电路。

### 4. 数据转换

外部设备种类繁多，不同设备之间的性能差异很大，信号形式也多种多样。单片机只能使用数字信号，如果外部设备所提供或需要的不是电压形式的数字信号，就需要有接口电路进行转换，包括模/数转换和数/模转换等。

### 5. 增强驱动能力

通过接口电路为输出数据提供足够的驱动功率，以保证外部设备能正常、平稳地工作。单片机应用系统中，所有系统扩展的外部设备工作时有输入电流，不工作时有漏电流存在，因此总线只能带动一定数量的电路。如 MCS-51 单片机作为数据总线和低 8 位地址总线的 P0 口可驱动 8 个 TTL 电路，而 P2 口等其他口只能驱动 4 个 TTL 电路。当应用系统规模过大时，可能造成负载过重，致使驱动能力不够，系统不能可靠地工作，需要另设总线或接口驱动。

## 8.2.2 采用锁存器扩展简单的 8 位输出口

MCS-51 单片机把外部扩展 I/O 口和片外 RAM 统一编址，通过 P0 口扩展输出口。

74LS377 是一种 8D 锁存器，它的功能如图 8-8 所示，它有 8 个输入端口 $D_0 \sim D_7$，8 个输出端口 $Q_0 \sim Q_7$，1 个时钟控制端 CLK，1 个锁存允许端 $\overline{E}$。当 $\overline{E}$ 为低电平在 CLK 的上升沿时将 D 端输入数据 $D_0 \sim D_7$ 打入锁存器，这时在 Q 端保持 D 端输入的 8 位数据。

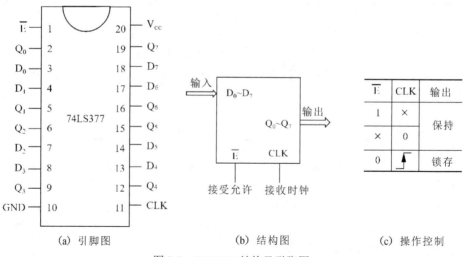

图 8-8　74LS377 结构及引脚图

如图 8-9 所示为采用 8D 锁存器 74LS377 扩展简单输出口的接口电路。图中把 74LS377

的 $\overline{E}$ 端看作片选信号，CLK 看作选通信号线，从图中可以看出，74LS377 的地址为 7FFFH。

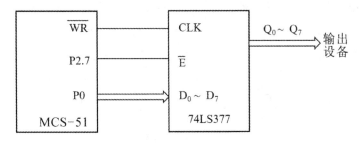

图 8-9　MCS-51 与 74LS377 的接口电路图

CPU 执行下面的程序，可把累加器 A 的内容从 74LS377 输出。

| MOV | DPTR, #8000H | ; 指向 74LS377 地址 |
| MOV | A, #DATA | ; 需输出的数据送累加器 |
| MOVX | @DPTR, A | ; P0 口通过 74LS377 送出数据 |
| RET | | |

### 8.2.3　用三态门扩展 8 位输入并行口

对于常态数据的输入，并行口扩展较为简单，只需采用 8 位三态门控电路芯片即可，图 8-10 所示为采用 74LS244 通过 P0 口扩展 8 位并行常态输入接口。由图可知，74LS244 地址为 0BFFFH。

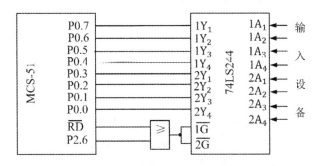

图 8-10　MCS-51 与 74LS244 的接口电路图

CPU 执行下面的程序，可从 74LS244 中把输入状态读入累加器 A 中。

| MOV | DPTR, #8FFFH | ; 指向 74LS244 地址 |
| MOVX | A, @DPTR | ; 读取数据到累加器 A |
| RET | | |

另外，也可以采用三态门控电路 74LS245 来扩展简单输入口。74LS245 常用于 P0 口的双向总线驱动扩展。

### 8.2.4　采用锁存器扩展选通输入的 8 位并行口

对于暂态数据的输入应有一个选通信号，锁存输入的数据并通知单片机取数。图 8-11 中采用带三态门控输出的 8D 锁存器 74LS373 作为外部扩展输入口。图中外部设备向单片机输出数据时，有一个选通信号连到 74LS373 的锁存端 G 上，在选通信号的下降沿将数据锁存，同时向单片机发出中断申请。在中断服务程序中由 P0 口读取锁存器中的数据。

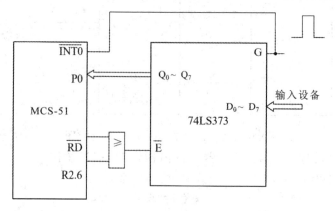

图 8-11　MCS-51 与 74LS373 的接口电路图

若 MCS-51 单片机将输入设备的输入数据送入片内 RAM 中首地址为 30H 的数据区时，则相应的中断系统初始化及中断服务程序如下。

中断初始化程序：

```
INIINT: SETB   IT0              ; 外部中断 0 为下降沿触发方式
        SETB   EA               ; 开总中断
        MOV    R0, #30H          ; 置内部 RAM 数据区首地址
        SETB   EX0              ; 允许外部中断 9
        …
```

中断服务程序：

```
        ORG    0003H
        AJMP   PINT0
        …

PINT0:  MOV    DPTR, #0BFFFH      ; 指向 74LS373 地址
        MOVX   A, @DPTR         ; 读取数据到累加器 A
        MOV    @R0, A            ; 送数据到指定的内部 RAM
        INC    R0               ; 指向内部 RAM 下一个单元
        RETI
```

# 8.3　程序存储器的扩展

在 MCS-51 系列单片机应用系统中，8031、8032 单片机由于片内无程序存储器，因此必须扩展程序存储器，当单片机内部有程序存储器，但容量不够时，也需要扩展程序存储器。EPROM 和 $E^2PROM$ 都可以作为 MCS-51 系列单片机的外部扩展程序存储器。EPROM 是紫外线擦除电可编程的存储器，EPROM 中的程序一般由专门的编程器写入，由专门的紫外线擦除器擦除，擦除时紫外线强度为 12 000 μW/cm$^2$，波长为 $\lambda = 2537 \times 10^{-10}$m，时间

为 10 min～20 min。由于 EPROM 价格低廉，性能可靠，掉电后信息不会丢失，故应用最为广泛。$E^2PROM$ 是电可擦除可编程的存储器，掉电后信息不会丢失，目前，$E^2PROM$ 的价格在不断下降，速度不断提高，且不需要专门的擦除器来擦除，这样在应用系统中可进行在线读写，故应用也越来越广泛。

### 8.3.1　常用 EPROM 芯片介绍

常用的 EPROM 芯片有 2716(2 KB × 8 位)、2732(4 KB × 8 位)、2764(8 KB × 8 位)、27128(16 KB × 8 位)。一般扩展时程序存储容量应留有一定的程序功能扩充空间，故一般用较大容量的芯片来作为外部程序存储器。该系列型号的 EPROM 仅仅是地址线数目和编程信号引脚有些差别。其引脚符号意义如下。

(1) $A_0$～$A_i$：地址输入线，由芯片的容量而定，$2^{(i+1)}$ = 芯片的存储容量，如 2764(8 KB)，$i = 12$。

(2) $O_0$～$O_7$：有时用 $D_0$～$D_7$ 表示，为三态数据总线，读或编程校验时为数据输出线，编程时为数据输入线，维持或编程禁止时，呈现高阻态。

(3) $\overline{CE}$：片选信号输入线，低电平有效。

(4) $\overline{PGM}$：编程脉冲输入线，有的芯片此信号引脚与 $\overline{CE}$ 合用。

(5) $\overline{OE}$：读选通信号输入线，低电平有效。

(6) $V_{PP}$：编程电源输入线，$V_{PP}$ 的值因芯片型号和制造厂商而异，在编程时该引脚的电压必须严格符合芯片要求，否则将损坏芯片。有的芯片此引脚与 $\overline{OE}$ 合用。

(7) $V_{CC}$：主电源输入线，一般为 1～+5 V。

(8) GND：地。

### 8.3.2　程序存储器扩展方法

在 MCS-51 系列单片机中，当 $\overline{EA}$ 引脚接低电平时，CPU 总是从外部的程序存储器中取指令；当 $\overline{EA}$ 引脚接高电平，CPU 取指令时，PC 值在内部程序存储器范围内时从内部取指令，PC 值大于内部程序存储器地址时从外部程序存储器取指令。故对于 8031 单片机，其内部没有用户可用的程序存储器，$\overline{EA}$ 需接地；对于 8051、8751、8951 单片机，其内部存在用户程序存储器，为了充分利用单片机资源，$\overline{EA}$ 一般接高电平，如图 8-12 所示为 80C51 单片机扩展一片 2716 的接口电路。

#### 1. 扩展的主要内容

2716 的存储容量为 2 KB，需 11 位地址($A_{10}$～$A_0$)进行存储单元编址。为此，先把芯片的 $A_7$～$A_0$ 引脚与地址锁存器的 8 位地址输出对应连接，再把 $A_{10}$～$A_8$ 引脚与 P2 口的 P2.2～P2.0 相连。采用线选法进行片选，只需在剩下的高位地址线中取一位(P2.7)与 2716 的 $\overline{CE}$ 端相连即可。

数据线的连接比较简单，只要把存储芯片的数据输出引脚与单片机 P0 口线对应连接就可以了。程序存储器的扩展只涉及 $\overline{PSEN}$ (外部程序存储器读选通)，把该信号连接到 2716 的 $\overline{OE}$ 引脚，用于存储器读出选通。

### 2. 存储单元地址分析

由于图 8-12 中的 $\overline{EA}$ 信号是接高电平的，因此单片机程序存储器从内部开始访问。外部扩展程序存储器的地址应从内部 4 K 地址($0000H \sim 0FFFH$)衔接地址开始，或者外部地址应跳过该 4 K 地址空间，即外部扩展的地址范围不能和内部地址重叠。单片机的低 11 位地址线接 2716 的片内地址线，该 11 位地址用于 2716 的片内寻址，2716 的片选使能信号接 P2.7，当 P2.7 为高电平时选中芯片。

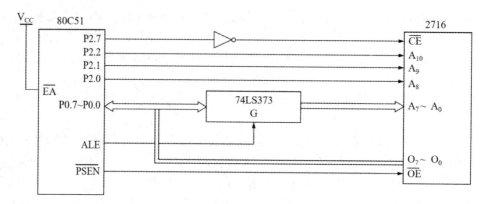

图 8-12　80C51 单片机扩展一片 2716 的接口电路

单片机其余未用到的 4 根地址线状态并不影响 2716 的存储单元的选址，因此可以得到如表 8-1 所示的 2716 的寻址表。

表 8-1　2716 寻址表

|  | $A_{15}$ | $A_{14}$ | $A_{13}$ | $A_{12}$ | $A_{11}$ | $A_{10}$ | $A_9$ | $A_8$ | $A_7$ | $A_6$ | $A_5$ | $A_4$ | $A_3$ | $A_2$ | $A_1$ | $A_0$ |
|---|---|---|---|---|---|---|---|---|---|---|---|---|---|---|---|---|
| 首地址 | 1 | × | × | × | × | 0 | 0 | 0 | 0 | 0 | 0 | 0 | 0 | 0 | 0 | 0 |
| 末地址 | 1 | × | × | × | × | 1 | 1 | 1 | 1 | 1 | 1 | 1 | 1 | 1 | 1 | 1 |

由于 P2.6～P2.3 的状态与 2716 芯片的寻址无关，因此在该芯片被寻址时，P2.6～P2.3 可以为任意状态，即 0000～1111 共 16 种组合，表明 2716 在这 16 种组合中的任何一种都可以被寻址，也就是有 16 个地址区间，即 8000H～87FFH，8800H～8FFFH，9000H～97FFH，9800H～9FFFH，…，这就是线选法寻址存在的地址重叠问题。

# 8.4　数据存储器并行扩展

在单片机系统中，数据存储器用于存放可随时修改的数据。数据存储器扩展使用随机存储芯片，随机存储器(Random Access Memory)简称 RAM，对 RAM 可以进行读/写两种操作。但 RAM 是易失性存储器，断电后所存信息消失。

按其工作方式，RAM 又分为静态(SRAM)和动态(DRAM)两种。静态 RAM 只要电源加电信息就能保存；而动态 RAM 使用的是动态存储单元，需要不断地进行刷新以便周期性地再生才能保存信息。动态 RAM 的集成度高，集成同样的位容量，动态 RAM 所占芯片面积只是静态 RAM 的 1/4；此外，动态 RAM 的功耗低，价格便宜，但由于扩展动态存储器要增加刷新电路，因此只适应于大型系统，在单片机系统中使用不多。

数据存储器扩展使用 RAM 芯片。现以 Intel 6116 实现单片数据存储器扩展为例进行说明。

## 8.4.1　RAM 芯片 6116

6116 芯片的存储器容量为 2 KB，该芯片为双列直接式封装，引脚排列如图 8-13 所示。其中各引脚功能如下。

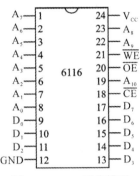

(1) $A_{10} \sim A_0$：地址线。

(2) $D_7 \sim D_0$：数据线。

(3) $\overline{CE}$：片选信号。

(4) $\overline{OE}$：数据输出允许信号。

(5) $\overline{WE}$：写选通信号。

(6) $V_{CC}$：电源(+5 V)。

(7) GND：地。

图 8-13　6116 引脚排列

6116 共有 4 种工作方式，如表 8-2 所示。

表 8-2　6116 工作方式

| 状态 | $\overline{CE}$ | $\overline{OE}$ | $\overline{WE}$ | $D_0 \sim D_7$ |
|---|---|---|---|---|
| 未选中 | 1 | × | × | 高阻抗 |
| 禁止 | 0 | 1 | 1 | 高阻抗 |
| 读出 | 0 | 0 | 1 | 数据读出 |
| 写入 | 0 | 1 | 0 | 数据写入 |

## 8.4.2　数据存储器扩展连接

数据存储器扩展与程序存储器扩展在数据线和地址线的连接上是完全相同的，所不同的是控制信号。程序存储器使用 $\overline{PSEN}$ 作为读选通信号，而数据存储器则使用 $\overline{RD}$ 和 $\overline{WR}$ 分别作为读/写选通信号。使用一片 6116 实现 2KB RAM 扩展的电路连接图如图 8-14 所示。

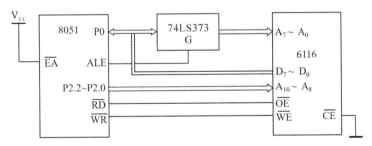

图 8-14　单片机扩展 6116 连接图

在扩展连接中，以 $\overline{RD}$ 信号接 6116 的 $\overline{OE}$ 引脚，以 $\overline{WR}$ 信号接 6116 的 $\overline{WE}$ 引脚进行 RAM 芯片的读/写控制。由于假定系统只有一片 6116，不需要片选信号，因此把 $\overline{CE}$ 引脚

直接接地。这样连接，同样是一个典型的线选方式，因此 6116 的地址范围有 $2^5$(即 32 个)地址空间段 0000H～07FFH、0800H～0FFFH 等。

### 8.4.3 使用 RAM 芯片扩展可读/写的程序存储器

开发小型简单的单片机应用系统时，为了方便，常在系统中进行用户程序调试。但前面讲过的程序存储器是只读的，只能运行程序而不能修改程序；而在数据存储器中，却只能修改程序而不能运行程序。为了解决这一矛盾，可用 RAM 芯片经过特殊连接，作为程序存储器使用，使其既可以运行程序又可以修改程序，成为一个可读/写的程序存储器。

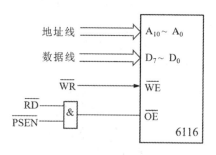

图 8-15 6116 用作程序存储器时总线接法

对于这种可读/写的程序存储器，在运行程序时，需要有程序存储器的读信号 $\overline{PSEN}$；在修改程序时要用到数据存储器的读信号 $\overline{RD}$ 和写信号 $\overline{WR}$。现以 6116 芯片为例，说明这 3 个信号的连接方法，其电路图如图 8-15 所示。

将 $\overline{PSEN}$ 与 $\overline{RD}$ 相"与"后连接到 6116 的 $\overline{OE}$ 端，两个低电平有效的信号相"与"，只要其中一个为负，就能得到一个低电平有效的选通信号接到 RAM 芯片的输出允许信号引脚。这样，无论是 $\overline{PSEN}$ 信号还是 $\overline{RD}$ 信号，都能对 RAM 芯片进行读操作；而写操作则是通过连接到 $\overline{WE}$ 端的 $\overline{WR}$ 信号实现的。

可读/写程序存储器在小型单片机应用系统中有一定的使用价值，图 8-16 是这种可读/写程序存储器的应用举例。

图 8-16 中 I 芯片 2764 是一个只读程序存储器，用于存放监控程序。II 芯片 6264 已连接成可读/写存储器，用于存放调试程序和应用程序的选择。另外，还专门为可读/写程序存储器设置了一个双向开关，以便进行状态选择。

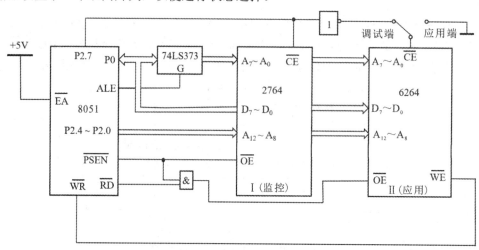

图 8-16 可读/写程序存储器的应用举例

在系统开发阶段，开关扳向调试端，此时，I 芯片首地址为 0000H，II 芯片首地址为

8000H。系统启动后，自动进入监控程序运行，这样就可以借助监控程序，对可读/写程序存储器中的用户程序进行调试。用户程序调试完成后，把开关扳向应用端，再把 I 芯片拔去，II 芯片的首地址即为 0000H。这样，系统复位后，用户程序就能自动运行。

通过这种方法改造的可读/写程序存储器，既可以调试程序又可以运行程序，但它却不能在掉电时保存程序，与传统意义上的只读程序存储器仍有不同。不过，若使用 $E^2PROM$ 或闪速存储器芯片，就可以解决这个问题。

### 8.4.4　程序存储器和数据存储器综合扩展

当由单片机设计的控制系统比较复杂时，单片机本身所具有的程序存储器和数据存储器都将不够用。为了满足系统的需要，很多情况下不仅需要扩展数据存储器，而且还需要扩展程序存储器。

【例 8-1】　采用译码法为 80C51 单片机扩展两片 2732(4 KB)EPROM 和两片 6232(4 KB)RAM。要求扩展的程序存储器地址和单片机内部程序存储器地址衔接。

**解**　(1) 存储器地址分析。

由于单片机内部的存储器容量为 4 K，地址范围为 0000H～0FFFH，所以 2732 的地址应该从 1000H 地址开始，从而第一片 2732 的地址为 1000H～1FFFH，第二片 2732 的地址为 2000H～2FFFH。

由于数据存储器地址不存在内外衔接问题，因此可以根据接线的方便来确定其地址。

(2) 总线连接。

数据总线：由 P0 口提供，可将 P0 口和各个芯片的 8 位数据口线直接连接。

控制总线：2732 为程序存储器只存在读的情况，将单片机的外部程序读选通信号 $\overline{PSEN}$ 与 2732 的输出使能控制引脚 $\overline{OE}$ 连接。为了充分利用单片机本身的资源，程序存储器应从内部开始然后再访问外部程序存储器，单片机的 $\overline{EA}$ 管脚接高电平。6232 作为数据存储器存在读和写的情况，将单片机的 $\overline{WR}$ 管脚和 $\overline{WE}$ 信号连接，单片机 $\overline{RD}$ 接 6232 的 $\overline{OE}$ 引脚。

地址总线：低 8 位由 P0 口经过锁存器锁存得到，所以采用 73LS373 8 位锁存器来实现，地址锁存信号 ALE 作为 74LS373 的锁存触发脉冲。74LS373 的输出为地址总线 $A_0$～$A_7$，高位地址总线由 P2 口提供 $A_8$～$A_{15}$。

2732 和 6232 为 4 K 容量的存储器，本身具有地址线 12 根，即 $A_0$～$A_{11}$。因此单片机的低 12 位地址总线 $A_0$～$A_{11}$ 直接和芯片本身地址线连接，剩余 $A_{12}$～$A_{15}$ 这 4 根地址线来进行片选地址的译码。

(3) 片选译码。

选择 2-4 译码器 74LS139，P2.4 和 P2.5 进行译码，P2.6 和 P2.7 相"或"作为译码器的使能控制信号。译码器输出对应的地址范围如表 8-3 所示。在该连接中 IC$_2$ 和 IC$_3$ 共用一个片选信号，由于 IC$_2$ 为程序存储器、IC$_3$ 为数据存储器，因此它们的控制信号线不同，不会出现地址冲突的现象。

根据以上分析，画出系统扩展的连接图，如图 8-17 所示。

表 8-3 译码器地址分析与片选信号的连接

| 译码输出 | P2.7 | P2.6 | P2.5 | P2.4 | P2.3 | ... | P2.0 | 十六进制地址 | 芯片片选 |
|---|---|---|---|---|---|---|---|---|---|
| | $A_{15}$ | $A_{14}$ | $A_{13}$ | $A_{12}$ | $A_{11}$ | ... | $A_0$ | | |
| $\overline{Y_0}$ | 0 | 0 | 0 | 0 | 0 | ... | 0 | 0000H | 内部程序存储器地址(不能接 2732) |
| | | | | | 1 | ... | 1 | 0FFFH | |
| $\overline{Y_1}$ | 0 | 0 | 0 | 1 | 0 | ... | 0 | 1000H | $IC_1$ |
| | | | | | 1 | ... | 1 | 1FFFH | |
| $\overline{Y_2}$ | 0 | 0 | 1 | 0 | 0 | ... | 0 | 2000H | $IC_2$ 和 $IC_3$ |
| | | | | | 1 | ... | 1 | 2FFFH | |
| $\overline{Y_3}$ | 0 | 0 | 1 | 1 | 0 | ... | 0 | 3000H | $IC_4$ |
| | | | | | 1 | ... | 1 | 3FFFH | |

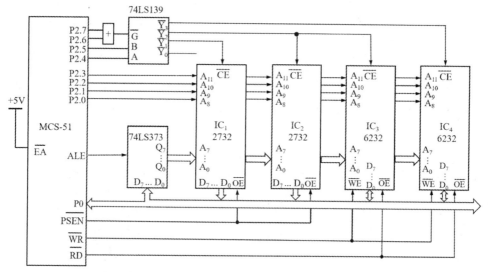

图 8-17 扩展两片 2732 和两片 6232 的连接电路

## 8.4.5 80C51 单片机存储器系统的特点和使用方法

经过外扩展，构成了完整的单片机存储器系统。下面对单片机存储器系统的特点和使用方法进行介绍。

### 1. 单片机存储器系统的特点

(1) 程序存储器与数据存储器并存。

单片机的存储器系统中程序存储器与数据存储器并存，其中程序存储器是保存程序的需要，而数据存储器则是运行程序的需要。在系统中两种存储器是截然分开的，它们有各自的地址空间、操作指令和控制信号。

其实，任何计算机都存在程序的保存问题。例如，微型机用磁盘(硬盘与软盘)来保存程序，每次开机或每当需要时启动磁盘，即可把程序调入内存运行。而单片机一般不配备磁盘等外存储设备，故只能使用 ROM 构成的程序存储器来解决。有了程序存储器之后还得靠数据存储器来运行程序，从而就有了单片机系统中程序存储器和数据存储器并存的结构。

(2) 内、外存储器并存。

单片机的存储器有内、外之分，即片内存储器和片外存储器。片内存储器是芯片固有的，使用方便、存取快捷，但容量有限，难以满足系统需要；而片外存储器是系统扩展的，从而形成了单片机系统既有内部存储器又有外部存储器的结构。内部存储器有 ROM 和 RAM 之分，外部存储器也有 ROM 和 RAM 之分。换一种说法，即程序存储器有内、外之分，数据存储器也有内、外之分这样一种复杂的结构。这种存储器的交叠配置在任何其他计算机中都不曾出现过。因此，在 80C51 单片机系统中形成了存储器的 4 个物理存储空间和 3 个逻辑存储空间，如图 8-18 所示。

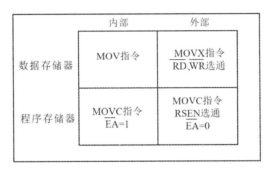

图 8-18　80C51 单片机存储器的 4 个物理存储空间和 3 个逻辑存储空间

4 个物理存储空间分别是片内程序存储空间、片外程序存储空间、片内数据存储空间及片外数据存储空间。

(3) 程序存储器地址具有连续性要求。

在编程使用时，内、外程序存储器空间的地址必须是连续的。而对应的数据存储器则没有这个要求，内、外数据存储空间是各自编址的，地址都是从 00H(0000H)开始。所以从软件的角度看，80C51 单片机系统有 3 个逻辑存储空间，即片内、外统一编址的 64KB 程序存储空间，256B 的片内数据存储空间及 64KB 的片外数据存储空间。

**2. 80C51 单片机存储器的使用**

为了正确使用 80C51 存储器，首先要注意如何区分这 4 个不同的存储空间，其次在编程时还要注意内、外程序存储器的衔接问题。

在 80C51 单片机中，为了区分不同的存储空间，采用了硬件和软件相结合的措施。所谓硬件措施，就是对不同的存储空间使用不同的控制信号，而软件措施则是访问不同的存储空间使用不同的指令。

(1) 内部程序存储器与数据存储器的区分。芯片内部的 ROM 与 RAM 是通过指令来相互区分的。读 ROM 时使用 MOVC 指令，而读 RAM 时则使用 MOV 指令。

(2) 外部程序存储器与数据存储器的区分。对外部扩展 ROM 与 RAM，同样使用指令来加以区分。读外部 ROM 时使用 MOVC 指令，而读/写外部 RAM 时则使用 MOVX 指令。此外，在电路连接上提供了两个不同的选通信号，$\overline{PSEN}$ 为外部 ROM 的读选通信号，$\overline{RD}$ 和 $\overline{WR}$ 作为外部 RAM 的读/写选通信号。

(3) 内、外数据存储器的区分。内部 RAM 和外部 RAM 是分开编址的，这就造成了外部 RAM 前 256 个单元的地址重叠。但由于有不同的指令加以区分，访问内部 RAM 使用 MOV 指令，访问外部 RAM 使用 MOVX 指令，所以不会发生操作混乱。

(4) 内、外程序存储器的衔接。出于连续执行程序的需要，内、外程序存储器必须统一连续编址(内部占低位，外部占高位)，并使用相同的读指令 MOVC。所以内、外 ROM 面临的不是地址区分问题而是地址衔接问题。再考虑到 80C51 单片机系列芯片中，有些芯片有内部 ROM，有些芯片没有内部 ROM。为此，80C51 单片机特别配置了 $\overline{EA}$(访问内外程序存储器控制)信号。

对于 80C51 这样有内部 ROM 的单片机，应使 $\overline{EA}$ = 1(接高电平)。此时，当地址为 0000H~0FFFH 时，在内部 ROM 寻址；等于或超过 1000H 时，自动到外部 ROM 中寻址，从而形成了如图 8-19 所示的内、外 ROM 的衔接形式，使内、外程序存储器成为一个地址连续的存储空间。

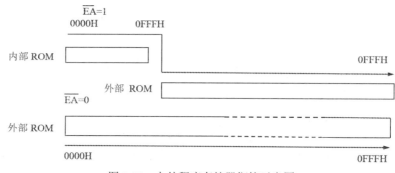

图 8-19 内外程序存储器衔接示意图

从图 8-19 中可以看出，由于 0000H~0FFFH 存储空间已被内部 ROM 占据，所以外部 ROM 就不能再使用这部分存储空间了，相当于外部 ROM 损失了 4KB 的存储空间。

对于 80C51 这样没有内部 ROM 的单片机，应使 $\overline{EA}$ = 0(接地)。这样，只需对外部 ROM 进行寻址，寻址范围为 0000H~FFFFH，是一个完整的 64KB ROM 空间。

总结上述内容可知，在 80C51 单片机系统中，虽然存储器交叠增强了单片机的寻址能力，但同时也给学习和使用增加了一些困难。例如，增加了指令的类型和控制信号的数目，给程序设计和电路连接增加了麻烦，使程序设计容易出错，且出错后又不易查找，加大了程序调试的难度。

# 8.5  单片机人机接口技术

单片机的人机接口即单片机和操作者之间的信息交互方式。一般而言，单片机的人机交互包含信息的输出和输入两部分。信息输出部分通常采用 LED 和 LCD 显示完成，输入一般采用键盘的方式实现。

## 8.5.1  LED 显示及接口

### 1. 常用 LED 显示的结构

LED 显示器是由发光二极管来显示字段的器件。在单片机应用系统中常用七段显示器。发光二极管的阳极连在一起的称为共阳极显示器，阴极连在一起的称为共阴极显示器。如图 8-20 所示为七段发光显示器的结构图。

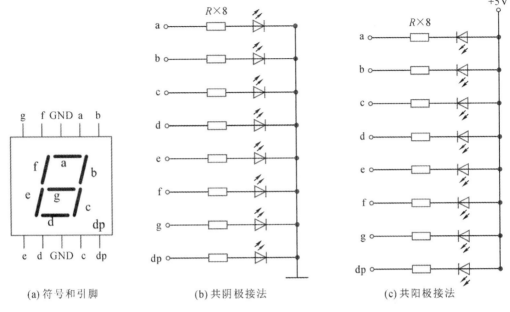

(a) 符号和引脚　　　　　　(b) 共阴极接法　　　　　　(c) 共阳极接法

图 8-20　七段 LED 显示器

一个显示器由 8 个发光二极管组成，其中 7 个发光二极管控制 a～g 这 7 个段的亮或暗。另一个发光二极管 dp 控制一个小数点的亮或暗。这种七段显示器能显示的字符较少，字符的形状有些失真，但与单片机的控制接口非常简单，使用方便。

对七段发光显示器的 8 位并行输入端输入不同数据可获得不同的数字或字符输出，如表 8-4 所示(按 dp: $D_7$, g: $D_6$, f: $D_5$, e: $D_4$, d: $D_3$, c: $D_2$, b: $D_1$, a: $D_0$ 排成一个字节)。通常称控制发光二极管的 8 位数据为段选位，显示器的共阴极或共阳极的公共连接点为位选信号，共阴极与共阳极的段选码互为补数，即为反码。

表 8-4　七段 LED 显示器码

| 显示字符 | 共阴极段选码 | 共阳极段选码 | 显示字符 | 共阴极段选码 | 共阳极段选码 | 显示字符 | 共阴极段选码 | 共阳极段选码 |
|---|---|---|---|---|---|---|---|---|
| 0 | 3FH | C0H | 8 | 7FH | 80H | P | 73H | 8CH |
| 1 | 06H | F9H | 9 | 6FH | 90H | U | 3EH | C1H |
| 2 | 5BH | A4H | A | 77H | 88H | Γ | 31H | CEH |
| 3 | 4FH | B0H | b | 7CH | 83H | Y | 6EH | 91H |
| 4 | 66H | 99H | C | 39H | C6H | 8. | FFH | 00H |
| 5 | 6DH | 92H | d | 5EH | A1H | "灭" | 00H | FFH |
| 6 | 7DH | 82H | E | 79H | 86H | | | |
| 7 | 07H | F8H | F | 71H | 8EH | | | |

### 2. LED 显示器的显示方式及接口

LED 显示方式分为静态显示方式和动态显示方式。

(1) 静态显示方式及接口。

静态显示方式就是当显示器显示某一个字符时，相应的发光二极管恒定地导通或截止，直到显示另一个字符为止。例如，对于共阴极的 LED 显示器，当其中 a、b、c、d、e、f 为高电平，g、dp 为低电平时，高电平的引脚恒定导通，低电平的引脚恒定截止，显示器显示"0"。这种显示方式的每一个七段 LED 显示器都需要有一个 8 位的输出口控制段选位，各个显示器的位选引脚连在一起接低电平(共阴极时)或接高电平(共阳极时)。

如图 8-21 所示，利用 8255 的 3 个 I/O 口控制 3 位七段显示器的接口逻辑，图中为共阳极接法。在图 8-21 中，通过 8255 的 PA、PB、PC 三个 8 位 I/O 口输出分别显示"1"、"2"、"3"的程序如下(设 8255 控制口地址为 7FFFH)。

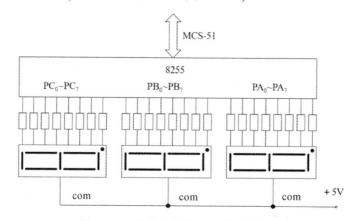

图 8-21　3 位静态七段 LED 显示器接口

```
DISP:   MOV    DPTR, #7FFFH        ; 将 8255 的地址送入数据指针 DPTR
        MOV    A, #80H             ; 将 PA、PB、PC 都设置为输出口
        MOV    @DPTR, A
        MOV    DPTR, #7FFCH        ; 指向 8255 的 PA 口的地址
        MOV    A, #F9H             ; 将字符"1"的段选码送到 PA 口
        MOVX   @DPTR, A
        MOV    DPTR, #7FFDH        ; 指向 8255 的 PB 口的地址
        MOV    A, #A4H             ; 将字符"2"的段选码送到 PB 口
        MOVX   @DPTR, A
        MOV    DPTR, #7FFEH        ; 指向 8255 的 PC 口的地址
        MOV    A, #B0H             ; 将字符"3"的段选码送到 PB 口
        MOV    X   @DPTR, A
        RET
```

静态显示方式中显示器的各位相互独立，而且各位的显示字符已经确定，相应锁存的输出将维持不变，正因为如此，静态显示时亮度较高。这种显示方式编程容易，管理也较简单，但占用 I/O 口资源较多，因此在显示位数较多时，一般采用动态显示方式。

(2) 动态显示方式及接口。

在多位 LED 显示时，为了节省 I/O 口线，简化电路，降低成本，一般采用动态显示方式。动态显示方式是一位一位地分时轮流点亮各位显示器，对每一位显示器来说，每隔一段时间轮流点亮一次。显示器的亮度与导通电流和点亮的时间有关。调整导通电流和时间参数，可实现亮度较高较稳定的显示，而共阴极和共阳极的公共端分别由相应的 I/O 口控制，实现各位显示器的分时选通。图 8-22 为利用 8155 的 PA 口来控制各显示器轮流选通，PB 口接各个显示器的段选位，为各显示器提供显示数据。在图 8-22 中，LED 为共阴极数码显示器。设 6 位显示器的显示缓冲器单元为内部 RAM 59H～5EH，分别存放 6 位显示器的显示数据。8155 的 PA 口扫描输出总是只有一位为高电平，即 PA 口经过反相后仅有一位公共阴极为低电平，8155 的 PB 口则输出相应位(PA 口输出为高对应的位显示器)的显示数据，使该位显示与显示缓冲器相对应的字符，而其余各位均为熄灭。依次改变 8155 的 PA 口输出为高电平，PB 口则输出对应的显示缓冲器的数据。

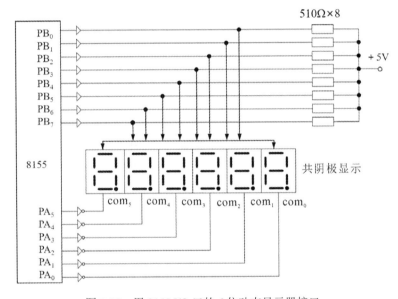

图 8-22　用 8155 I/O 口的 6 位动态显示器接口

以下为图 8-22 对应的参考显示子程序。

```
DIR6:   MOV    R0, #59H          ; 设置显示缓冲区首地址
        MOV    DPTR, #7F00H      ; 设置 8155 命令字寄存器地址为 7F00H
        MOV    A, #03H           ; 设置 8155 的 PA、PB 口为输出
        MOVX   @DPTR, A
        MOV    R3, #01H
        MOV    A, R3             ; 为 PA 口准备数据
LD0:    MOV    DPTR, #7F01H
        MOVX   @DPTR, A          ; 将 PA 口的数据输出
                                 ; 将一个显示器的公共端为 0，其余为 1
        INC    DPTR              ; 指向 8155 PB 口的地址
        MOV    A, @R0            ; 取显示缓冲区的数据
```

```
        ADD     A, #0DH          ；将表的首地址到该指令的长度写入累加器
        MOVC    A, @A+PC         ；查表找出该数据对应的段码值
        MOVX    @DPTR, A  ；将该段值输出到 PB 口
        ACALL   DL1              ；调用适当的延时使数据显示达到一定的亮度
        INC     R0               ；指向下一个显示数据
        MOV     A, R3            ；将显示的位数据送累加器
        JB      ACC.5, LD1       ；是否显示到第六个显示器
        RL      A                ；右移一位显示下一位显示器
        MOV     R3, A
        SJMP    LD0              ；六个显示器未显示完继续循环显示
LD1:    RET
DSEG0:  DB      3FH, 06H, 5BH, 4FH, 66H, 6DH         ; 012345
DSEG1:  DB      7DH, 07H, 7FH, 6FH, 77H, 7CH         ; 6789Ab
DSEG2:  DB      39H, 5EH, 79H, 71H, 73H, 3EH         ; CDEFPU
DSEG3:  DB      31H, 6EH, 1CH, 23H, 40H, 03H         ; Γ、y、ㄩ、ㄇ、-、ㄱ
DSEG4:  DB      18FH, 00H, 00H                       ; ㄴ
```

## 8.5.2 键盘及接口

在单片机应用系统中，为了控制系统的工作状态以及向系统输入数据，应用系统应设有按键或键盘，实现简单的人机会话。键盘是一组按键的集合，键通常是一种常开型按钮开关。平时键的两个触点处于断开状态，按下键时它们才闭合、松开后断开。从键盘的结构来分，键盘可以分为独立式和矩阵式两类，每类按其识别方法又分为编码和未编码键盘两种。键盘上闭合键的识别由专门的硬件译码器实现并产生编号或键值的称为编码键盘，由软件识别的称为未编码键盘。

在由单片机组成的测控系统及智能化仪表中，用得较多的是未编码键盘。本节主要介绍未编码键盘的原理、接口技术和程序设计。通常的按键开关为机械弹性开关，由于机械点的弹性作用，一个按键开关在闭合时并不会马上稳定地闭合，断开时也不会马上断开，因而机械开关在闭合及断开瞬间均伴随有一连串的抖动，如图 8-23 所示。抖动的时间长短由按键开关的机械特性及按键的人为因素决定，一般为 5～20 ms。

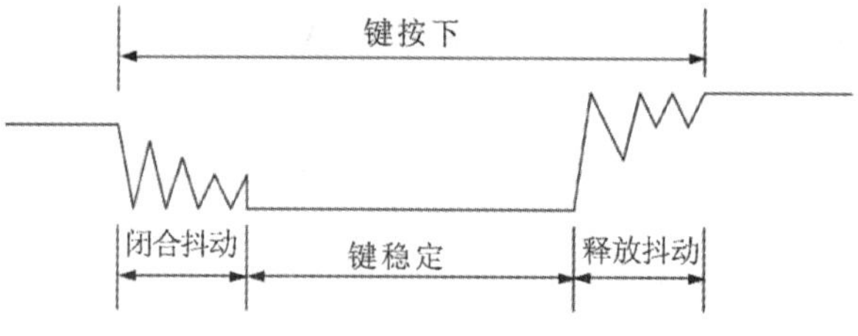


图 8-23 键闭合和断开时的电压抖动

按键处理不当会引起一次按键被误处理多次。为了确保 CPU 对键的一次闭合仅作一次处理，则必须消除键的抖动。消除键抖动可用硬件和软件两种方法。消除键抖动，若

键数较少通常用硬件的方法，键数较多的时候用软件的方法。

消除键抖动的硬件方法常用 RS 触发器、施密特门电路等。消除键抖动的软件方法是当检测出键闭合后执行一个延时程序(产生 5～20 ms 的延时)，待前沿抖动消失后再次检测键状态，如果键仍保持闭合状态，则可确认有键按下。当检测到按键释放并执行延时程序，待后沿抖动消失后才转入该键的处理程序。

### 1. 独立式键盘接口及处理程序

独立式键盘是各按键相互独立地接通在一条输入数据线上，如图 8-24 所示。它是一种简单的键盘结构，图中电路为查询方式电路。若有任何一个键按下，则与之相连的输入数据线即被置为低电平，而平时该输入线的状态为高电平。这种键盘结构的优点是电路简单，编程简单明了；缺点是键数较多时，要占用较多的 I/O 口线。图中按键的判别程序如下(这里没有考虑延时去抖的问题)。

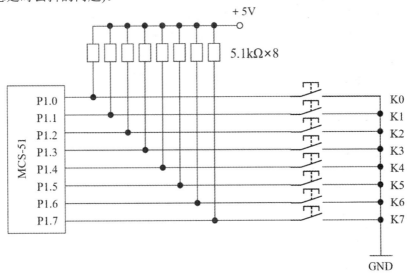

图 8-24　独立式未编码键盘

```
START:  MOV   P1, #0FFH      ;P1 口作为输入时，口锁存器保持高水平
        MOV   A, P1          ;取 P1 口的值，即读键状态
        JNB   ACC.0, K0      ;0 号键按下转 K0
        JNB   ACC.0, K1      ;1 号键按下转 K1
        JNB   ACC.0, K2      ;2 号键按下转 K2
        JNB   ACC.0, K3      ;3 号键按下转 K3
        JNB   ACC.0, K4      ;4 号键按下转 K4
        JNB   ACC.0, K5      ;5 号键按下转 K5
        JNB   ACC.6, K6      ;6 号键按下转 K6
        JNB   ACC.7, K7      ;7 号键按下转 K7
        JMP   START          ;无键按下返回
K0:     LJMP  PK0            ;转 0 号键按下的处理程序
K1:     LJMP  PK1            ;转 1 号键按下的处理程序
```

```
        ...
K7:     LJMP    PK7                 ; 转 7 号键按下的处理程序
PK0:                                ; 0 号键按下的处理程序
        JMP     START               ; 0 号键处理完成后返回
        ...
PK7: ···                            ; 7 号键按下的处理程序
        JMP     START
```

以上按键判别程序是采用查询方式判别键是否按下，各按键的优先顺序由程序的查询顺序决定，本例依次为键号 0 至键号 7。

### 2. 行列式键盘原理及键盘扫描流程

为了减少键盘与单片机接口时所占用的 I/O 口线的数目，通常都将键盘排列成行列矩阵式，如图 8-25 所示。键盘的行线与列线的交叉处通过一个按键来联通，列线通过电阻接 +5 V，当键盘上没有键闭合时所有的行线和列线都断开，则列线都呈高电平。当键盘上某一个键闭合时，则该键所对应的行线和列线被短路。例如，A 交叉点的键被按下闭合时，行线 $D_2$ 和列线 $D_1$ 被短路，此时 $D_1$ 的电平由 $D_2$ 的电位所决定。

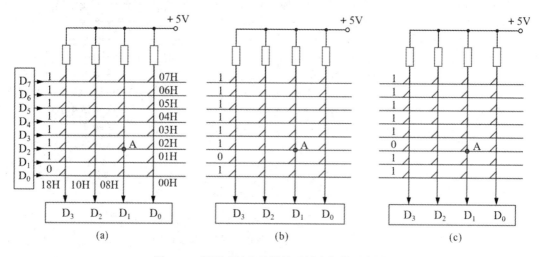

图 8-25　行列式键盘的结构及键盘扫描示意图

如果把列线接到单片机的输入口，行线接到单片机的输出口，则在单片机的控制下，先使行线 $D_0$ 为低电平，其余 7 根行线都为高电平，读列线的状态。如果 $D_0$、$D_1$、$D_2$、$D_3$ 都为高电平，则 $D_0$ 这一行没有键闭合。如果读出的列线状态不全为高电平，则为低电平的列线和 $D_0$ 行线相交的键处于闭合状态。如果 $D_0$ 这一行上没有键闭合，接着使行线 $D_1$ 为低电平，其余行线为高电平，用同样的方法检查 $D_1$ 这一行上有没有键闭合。依此类推，最后使行线 $D_7$ 为低电平，其余的行线为高电平，检查 $D_7$ 这一行上是否有键闭合。这种通过逐行逐列地检查键盘状态过程完成对键盘一次扫描的方法又称为逐行扫描法。CPU 对键盘扫描可以采取程序控制的随机方式，CPU 空闲时扫描键盘；也可以采取定时控制方式，每隔一定时间 CPU 对键盘扫描一次，CPU 可以随时响应键盘的输入请求；还可以采用中断的方式，当键盘上有键闭合时，向 CPU 请求中断，CPU 响应键盘中断，对键盘扫描，以识别哪一个键处于闭合状态，并对键输入信息作出相应处理。CPU 对键盘上闭合键的键号确定，可以根据行线和列线的状态计算求得，也可以根据行线和列线状态查表求得，若以键在键盘中的位置进行编码，从 0 开始按自然数顺序进行编码，编码以十六进制数表示，则图 8-25 键盘上各键的键码，如表 8-5 所示。

表 8-5　键码表

| 行 | 列 | | | |
|---|---|---|---|---|
| | $D_3$ | $D_2$ | $D_1$ | $D_0$ |
| $D_7$ | 1FH | 17H | 0FH | 07H |
| $D_6$ | 1EH | 16H | 0EH | 06H |
| $D_5$ | 1DH | 15H | 0DH | 05H |
| $D_4$ | 1CH | 14H | 0CH | 04H |
| $D_3$ | 1BH | 13H | 0BH | 03H |
| $D_2$ | 1AH | 12H | 0AH | 02H |
| $D_1$ | 19H | 11H | 09H | 01H |
| $D_0$ | 18H | 10H | 08H | 00H |

从行扫描到键码生成的程序流程如图 8-26 所示。

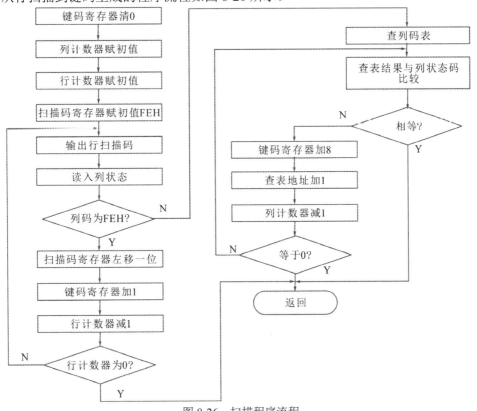

图 8-26　扫描程序流程

从行的方面看，为形成行扫描码设置一个扫描码寄存器。参照图 8-26，由于扫描是从最下行开始的，所以扫描码寄存器赋初值 FEH。以后其他各行的扫描码可以通过扫描码寄存器左移一位来形成。从列来看，为了与扫描过程中读回的列状态进行比较，可预先把各列的状态码写成一个数据表，形成列码表，以便每次扫描时都会与列的状态码进行比较。为了生成和保存键码，还设置了一个键码寄存器，并赋初值 00H。行计数器和列计数器用于控制扫描。

**【例 8-2】** 以 8255 作为 8×4 行列式键盘的接口，设计一个 MCS-51 单片机系统矩阵键盘并编写键盘扫描程序。

**解** 以 8255 的 PA 口为输出口，接键盘行线。PC 口为输入口，以 $PC_3 \sim PC_0$ 接键盘的 4 条列线。设计电路如图 8-27 所示。因为是采用线选法对 8255 进行片选的，所以 8255 的端口有多个地址，以其中一组地址进行操作，假如 PA 口的地址为 8000H，PC 口的地址为 8002H，控制寄存器地址为 8003H。

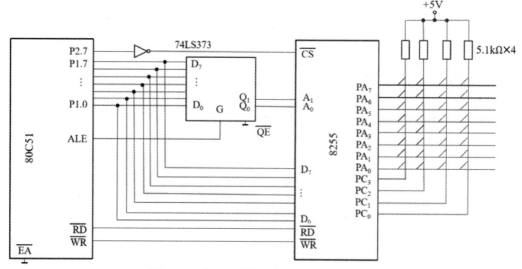

图 8-27　以 8255 为接口的 8×4 行列式键盘

判断有无闭合键的子程序为 KS，以供在键盘扫描程序中调用。执行 KS 子程序的结果是：有闭合键，则(A) ≠ 0；无闭合键，则(A) = 0。程序如下。

```
KS:   MOV    DPTR, #8000H
      MOV    A, #00H              ;A 口送 00H
      MOVX   @DPTR, A
      INC    DPTR
      INC    DPTR                 ;建立 C 口地址
      MOVX   A, @DPTR             ;读 C 口
      CPL    A                    ;A 取反，若无键按下，则全为 0
      ANL    A, #0FH              ;屏蔽 A 高半字节
      RET
```

由于在单片机应用系统中常常是键盘和显示器同时存在，因此可以把键盘程序和显示程序配合起来使用，即把显示程序作为键盘程序中的一个延时子程序使用。这样既不耽误显示驱动，又可以起到键盘定时扫描的作用。

假定本系统中显示器驱动程序为 DIR，执行时间约为 6 ms。键盘扫描程序如下，程序

中 R2 为扫描码寄存器，R4 为行计数器。键盘扫描程序的运行结果是将闭合键的键码放在累加器 A 中。键码的计算公式为

$$键码 = 列状态码起始值 + 行号$$

```
KEY:    ACALL   KS                  ; 检查是否有键闭合
        JNZ     LK1                 ; A 非 0，则转移
        ACALL   DIR                 ; 驱动显示器(延时 6ms)
        AJMP    KEY

LK1:    ACALL   DIR                 ; 有键闭合 2 次驱动显示器
        ACALL   DIR                 ; 延时 12ms 进行去抖动
        ACALL   KS                  ; 再检查是否有键闭合
        JNZ     LK2                 ; 有键闭合，转 LK2
        ACALL   DIR
        AJMP    KEY                 ; 无键闭合，延时 6ms 后转 KEY

LK2:    MOV     R2, #FEH            ; 扫描初值送 R2
        MOV     R4, #00H            ; 扫描行号送 R4

LK4:    MOV     DPTR, #8000H        ; 建立 A 口地址
        MOV     A, R2
        MOVX    @DPTR, A            ; 扫描初值送 A 口，扫描开始
        INC     DPTR
        INC     DPTR                ; 指向 C 口
        MOVX    A, @DPTR            ; 读 C 口
        JB      ACC.0, LONE         ; ACC.0=1，第 0 列无键闭合，转 LONE
        MOV     A, #00H             ; 装第 0 列状态码起始值
        AJMP    LKP

LONE:   JB      ACC.1, LTWO         ; ACC.1=1，第 1 列无键闭合，转 LTWO
        MOV     A, #08H             ; 装第 1 列状态码起始值
        AJMP    LKP

LTWO:   JB      ACC.2, LTHR         ; ACC.2=1，第 2 列无闭合，转 LTHR
        MOV     A, #10H             ; 装第 2 列状态码起始值
        AJMP    LKP

LTHR:   JB      ACC.3, NEXT         ; ACC.3=1，第 3 列无键闭合，则转 NEXT
        MOV     A, #18H             ; 装第 3 列状态码起始值

LKP:    ADD     A, R4               ; 计算键码
        PUSH    ACC                 ; 保护键码

LK3:    ACALL   DIR                 ; 延时 6ms
        ACALL   KS                  ; 查键是否继续闭合，若闭合再延时
        JNZ     LK3
        POP     ACC                 ; 若键起，则键码送 A
        RET
```

```
NEXT:   INC     R4              ; 扫描行号加 1
        MOV     A, R2
        JNB     ACC.7, KND      ; 第 7 位为 0，已扫完最后一行，则转 KND
        RL      A               ; 扫描码循环左移一位
        MOV     R2, A
        JMP     LK4             ; 进行上一行扫描
KND:    AJMP    KEY             ; 一轮扫描完毕，开始新的一轮扫描
```

# 8.6  用 8279 扩展键盘与 LED 显示器

8279 是一款专门用于显示器、键盘管理的可编程芯片，由单一 +5 V 电源供电。使用它作为显示器和键盘的接口，不但可以节省单片机的并行口，而且节省用于键盘扫描、动态显示的时间，从而提高 CPU 的执行效率。

## 8.6.1  8279 的内部结构和引脚

8279 的内部结构和引脚如图 8-28 所示。由图可知，8279 主要由以下几个部分构成。

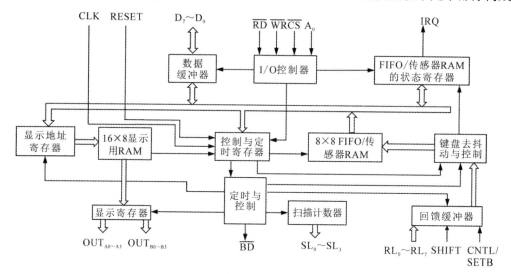

图 8-28  键盘和显示接口芯片 8279 结构框图

### 1. I/O 控制器和数据缓冲器

数据缓冲器是双向数据缓冲器，连接内、外总线，用于传送 CPU 与 8279 之间的命令和数据。I/O 控制器则利用 $\overline{CS}$、$A_0$ 及 $\overline{RD}$、$\overline{WR}$ 信号去控制各种内部寄存器的读/写，$A_0 = 1$ 时表示传送的是命令和状态信息，$A_0 = 0$ 时表示传送的是数据信息。

(1) 控制与定时寄存器。

控制与定时寄存器用于存放键盘和显示方式，以及由 CPU 编程决定的其他操作方式。CLK 可接到系统时钟或单片机 ALE 引脚上，从而与系统时钟同步。定时控制采用软件分

频，分频系数可在 2～31 之间，以保证内部需要的 100 kHz 时钟，然后再经过内部分频，为键盘扫描提供适当的逐行扫描时间和显示扫描时间。

(2) 扫描计数器。

扫描计数器有两种工作方式。第一种为编码方式，该计数器进行二进制计数，必须通过外部译码来为键盘和显示器提供扫描线，故 $SL_0$～$SL_3$ 的 4 条线不可直接用于键盘扫描，外部译码可用 16 选 1 译码器。第二种为译码方式，表示该 4 条线已是经过译码后的输出，4 条线中同时只有一条线为低电平。

(3) 回馈缓冲器、键盘去抖与控制。

来自 $RL_0$～$RL_7$ 的 8 根回馈信号由回馈缓冲器加以缓冲并锁存。在键盘模式时，这些线被扫描，如有键按下，便将键矩阵中该键的地址送入 FIFO。在选通输入模式中，回馈线的内容在 CNTL/STB 的脉冲上升沿被送入 FIFO 寄存器。

(4) FIFO/传感器 RAM。

这是一个具有双重功能的 8×8 RAM。在键盘和选通输入模式中，它是先进先出的 FIFO RAM，每一个新的输入写入连续的 RAM 单元中，并且按输入的顺序读出。FIFO 状态寄存器用来存储 FIFO 的状态，并可读入 CPU 中。在传感器扫描方式中，该存储器 FIFO 又作为传感器 RAM，它存放传感器矩阵中的每一个传感器状态。在此方式中，若检索出传感器的变化，IRQ 信号变为高电平，向 CPU 申请中断。

(5) 显示寄存器和显示 RAM。

显示寄存器保持由 CPU 写入或读出的显示 RAM 的地址，它可由命令设定，也可以设置成每次读出或写入之后自动递增。显示 RAM 用来存储显示数据，容量为 16×8 位，在显示过程中，显示数据轮流从显示寄存器输出。显示寄存器分别为 A、B 两组，$OUT_{A0\sim A3}$ 和 $OUT_{B0\sim B3}$ 可单独送数，也可组成 8 位的字显示。显示器的数据可从右端或左端进入。

### 2. 8279 的命令字格式

8279 的命令字格式如表 8-6 所示。

表 8-6  8279 命令字格式

| 功　　能 | 代　　码 | 注　　释 |
|---|---|---|
| 工作模式设置 | $000D_1D_2K_2K_1K_0$ $(00001000)_{RET}$ | $D_1D_2$ 为显示方式设置位，$D_2 = 0$，8 字符显示；$D_2 = 1$，16 字符显示；$D_1 = 0$，左端输入；$D_1 = 1$，右端送入；$K_2K_1K_0$ 为键盘方式设置位[①] |
| 定标值设置 | $001P_4P_3P_2P_1P_0$ $(00111111)_{RET}$ | $P_4$～$P_0$ 为预定值 2～31 |
| 读 FIFO/传感器 RAM | $010AI\times A_2A_1A_0$ | AI 为自动加 1 标志，$A_2A_1A_0$ 是 CPU 读出 FIFO/传感器 RAM 数据单元地址，当 AI = 1 时地址自动加 1 |
| 读显示用 RAM | $011AIA_3A_2A_1A_0$ | AI 为自动加 1 标志，$A_3A_2A_1A_0$ 为 CPU 读出显示用 RAM 单元地址 |
| 写显示用 RAM | $100AIA_3A_2A_1A_0$ | AI 为自动加 1 标志，$A_3A_2A_1A_0$ 为 CPU 写入显示用 RAM 单元地址 |
| 显示器禁止写/熄灭 | $101\times IW_1IW_0BL_1BL_0$ | IW = 1 则显示器禁止写；BL = 1 则显示器熄灭；$IW_1$、$BL_1$ 为 A 口控制位；$BL_0$、$IW_0$ 为 B 口控制位 |

续表

| 功　能 | 代　码 | 注　释 |
|---|---|---|
| 清除 | $110CD_2CD_1CD_0CFCA$ | CA 是总清位，CA = 1，则清除 FIFO 与显示用 RAM，内部定时链复位。CF = 1，将 FIFO 置成空状态，并使中断输出复位，传感器 RAM 置成 0 行，CD 用于清除显示位等[②] |
| 中断结束/设置出错方式 | $111E××××$ | 对传感器矩阵方式，该命令使 IRQ 变为低电平，E = 1 时，为 N 键巡回特殊出错方式工作 |

注：① 在选择编码扫描方式时，可外接 8 × 8 键盘或传感矩阵；选择译码扫描方式时，CNTL/SETB 为选通脉冲输入端，而 $RL_0 \sim RL_7$ 为信号输入口。

② 双键互锁是为双键同时按下提供的保护方法，在消抖周期里，如果两键同时按下，只有其中一个键弹起，而另一个键保持在按下位置时才被认可；N 键轮回为 N 键同时按下的保护方法，当有若干键按下时，键盘扫描能根据它们按下的顺序依次将它们的状态送 FIFO RAM 中。

### 3. 8279 的状态字

在键输入和选通输入方式中，读 8279 的状态字($A_0 = 1$)可以判断 FIFO 中字符的个数(按入键的个数)及是否出错，状态字的格式如下。

| $D_7$ | $D_6$ | $D_5$ | $D_4$ | $D_3$ | $D_2$ | $D_1$ | $D_0$ |
|---|---|---|---|---|---|---|---|
| DU | S/E | O | U | F | N | N | N |

- NNN：FIFO RAM 中字符的个数。
- F：FIFO RAM 满标志，F = 1 表示 FIFO RAM 已满。
- U：FIFO RAM 空标志，U = 1 表示 FIFO RAM 无字符。
- O：FIFO RAM 溢出标志，在 FIFO 满时，再送一个字符，此位置 1。
- S/E：传感器信号结束/错误特征位。
- DU：显示无效特征位，DU = 1 表示显示无效，此时不可对显示 RAM 写入数据。

### 4. 读入数据格式

在键盘扫描方式时，发送读 FIFO 命令后，从数据口($A_0 = 0$)读入数据的格式如下。

| $D_7$ | $D_6$ | $D_5D_4D_3$ | $D_2D_1D_0$ |
|---|---|---|---|
| CNTL | SHIFT | 扫描值 | 回送值 |

- $D_2 \sim D_0$：只是输入键所在的列号($RL_0 \sim RL_7$ 的计数值)。
- $D_5 \sim D_3$：只是输入键所在的行号($SL_3 \sim SL_0$ 的计数值)。
- SHIFT：引脚 SHIFT 的状态，同在 SHIFT 上接一按键可作为上、下档控制键。
- CNTL：引脚 CNTL 的状态，通常 CNTL 上接一按键，与其他键连用作为特殊命令键。

## 8.6.2　MCS-51 与 8279 的接口编程

8279 与单片机及键盘和显示部分的接口电路如图 8-29 所示。图中 MCS-51 的 P0 口接 8279 的 $D_0 \sim D_7$，P2.7 接 8279 的片选信号 $\overline{CS}$，ALE 信号直接接 8279 的时钟输入端 CLK，由程序编程设置 8279 内部的分频数，以产生 100 kHz 的操作频率，单片机外部中断 $\overline{INT1}$ 接经反相后的 8279 中断请求线，两者的读、写信号互连，单片机的最低地址位接 8279 的 $A_0$，故 8279 的命令字、状态字口地址为 7FFFH，数据输入/输出口地址为 7FFEH。设 MCS-51 接的晶振频率为 12 MHz。

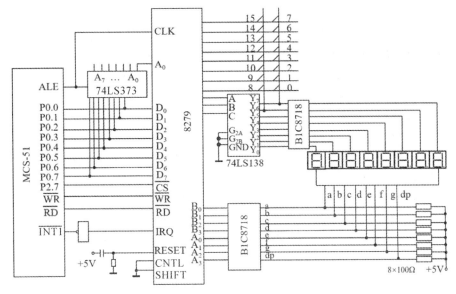

图 8-29　MCS-51 采用 8279 扩展的键盘、显示器电路

汇编语言程序如下：

```
MAIN:    MOV     SP, #60H
         CLR     EA
         MOV     DPTR, #7FFFH         ; 指向 8279 命令口地址
         MOV     A, #0D1H
         MOVX    @DPTR, A             ; 送总清除命令
LP:      MOVX    A, @DPTR             ; 读状态字
         JB      ACC.7, LP            ; 等待清除完毕
         MOV     A, #00
         MOVX    @DPTR, A             ; 8 字符显示，左入口
         MOV     A, #34H
         MOVX    @DPTR, A             ; 20 分频至 100 kHz
         MOV     DPTR, #DISBH         ; 指向提示字符首地址
         LCALL   DIS                  ; 显示提示符
         MOV     20H, #80H            ; (20H).7=1 为无键
         ...
         SETB    IT1
         SETB    EX1
RKJMP:   SETB    EA
         MOV     B, #03H
         ACALL   RKEY                 ; 调用获取键子程序
```

```
        MOV     DPTR, #KPRG         ; 赋键功能入口首地址
        MUL     AB
        JMP     @A+DPTR             ; 转至键功能处理程序
INT1P:  MOV     A, #40H
        MOV     DPTR, #7FFFH
        MOVX    @DPTR, A            ; 送读 FIFO RAM 命令
        MOV     DPTR, #7FFEH        ; 读 FIFO RAM 键值
        MOVX    A, @DPTR
        MOV     20H, A              ; 键值送 20H 单元保存
        RETI
RKEY:   MOV     A, 20H
        JNB     ACC.7, K1           ; 判断是否有键
        SJMP    RKEY                ; 键盘缓冲器空则继续读键
K1:     MOV     20H, #80H           ; 有键，重置键盘缓冲器为空
        CLR     EA                  ; 关中断，准备键盘命令处理
        RET
KPRG:   LJMP    KPRG0               ; 跳转至 0 数字键处理
        …
        LJMP    KPRGF               ; 跳转至 15 数字键处理
KPRG0:  …                           ; 0 数字键处理程序
        LJMP    RKJMP
        …
KPRGF:  …                           ; 15 数字键处理程序
        LJMP    RKJMP
DIS:    PUSH    DPH                 ; 提示符代码地址压栈
        PUSH    DPL
        MOV     R2, #08             ; 8 个提示字符
        MOV     A, #90H
        MOV     DPTR, #7FFFH
        MOVX    @DPTR, A            ; 送写显示器命令
        POP     DPL                 ; 弹出提示符代码地址
        POP     DPH
REDS:   MOV     A, #0
        MOVC    A, @A+DPTR          ; 查表取提示符代码
        PUSH    DPH                      ; 提示符代码地址压栈
        PUSH    DPL
        MOV     DPTR, #TAB
        MOVC    A, @A+DPTR          ; 查表取段选码
        MOV     DPTR, #7FFEH
```

```
        MOVX    @DPTR, A              ; 段选码送显示 RAM
        POP     DPL
        POP     DPH
        INC     DPTR                  ; 指向下一个提示符代码地址
        DJNZ    R2, REDS              ; 循环至提示符显示完
        RET
DISBH:  DB      0BH, 12H, 14H, 07H, 00H, 06H, 17H, 17H   ; "bH–706" 地址
TAB :   DB      3FH, 06H, 5BH, 4FH, 66H, 6DH   ; "0 1 2 3 4 5" 段选码数据
        DB      7DH, 07H, 7FH, 6FH, 77H, 7CH   ; "6 7 8 9 A b" 段选码数据
        DB      39H, 5EH, 79H, 71H, 73H, 3EH   ; "C D E F P U" 段选码数据
        DB      76H, 38H, 40H, 6EH, FFH, 00H   ; "H L – y 8. 灭" 段选码数据
```

# 8.7　可编程并行 I/O 扩展

目前的接口电路都已集成化，芯片种类多，本教材介绍一个接口芯片 8255，它是 Intel 公司产品，因其工作方式和操作功能等可通过程序进行设置和改变，所以称为可编程接口芯片。

## 8.7.1　8255 硬件逻辑结构

8255 的全称是"可编程并行输入/输出接口芯片"，具有通用性强且使用灵活等优点，可用于实现 80C51 系列单片机的并行 I/O 口扩展。

8255 是一个 40 引脚的双列直插式集成电路芯片，其引脚排列如图 8-30 所示。按功能可把 8255 的内部结构分为 3 个逻辑电路部分，分别为口电路、总线接口电路和控制逻辑电路，如图 8-31 所示。

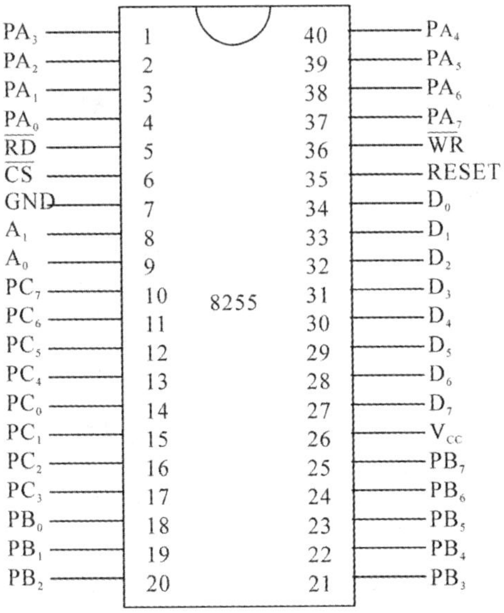

图 8-30　8255 芯片引脚排列

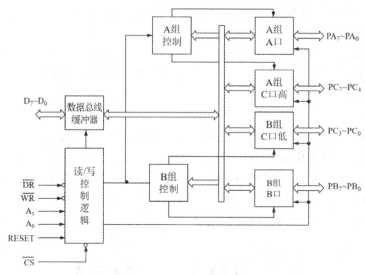

图 8-31　8255 的逻辑结构

### 1. 口电路

8255 共有 3 个 8 位口，其中 A 口和 B 口是单纯的数据口，供数据输入/输出使用。而 C 口则既可以作数据口使用，又可以作控制口使用，主要用于实现 A 口和 B 口的控制功能。因此，在使用中常把 C 口分为两部分，即 C 口高位部分($PC_7 \sim PC_4$)和 C 口低位部分($PC_3 \sim PC_0$)。

数据传送中 A 口所需的控制信号由 C 口高位部分提供，因此，把 A 口和 C 口高位部分结合在一起称为 A 组；同理，把 B 口和 C 口低位部分结合在一起称为 B 组。

### 2. 总线接口电路

总线接口电路用于实现 8255 和单片机芯片的信号连接。其中包括数据总线缓冲器和读/写控制逻辑两种。

#### 1) 数据总线缓冲器

数据总线缓冲器为 8 位双向三态缓冲器，可直接与系统数据总线相连，与 I/O 操作有关的数据、控制字和状态信息都是通过该缓冲器进行传送的。

#### 2) 读/写控制逻辑

读/写控制逻辑用于实现 8255 硬件管理，其内容包括芯片的选择、口的寻址以及规定各端口和单片机之间的数据传送方向等。相关的控制信号有：

(1) $\overline{CS}$，片选信号。

(2) $\overline{RD}$，读信号。

(3) $\overline{WR}$，写信号。

(4) $A_0$、$A_1$，低位地址信号，用于端口选择。8255 共有 4 个可寻址端口。

(5) RESET，复位信号(高电平有效)。芯片复位后，控制寄存器清 0，各端口被置为输入方式。

### 3. A 组和 B 组控制电路

A 组控制和 B 组控制合在一起构成 8255 的控制电路，其中包括一个 8 位控制寄存器，用于存放编程命令和实现各口操作控制。

**4. 中断控制电路**

8255 逻辑电路中还包含一个中断控制电路(在图中没有画出)。中断控制电路中对应 A、B 两个口各有一个中断触发器，即触发器 A 和触发器 B，用于对中断的允许和禁止进行控制。置位为允许，复位为禁止。对两个触发器的置位和复位控制是通过 C 口的有关位进行的，具体划分是：输入方式下，$PC_4$ 对应触发器 A，$PC_2$ 对应触发器 B；在输出方式下，$PC_6$ 对应触发器 A，$PC_2$ 对应触发器 B。

## 8.7.2　8255 的工作方式

8255 共有 3 种工作方式，即方式 0、方式 1、方式 2。

**1. 方式 0(基本输入/输出方式)**

方式 0 适用于无条件数据传送，因为没有条件限制，所以数据传送可随时进行。两个 8 位口(A 口和 B 口)和两个 4 位口(C 口高位和 C 口低位部分)都可以分别或同时设置为方式 0。

在方式 0 下，这 4 个口可以有 16 种输入/输出组合，分别为："A 输入 B 输入 C 高位输入 C 低位输入"，"A 输入 B 输入 C 高位输入 C 低位输出"，……"A 输入 B 输出 C 高位输出 C 低位输出"，"A 输出 B 输出 C 高位输出 C 低位输出"等。

**2. 方式 1(选通输入/输出方式)**

方式 1 是选通输入/输出方式。8255 的"选通"是通过信号的"问"与"答"以联络方式(或称为握手方式)来实现的，所以这种数据传送方式是有条件的，适用于以查询或中断方式进行控制。

在方式 1 下，A 口与 B 口是数据口；C 口是控制口，用于传送和保存数据口所需要的联络信号，这些联络信号如表 8-7 所示。

表 8-7　C 口联络信号定义

| C 口位线 | 方式 1 | | 方式 2 | |
|---|---|---|---|---|
| | 输入 | 输出 | 输入 | 输出 |
| $PC_7$ | | /OBFA | | /OBFA |
| $PC_6$ | | /ACKA | /ACKA | |
| $PC_5$ | IBFA | | IBFA | |
| $PC_4$ | /STBA | | /STBA | |
| $PC_3$ | INTRA | INTRA | INTRA | INTRA |
| $PC_2$ | /STBB | /ACKB | | |
| $PC_1$ | IBFB | /OBFB | | |
| $PC_0$ | INTRB | INTRB | | |

在该方式下，A 口和 B 口的联络信号都是 3 个。在具体应用中，如果只有一个口按方式 1 使用，需占用 11 位(8 + 3 = 11)口线，剩下的 13 位口线可按其他方式使用；如果两个

口都按方式 1 使用，则只剩下两位口线可作他用。

### 3. 方式 2(双向数据传送方式)

方式 2 是在方式 1 的基础上加上双向传送功能，但只有 A 口才能选择这种工作方式，这时 A 口既能输入数据又能输出数据。如果把 A 口置于方式 2 下，则 B 口只能工作于方式 0。方式 2 适用于查询或中断方式的双向数据传送，在这种方式下需使用 C 口的 5 位口线作控制线。

## 8.7.3  8255 的编程内容

8255 是可编程芯片，主要编程内容是两条控制命令，即工作方式命令和 C 口位置位/复位命令。编程写入的命令保存在它的控制寄存器中。由于这两条命令是通过标志位(最高位)状态进行区别的，因此可按同一地址写入且不受先后顺序限制。

### 1. 工作方式命令

工作方式命令用于设定各数据口的工作方式及数据传送方向。命令的最高位($D_7$)是标志位，其状态固定为 1，命令格式如图 8-32 所示。

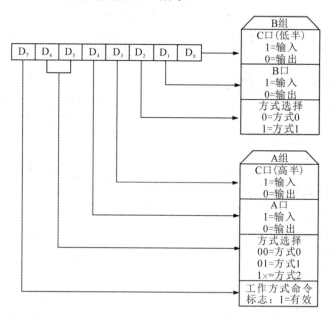

图 8-32  8255 工作方式命令格式

对工作方式命令有如下两点说明：

(1) A 口有 3 种工作方式，而 B 口只有两种工作方式。

(2) 在方式 1 和方式 2 下，对 C 口的定义(输入或输出)不影响作为联络信号使用的 C 口的各位功能。

### 2. C 口位置位/复位命令

在方式 1 和方式 2 下，C 口用于定义控制信号和状态信号，因此，C 口的每一位都可以进行置位或复位。对 C 口各位的置位或复位是由位置位/复位命令进行的。8255 的位置位/复位命令格式如图 8-33 所示。其中 $D_7$ 为该命令的标志，其状态固定为 0。在使用时，该命令每次只能对 C 口中的一位进行置位或复位。

### 3. 初始化程序

8255 初始化的内容就是向控制字寄存器写入命令。例如，若对 8255 各口作如下设置：A 口方式 0 输入，B 口方式 1 输出，C 口高位部分为输出、低位部分为输入。设控制寄存器地址为 0003H。按各口的设置要求，工作方式命令字为 10010101B，即 95H，则初始化程序段应为

```
MOV    R0, #03H
MOV    A, #95H
MOVX   @R0, A
```

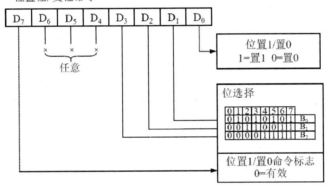

图 8-33　8255 的位置位/复位命令格式

## 8.7.4　8255 接口的应用

### 1. 8255 的 I/O 控制方式

8255 中可以使用无条件方式、查询方式和中断方式共 3 种 I/O 控制方式。

(1) 无条件方式。以方式 0 进行数据输入/输出，就是无条件传送方式。

(2) 查询方式。在方式 1 和方式 2 下，都可以使用查询方式进行数据传送。数据输入时，供查询的状态信号是 IBF(对应 A 口为 IBFA，B 口为 IBFB)。因为传送这些信号的口线分别为 $PC_5$ 和 $PC_1$，所以查询时就是对输入这些口线的状态进行测试。

数据输出时，供查询的状态信号是 $\overline{OBF}$ (对应 A 口为 $\overline{OBFA}$ ，B 口为 $\overline{OBFB}$ )，被测试的口线为 $PC_7$ 和 $PC_1$。

(3) 中断方式。在方式 1 和方式 2 下，都可以使用中断方式进行数据传送。中断请求信号是 INTR(对应 A 口为 INTRA，B 口为 INTRB)，传送中断请求信号的口线分别为 $PC_3$ 和 $PC_0$，所以硬件连接时要使用这些口线。

### 2. 端口选择及读/写控制

8255 共有 4 个可寻址端口：A 口、B 口、C 口和控制寄存器，由 $\overline{CE}$ 和地址 $A_0$、$A_1$ 的状态组合进行选择，由读/写信号 $\overline{RD}$ 和 $\overline{WR}$ 进行端口操作控制，具体设置见表 8-8。

表 8-8   8255 端口选择及读/写控制表

| $\overline{CE}$ | $A_1$ | $A_0$ | $\overline{RD}$ | $\overline{WR}$ | 选择端口 | 端口操作 |
|---|---|---|---|---|---|---|
| 0 | 0 | 0 | 0 | 1 | A 口 | 读端口 A |
| 0 | 0 | 1 | 0 | 1 | B 口 | 读端口 B |
| 0 | 1 | 0 | 0 | 1 | C 口 | 读端口 C |
| 0 | 0 | 0 | 1 | 0 | A 口 | 写端口 A |
| 0 | 0 | 1 | 1 | 0 | B 口 | 写端口 B |
| 0 | 1 | 0 | 1 | 0 | C 口 | 写端口 C |
| 0 | 1 | 1 | 1 | 0 | 控制寄存器 | 写控制命令 |
| 1 | × | × | × | × | — | 数据总线缓冲器输出端呈高阻抗 |

注意：其中的控制寄存器只有写操作。对于端口选择信号，在接口电路中 $A_0$、$A_1$ 分别接地址线 $A_0$、$A_1$。而 $\overline{CS}$ 信号，在线选法中直接与一条高位地址线连接，在译码法中接地址译码器的输出。

# 8.8   A/D、D/A 与 80C51 接口技术

单片机主要应用在测控系统中，实时采集被控对象的物理参量，诸如温度、压力、流量、速度和转速等。然后把采集的数据经单片机计算、比较等处理后得出结论，单片机将处理后得到的数字量经过数/模转换得到被控对象需要的模拟信号，从而对其实施校正控制。由此可见，测控系统离不开模拟量与数字量的相互转换，因此，模/数(A/D)与数/模(D/A)转换也就成了测控系统的重要内容。

## 8.8.1   80C51 与 A/D 转换器的接口

A/D 转换以 ADC0809 为例进行说明。ADC0809 是 ADC08×× 系列中的一员，ADC08×× 是美国国家半导体公司(National Semiconduct)的一个 A/D 转换芯片系列，具有多种芯片型号，其中包括 8 位 8 通道 CMOS 型芯片 ADC0808 和 ADC0809，以及 8 位 16 通道 CMOS 型芯片 ADC0816 和 ADC0817 等。

### 1. ADC0809 芯片

ADC0809 采用逐次逼近式 A/D 转换原理，可实现 8 路模拟信号的分时采集，片内有 8 路模拟选通开关，以及相应的通道地址锁存与译码电路，转换时间为 100 μs 左右。ADC0809 的内部逻辑结构如图 8-34 所示。

图 8-34 中多路开关可选通 8 个模拟通道，允许 8 路模拟量分时输入，共用一个 A/D 转换芯片进行转换。地址锁存与译码电路完成对 A、B、C 这 3 个地址位进行锁存和译码，其译码输出用于通道选择。8 位 A/D 转换器是逐次逼近式，由控制与时序电路、逐次逼近寄存器、树状开关以及 256R 电阻阶梯网络等组成。输出锁存器用于存放和输出转换得到的数字量。ADC0809 芯片为 28 引脚双列直插式封装，其引脚排列如图 8-35 所示。

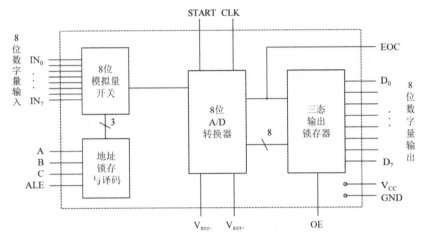

图 8-34 ADC0809 内部逻辑结构

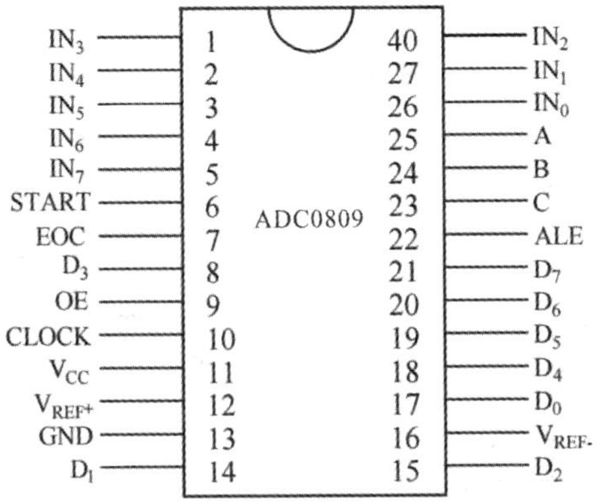

$$
\begin{array}{|c|c|}
\hline
\end{array}
$$

图 8-35 ADC0809 引脚排列

各引脚功能如下所述。

(1) $IN_7 \sim IN_0$：模拟量输入通道。ADC0809 对输入模拟量的要求主要有信号单极性，电压范围为 $0 \sim 5\ V$。

(2) A、B、C：地址线，模拟通道的选择信号。A 为低位地址，C 为高位地址。其地址状态与通道对应关系如表 8-9 所示。

(3) ALE：地址锁存允许信号。对于每个 ALE 上跳沿，A、B、C 地址状态送入地址锁存器中。

(4) START：转换启动信号。START 上跳沿时，所有内部寄存器清 0；START 下跳沿时，开始进行 A/D 转换。在 A/D 转换期间，START 应保持低电平。

(5) $D_7 \sim D_0$：数据输出线。作为三态缓冲输出形式，可以与单片机的数据线直接相连。$D_0$ 为最低位，$D_7$ 为最高位。

表 8-9 地址状态与通道对应关系

| C | B | A | 选择的通道 |
|---|---|---|---|
| 0 | 0 | 0 | $IN_0$ |
| 0 | 0 | 1 | $IN_1$ |
| 0 | 1 | 0 | $IN_2$ |
| 0 | 1 | 1 | $IN_3$ |
| 1 | 0 | 0 | $IN_4$ |
| 1 | 0 | 1 | $IN_5$ |
| 1 | 1 | 0 | $IN_6$ |
| 1 | 1 | 1 | $IN_7$ |

(6) OE：输出允许信号。OE 用于控制三态输出锁存器向单片机输出转换得到的数据。OE = 0，输出数据线呈高电阻；OE = 1，输出转换得到的数据。

(7) CLK：外部时钟信号引入端。ADC0809 的内部没有时钟电路，所需时钟信号由外界提供，因此有时钟信号引脚。简单应用时可由 80C51 的 ALE 信号提供。

(8) EOC：转换结束信号。EOC = 0，正在进行转换；EOC = 1，转换结束。使用中，该状态信号既可以作为查询的状态标志，又可以作为中断请求信号使用。

(9) $V_{CC}$：+5 V 电源。

(10) $V_{REF}$：参考电源。参考电压用来与输入的模拟信号进行比较，作为逐次逼近的基准。其典型值为 +5 V($V_{REF+}$ = +5 V，$V_{REF-}$ = 0 V)。

### 2. ADC0809 与 80C51 接口

A/D 转换器芯片与单片机的接口是数字量输入接口，其原理与并行 I/O 输入接口相同，需要有三态门"挂上"数据总线。ADC0809 芯片已具有三态输出功能，因此，ADC0809 与 80C51 的接口直接连接，如图 8-36 所示。

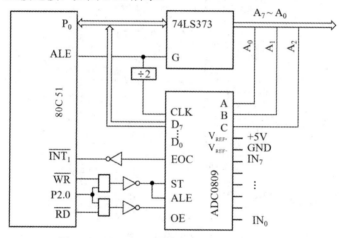

图 8-36    ADC0809 与 80C51 单片机的接口图

8 路模拟通道选择信号 A、B、C 分别接最低 3 位地址 $A_0$、$A_1$、$A_2$(即 P0.0、P0.1、P0.2)，而地址锁存允许信号 ALE 由 P2.0 控制，则 8 路模拟通道的地址为 FEF8H～FEFFH。此外，通道地址选择以 $\overline{WR}$ 作写选通信号。

【例 8-3】 设有一个 8 路巡回检测系统，其采样数据依次存放在外部 RAM A0H～A7H 单元中，按图 8-36 的接口电路，ADC0809 的 8 个通道地址为 FEF8H～FEFFH，试进行程序设计。

**解** 执行一条"MOVX  @DPTR, A"指令，产生 $\overline{WR}$ 信号，使 ALE 和 START 有效，就可以启动一次 A/D 转换。但一次启动只能进行一个通道的转换，8 个通道的 A/D 转换需按通道顺序逐个进行。为此，在程序中应当有改变通道号的指令，并且每改变一次就执行一次启动 A/D 转换指令。据此，数据采样的参考程序如下。

初始化程序：

```
        MOV     R0, #A0H                ; 数据存储区首址
        MOV     R2, #08H                ; 通道计数
        SETB    IT1                     ; 边沿触发方式
        SETB    EA                      ; 中断允许
```

```
        MOV     DPTR, # FEF8H           ; 通道首地址
        MOVX    @DPTR, A                ; 启动 A/D 转换
HERE:   SJMP    HERE                    ; 等待中断
```

中断服务程序：

```
        MOVX    A, @DPTR                ; 读一个通道数据
        MOVX    @R0, A                  ; 存数据
        INC     DPTR                    ; 指向下一个通道
        INC     R0                      ; 指向下一个存储单元
        DJNZ    R2, NEXT
        RETI
NEXT:   MOVX    @DPTR, A                ; 启动下一个通道 A/D 转换
NEXT:   RETI
```

### 3. 12 位 A/D 转换芯片与 80C51 接口

对于多于 8 位的 A/D 转换芯片，接口时要考虑转换结果的分时读出问题。现以 12 位 A/D 转换芯片 AD574A 为例进行说明。

AD574A 是美国模拟器件公司(Analog Devices)的产品，由于芯片内有三态数据输出缓冲器，所以接口时无须外加三台缓冲器。由于内部的缓冲器为 12 位，因此其转换数据既可以一次读出，也可以分两次读出。AD574A 与 80C51 接口的信号线连接部分如图 8-37 所示。

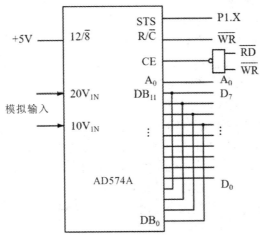

图 8-37　AD574A 与 80C51 接口的信号连接

AD574A 有两个模拟量输入端，其中 10VIN 的电压范围是 $0\sim10$ V，而 20VIN 的电压范围是 $0\sim20$ V。在 80C51 系统中使用 AD574A 芯片，其转换数据应该分两次读出，并按高 8 位和低 4 位分次。分次读出由 $A_0$ 控制，该引脚一般接地址线的最低位 $A_0$。$A_0=0$ 时，读高 8 位；$A_0=1$ 时，读低 4 位。其他的相关控制信号如下所述。

(1) $R/\overline{C}$：读/启动转换信号。$R/\overline{C}=0$ 时为启动转换信号，$R/\overline{C}=1$ 时为读信号。接口时可通过 80C51 的写命令 $\overline{WR}$ 进行控制。

(2) STS：转换结束信号。STS 转换期间为高电平，转换结束时下跳为低电平。转换结束信号为输出的状态信号，供单片机查询或中断使用。图中 STS 和 P1.X 口的一根口线相

连，这时使用查询方法读取转换数据。

(3) $12/\overline{8}$：输出位数选择信号。$12/\overline{8} = 1$ 时，为 12 位输出，$12/\overline{8} = 0$ 时，为 8 位输出，使用时可接电源或地。

(4) CE：允许信号。CE 高电平有效，参与启动转换和读数据的控制。

### 8.8.2  D/A 转换器接口

测控系统中的一些控制对象需要模拟信号进行驱动，例如，电动机、变频压缩机、音响、电视机等，于是就把单片机输出的数字量转换为模拟量，以满足模拟控制的需要。因此，在模拟输出通道中要有 D/A 转换器，D/A 转换器也常写为 DAC。

#### 1. D/A 转换芯片

D/A 转换芯片很多，现以 DAC0832 为例进行说明，它是美国国家半导体公司 DAC0830 系列中的一个芯片。

DAC0832 为 8 位 D/A 转换芯片，单一 +5 V 电源供电，基准电压的幅度范围为 ±10 V，电流建立时间为 1 μs，采用 CMOS 工艺，低功耗(20 mW)，芯片为 20 引脚双列直插式封装。引脚排列如图 8-38 所示，各引脚名称及功能说明如下。

图 8-38　DAC0832 引脚图

(1) $DI_7 \sim DI_0$：转换数据输入。

(2) $\overline{CS}$：片选信号(输入)，低电平有效。

(3) ILE：数据锁存允许信号(输入)，高电平有效。

(4) $\overline{WR_1}$：第一写信号(输入)，低电平有效。该信号与 ILE 信号共同控制输入寄存器是数据直通方式还是数据锁存方式。当 ILE = 1 且 $\overline{WR_1} = 0$ 时，为输入寄存器直通方式；当 ILE = 1 且 $\overline{WR_1} = 1$ 时，为输入寄存器锁存方式。

(5) $\overline{XFER}$：数据传送控制信号(输入)，低电平有效。

(6) $\overline{WR_2}$：第二写信号(输入)，低电平有效。与 $\overline{XFER}$ 信号合在一起控制 DAC 寄存器是数据直通方式还是数据锁存方式。当 $\overline{WR_2} = 0$ 且 $\overline{XFER} = 0$ 时，为 DAC 直通方式；当 $\overline{WR_2} = 1$ 且 $\overline{XFER} = 0$ 时，为 DAC 寄存器锁存方式。

(7) $I_{OUT1}$：电流输出 1。当数据为全 1 时，输出电流最大；当数据为全 0 时，输出电流最小。

(8) $I_{OUT2}$：电流输出 2。

(9) $R_{FB}$：反馈电阻端，即运算放大器的反馈电阻端，电阻(15 kΩ)已固化在芯片中。因为 DAC0832 是电流输出型 D/A 转换器，为得到电压的转换输出，使用时需在两个电流输出端接运算放大器，$R_{FB}$ 即为运算放大器的反馈电阻。

(10) $V_{REF}$：基准电压，是外加高精度电压源，与芯片内的电阻网络相连接，该电压可正可负，范围为 $-10 \sim +10$ V。基准电压决定 D/A 转换器的输出电压范围，例如，$V_{REF}$ 接 +10 V，则输出电压范围是 $0 \sim -10$ V。

(11) DGND：数字地。

(12) AGND：模拟地。

DAC0832 的 D/A 转换采用 T 型电阻解码网络，转换电路为 R-2R 倒 T 型电阻网络，网络中的电阻阻值只有 R 和 2R 两种，容易实现集成化。其转换过程是先将各位数码按权的大小转换为相应的模拟分量，然后再以叠加方法把各分量相加，其和即为转换结果。DAC0832 的内部结构框如图 8-39 所示，电阻解码网络包含在图中的 8 位 D/A 转换器中。

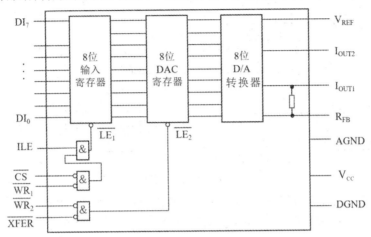

图 8-39　DAC0832 内部结构框

由图 8-39 可知，输入通道由输入寄存器和 DAC 寄存器构成两级数据输入锁存，由 3 个"与"门电路组成控制逻辑，产生 $\overline{LE_1}$ 和 $\overline{LE_2}$ 信号，分别对两个输入寄存器进行控制。当 $\overline{LE_1}(\overline{LE_2}) = 0$ 时，数据进入寄存器被锁存；当 $\overline{LE_1}(\overline{LE_2}) = 1$ 时，锁存器的输出跟随输入。这样在使用时就可根据需要，对数据输入采用两级锁存(双锁存)形式、单级锁存(另一级直通)形式或直通输入(两级直通)形式。

两级输入锁存，可使 D/A 转换器在转换前一个数据的同时，将下一个待转换数据预先送到输入寄存器中，以提高转换速度。此外，在使用多个 D/A 转换器分时输入数据时，两级缓冲可以保证同时输出模拟电压。

### 2. DAC0832 单缓冲连接方式

D/A 转换器与单片机的接口是数字量输出接口，与并行 I/O 输出接口一样，必须通过数据缓冲(锁存)器"挂"到数据总线上。下面从数据转换的角度做一些说明。

D/A 转换有一个过程，所需要的时间称为建立时间，不同 D/A 转换芯片建立时间的长短不同，从几纳秒到几微秒不等。转换时被转换数据由单片机通过输出指令送出，送出数据在数据总线上的存在时间比较短，例如 80C51 只有 1 个机器周期左右。为了在两者之间进行时间协调，在单片机与 D/A 转换器之间必须加数据缓冲(锁存)器，先把单片机送出的数据放在缓冲器中保存，供转换器使用。因此，D/A 转换器接口的重点是缓冲器问题，出于简化接口的原因，许多 D/A 转换器芯片自带缓冲器。

DAC0832 自带了两级缓冲器，所以 DAC0832 与 80C51 的接口十分简单，并且有单缓冲和双缓冲两种连接方式。

所谓单缓冲连接方式，就是使 DAC0832 的两个输入寄存器中有一个(多为 DAC 寄存器)处于直通状态，另一个处于受控的锁存状态。在实际应用中，若只有一路模拟量输出，或虽是多路模拟量输出但并不要求输出同步,就应当采用单缓冲方式。其连接如图 8-40 所示。

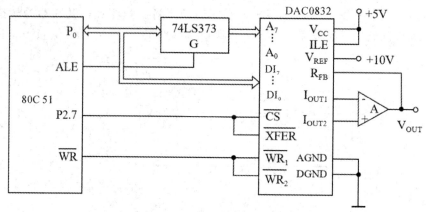

图 8-40  DAC0832 单缓冲方式连接

为使 DAC 寄存器处于直通方式,应该使 $\overline{WR_2}=0$、$\overline{XFER}=0$。因此,可以把这两个信号端固定接地,或者如图 8-40 所示把 $\overline{WR_2}$ 和 $\overline{WR_1}$ 相连,把 $\overline{XFER}$ 和 $\overline{CS}$ 相连。

为使输入寄存器处于受控锁存状态,应把 $\overline{WR_1}$ 接 80C51 的 $\overline{WR}$,ILE 接高电平,把 $\overline{CS}$ 接高位地址线或地址译码输出,以便对输入寄存器进行选择。

【例 8-4】 在一些控制应用中,需要有一个线性增长的电压(锯齿波)来控制检测过程,移动记录笔或移动电子束等。试利用 DAC0832 来实现锯齿波的生成。

**解** 可通过在 DAC0832 的输出端接运算放大器,由运算放大器产生锯齿波来实现,其电路连接如图 8-41 所示。

图 8-41 中的 DAC0832 工作于单缓冲方式,其中输入寄存器受控,而 DAC 寄存器直通。假定输入寄存器地址为 5000H。

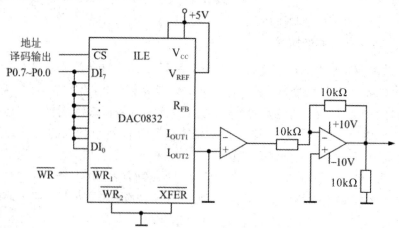

图 8-41  DAC0832 产生锯齿波电路

编写程序如下:

```
ORG    8000H
AJMP   DASAW
```

```
            ORG      8200H
DASAW:  MOV      DPTR, #5000H              ; 输入寄存器地址
        MOV      R0, #00H                  ; 转换初值
RW:     MOV      A, R0
        MOVX     @DPTR, A                  ; D/A 转换
        INC      R0                        ; 转换值增量
        NOP                                ; 延时
        NOP
        NOP
        AJMP     RW
```

由这个例题可知，在单缓冲方式下完成一次 D/A 转换只需 3 条基本指令，即地址指向受控的寄存器、转换量装入累加器 A 和启动 D/A 转换。执行上述锯齿波程序，在运算放大器的输出端就能得到锯齿波(见图 8-42)。

对锯齿波的产生作如下几点说明：

(1) 程序每循环一次，R0 加 1，因此，锯齿波的上升沿由 256 个小阶梯构成的。但由于阶梯很小，宏观上看就如图 8-42 所画的线性增长的锯齿波。

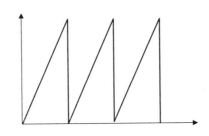

图 8-42　D/A 转换产生的锯齿波

(2) 可通过循环程序段的机器周期数，计算出锯齿波的周期，也可根据需要，通过延时的办法来改变波形的周期。若延迟时间较短，可用 NOP 指令来实现(本程序就是如此)；当需要延迟时间较长时，可以使用一个延时子程序。延迟时间不同，波形周期不同，锯齿波的斜率就不同。

(3) 通过 A 加 1 可以得到正向锯齿波；若要得到负向锯齿波，改为 A 减 1 即可实现。

(4) 程序中 A 的变化范围是 0～255，因此，得到的锯齿波是满幅度的。若要求得到非满幅度锯齿波，可通过计算求得数字量的初值和终值，然后在程序中通过置初值判终值的办法即可实现。

### 3. DAC0832 双缓冲连接方式

所谓双缓冲连接方式，就是把 DAC0832 的输入寄存器和 DAC 寄存器都接成受控锁存方式。在多路 D/A 转换中，如果要求同步输出，就应当采用双缓冲方式连接，如图 8-43 所示。

为了实现对寄存器的控制，应当给两个寄存器各分配一个地址，以便能单独进行操作，图 8-43 中是使用地址译码输出分别接 $\overline{\text{CS}}$ 和 $\overline{\text{XFER}}$ 实现的。由 80C51 的 $\overline{\text{WR}}$ 为 $\overline{\text{WR}_1}$ 和 $\overline{\text{WR}_2}$

提供选通信号，这样就完成了两个寄存器都可控的双缓冲接口方式。

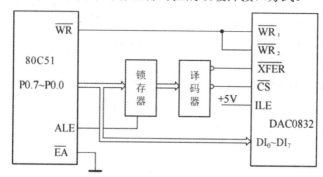

图 8-43　DAC0832 的双缓冲方式连接

由于两个寄存器各占据一个地址，因此，在程序中需要使用两条传送指令才能完成一个数字量的模拟转换。假定输入寄存器地址为 EH，DAC 寄存器地址为 FH，则完成一次 D/A 转换的程序段如下：

```
MOV    R0, #EH        ; 装入输入寄存器地址
MOVX   @R0, A         ; 转换数据送输入寄存器
INC    R0             ; 产生 DAC 寄存器地址
MOVX   @R0, A         ; 数据通过 DAC 寄存器
```

程序段中的最后一条指令，表面上看来是把 A 中的数据送 DAC 寄存器，实际上这种数据传送并没有真正进行，该指令只是起到打开 DAC 寄存器使输入寄存器中数据通过的作用，数据通过后就去进行 D/A 转换。

双缓冲方式的最典型应用，是在多路 D/A 转换系统中通过双缓冲方式实现多路模拟信号的同步输出。例如，X-Y 绘图仪由 X、Y 两个方向的步进电机驱动，其中一个电机控制绘笔沿 X 轴方向运动，另一个电机控制绘笔沿 Y 轴方向运动。因此，对 X-Y 绘图仪的控制就有两点基本要求：一是需要两路 D/A 转换器分别给 X 通道和 Y 通道提供驱动信号，驱动绘笔沿 X-Y 轴作平面运动；二是两路模拟信号要保证同步输出，以使绘制出的曲线光滑。否则，绘制出的曲线就会呈台阶状。单片机控制下的 X-Y 绘图仪输出如图 8-44 所示。

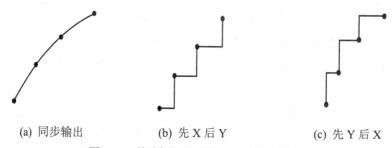

(a) 同步输出　　　　　　(b) 先 X 后 Y　　　　　　(c) 先 Y 后 X

图 8-44　单片机控制下的 X-Y 绘图仪输出

在使用单片机控制绘图仪时，要使用两片 DAC0832 并采用双缓冲方式连接，如图 8-45 所示。电路中以译码法产生地址，两片 DAC0832 共占据 3 个单元地址，其中两个输入寄存器各占一个地址，而两个 DAC 寄存器则合用一个地址。

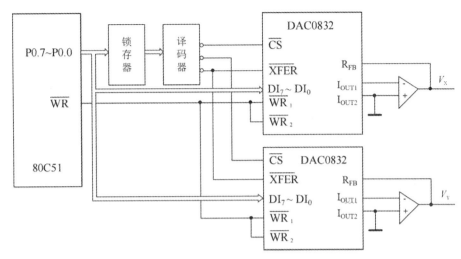

图 8-45　控制 X-Y 绘图仪的双片 DAC0832 接口

编程时，先用一条传送指令把 X 坐标数据送到 X 向 D/A 转换器的输入寄存器；再用一条传送指令把 Y 坐标数据送到 Y 向 D/A 转换器的输入寄存器；最后再用一条传送指令打开两个转换器的 DAC 寄存器，进行数据转换，即可实现 X、Y 两个方向坐标量的同步输出。

假定 X 方向 DAC0832 输入寄存器的地址为 F0H，Y 方向 DAC0832 输入寄存器的地址为 F1H，两个 DAC 寄存器公用地址为 F2H。X 坐标数据存于 Data 单元中，Y 坐标数据存于 Data+1 单元中，则绘图仪的驱动程序为：

```
MOV     R1, #DATA        ; X 坐标数据单元地址
MOV     R0, #F0H         ; Y 向输入寄存器地址
MOV     A, @R1           ; X 坐标数据送 A
MOVX    @R0, A           ; X 坐标数据送输入寄存器
INC     R1               ; 指向 Y 坐标数据单元地址
INC     R0               ; 指向 Y 向输入寄存器地址
MOV     A, @R1           ; Y 坐标数据送 A
MOVX    @R0, A           ; Y 坐标数据送输入寄存器
INC     R0               ; 指向 DAC 寄存器地址
MOVX    @R0, A           ; X、Y 转换数据同步输出
```

双缓冲方式的另一个特点是，可以通过输入寄存器快速修改 DAC 寄存器内容，供特殊需要时使用。

 **知识拓展**

加快实施创新驱动发展战略是习近平总书记在中国共产党第二十次全国代表大会上提出的重要内容之一，也是当前我国经济社会发展的重要任务。创新是引领发展的第一动力，想要全面激发创新活力，打造创新生态，推动科技成果转化为现实生产力，就要坚持理论的发展和创新。

理论的发展和创新没有止境，单片机的应用不仅可以发展现有理论，还有助于探索新的领域。一方面，单片机的应用可以促进自身理论的发展。在应用的过程中，通过不断地解决实际问题，单片机的结构、功能、性能、接口等方面得到了改进和优化，这就使得其自身现有理论得到了促进和完善。另一方面，单片机的应用也可以激发新的理论思想和方法。我们可以在单片机的编程语言、算法、设计模式、测试技术等方面进行创新和探索，并将其应用于实现数字信号处理、模糊控制、人工神经网络等先进技术，这就为拓展理论应用的范围和深度提供了可能。同时，单片机也可以作为理论研究的实验平台，通过编程和硬件设计，将理论模型转化为实际系统，进行功能测试和性能评估，这也为理论的发展和创新提供了验证。

因此，单片机的应用是相关理论进行发展和创新的重要驱动力之一。对于我们而言，掌握单片机三大总线的构造、并行扩展的地址编码和基本人机接口技术，并且能够完成小型 MCS-51 单片机应用系统的扩展电路和主要程序设计，是我们推动其成为理论发展的源头和动力，成为理论创新的平台和支持的重要过程。

# 习　题

## 1. 填空题

(1) 扩展并行 I/O 口的编址方式有＿＿＿＿＿＿和＿＿＿＿＿＿。

(2) 通过并行总线扩展 I/O 口时，要求输入接口具有＿＿＿＿＿＿功能；输出接口具有＿＿＿＿＿＿功能。

(3) MCS-51 单片机在外扩 ROM、RAM 和 I/O 口时，P0 口提供＿＿＿＿＿＿总线和地址总线的＿＿＿＿＿＿位，P2 口提供的地址总线的＿＿＿＿＿＿位。

(4) 外扩程序存储器时用到的控制总线有＿＿＿＿＿、＿＿＿＿＿＿和＿＿＿＿＿＿，外扩数据存储器时用到的控制总线有＿＿＿＿＿、＿＿＿＿＿＿和＿＿＿＿＿＿。

(5) 存储芯片 27128 的存储容量是＿＿＿＿＿字节，共有地址总线＿＿＿＿＿根，数据总线＿＿＿＿＿根。

(6) LED 数码管按其内部电路结构可分为＿＿＿＿＿结构和＿＿＿＿＿结构。

(7) 在单片机应用系统中，LED 数码管显示电路可分为＿＿＿＿＿＿＿＿显示方式和＿＿＿＿＿显示方式。

(8) 按键去抖的方法有＿＿＿＿＿和＿＿＿＿＿。

## 2. 简答题

(1) 说出线选法和译码法的优缺点及应用场合。

(2) 说出 LED 静态显示和动态显示的优缺点及应用场合。

(3) MCS-51 单片机如何使得内、外程序存储器和数据存储器正常工作。

## 3. 应用设计题

(1) 试用 80C51 单片机的 P0 口扩展一个并行输出接口和一个并行输入接口，要求扩展的输入接口用 74LS273，输出接口用 74LS244，输入/输出接口地址均为 0BFFFH，从 74LS273

输入的数据取反后由 74LS244 输出。画出硬件电路图并编写应用程序。

(2) 试用 80C51 单片机扩展 1 片程序存储器 2732(容量为 4 K × 8 位)和一片数据存储器 6264(容量为 8 K × 8 位)，要求程序存储器的地址和内部程序存储器的地址衔接。画出硬件电路图、写出各芯片的地址范围、编写把 6264 某一连续的 100 个单元内容低 4 位置 1 的程序。

(3) 试用 80C51 单片机扩展两片 6264(8 KB × 8 位)的存储芯片、一个 4×4 的矩阵键盘和四位 LED 显示器，画出硬件电路图、写出其地址和每个键的键值、编写典型的应用程序。

(4) 试用 80C51 单片机与一片 ADC0809 设计一个数据采集系统，要求 ADC0809 的 8 个输入通道的地址为 7FF8H～7FFFH，每个通道一次连续采集 5 个数据，每隔 1 分钟轮流采集一次 8 个通道的数据。要求采集 20 分钟的数据，把每个通道采样值分别存入片外 RAM 2000H、2100H、2200H、2300H、2400H、2500H、2600H、2700H 单元开始存储区中。画出硬件电路图并编写应用程序。

(5) 试设计 80C51 单片机和 DAC0832 数/模转换芯片的接口电路，并编程实现从 DAC0832 输出一个等边三角形的电压波形，要求三角波的最大幅值为 4.0 V(假设单片机晶振为 12 MHz)。

(6) 试用 80C51 单片机扩展 1 片程序存储器 2764(容量为 8 K × 8 位)、一片数据存储器 6264(容量为 8 K × 8 位)和一片 8255，8255 上接一个 4 × 8 的矩阵键盘和 6 位 LED 显示器，要求程序存储器的地址和内部程序存储器的地址衔接。画出硬件电路图，写出各芯片的地址范围、键值，编写其初始化和各部分的典型应用程序。

# 第9章 MCS-51单片机串行数据通信

## 内容提要

本章首先介绍串行数据通信的基础知识，之后重点叙述 MCS-51 单片机串行口的结构及控制寄存器，最后结合实例讲述了串行口各种工作方式的工作过程及编程使用方法。

## 知识要点

▶ 概 念
◇ 异步串行通信的字符帧格式。
◇ 3 种异步串行通信模式的概念。

▶ 知识点
◇ 串行口结构。
◇ 4 种串行工作方式。
◇ 波特率的计算。

▶ 重点及难点
◇ 4 种串行工作方式的异同点。
◇ 波特率的设置。
◇ 查询和中断方式下串行接收和发送程序的编写。

## 案例引入

CH340 是一款 USB 总线转接芯片，不仅可以实现 USB 转串口或者 USB 转打印口的功能，帮助单片机进行连接来烧录程序或者传输数据，还支持红外和蓝牙通信，可用于无线数据传输。CH340 具有内置晶振、支持多种操作系统、芯片信息可自定义等优点，广泛应用于开源硬件平台以及物联网设备，在国内外市场上都有很好的口碑和竞争力，是国货之光的代表之一。

随着物联网、智能家居、工业控制等领域的快速发展，对 USB 转接芯片的需求也越来越大。CH340 凭借其低成本、高性能、高稳定性、兼容性强等特点，已经成为国内外众多厂商和用户的首选。随着科技的发展和市场的需求，CH340 也在不断地创新和改进，推出了更多的功能和版本，为用户提供了更多的选择和便利，这也体现了我国在微电子领域的创新能力和发展潜力。

请同学们思考：

CH340 如何在市场竞争中谋求发展？我们该如何看待"中国芯"的未来？

MCS-51 单片机内部有 1 个串行口，串行口主要用于串行通信。串行通信是一种能把二进制数据按位传送的通信，它所需的传输线条数少，适用于分级、分层和分布式控制系统以及远程通信。该串行口不仅能满足工业控制中基本数据采集和处理的要求，同时也在单片机之间、单片机与 PC 机之间搭建起数据的传输通道，将控制系统推向网络化和一体化应用。

# 9.1　串行通信基础知识

## 9.1.1　通信概述

计算机与外部设备或计算机与计算机之间的数据交换称为通信。通信分为并行通信与串行通信两种基本方式。

并行通信的特点是各数据位同时传输，传输速度快，效率高。但并行数据传输时有多少传输数据位就需要多少根数据线，传送成本高。并行数据传输的距离通常小于 12ft(30 m)，计算机内部的数据传送都是并行的。

串行通信的特点是数据传输按位顺序进行，最少只需一根传输线即可完成，成本低，但速度慢。计算机与外界的数据传送大多数是串行的，其传送的距离可以从几米到几千米，适用于远距离数据的传输。

串行通信分为异步和同步两种方式。在单片机中使用的串行通信都是异步方式，因此本章只介绍异步串行通信。

### 1. 异步串行通信的字符格式

在异步串行通信中，信息的两种状态分别以 mark 和 space 标志。其中 mark 译为标号，对应逻辑状态 1，在发送器空闲时，数据线应保持在 mark 状态；space 译为空格，对应逻辑状态 0。

异步串行通信是以字符帧为单位进行传输的，每帧数据由 4 部分组成：起始位(占 1 位)、数据位(占 5～8 位)、奇偶校验位(占 1 位，也可以没有校验位)、停止位(占 1、1.5 或 2 位)，如图 9-1 所示。图中给出的是 8 位数据位、1 位奇偶校验位和 1 位停止位，加上 1 位起始位，共 11 位组成一个传输帧。

图 9-1　异步串行通信的字符格式

(1) 起始位。发送器通过发送起始位而开始一个字符的传输。起始位使数据线处于 space 状态。

(2) 数据位。起始位之后传送数据位。在数据位中，低位在前(左)，高位在后(右)。由于字符编码方式的不同，数据位可以是 5、6、7 或 8 位等多种形式。

(3) 奇偶校验位。用于对字符传送作正确性检查，奇偶校验位是可选择的，共有 3 种可能，即奇校验、偶校验和无校验，可由用户根据需要选定。

所谓奇校验，即数据位和奇偶校验位中逻辑 1 的个数加起来必须是奇数；所谓偶校验，即数据位和奇偶校验位中逻辑 1 的个数加起来必须是偶数(全 0 也视为偶数个 1)。

(4) 停止位。停止位在最后，用于标志一个字符传输的结束，对应于 mark 状态。停止位可能是 1、1.5 或 2 位，在实际应用中根据需要确定。

**2. 异步串行通信的传送速率**

异步串行通信的传送速率用于表示数据传送的快慢，在串行通信中以每秒钟传送二进制的位数来表示，也称为波特率(baud rate)，单位为位/秒(b/s)或波特(baud)。波特率既反映了串行通信的速率，也反映了对传输通道的要求，波特率越高，要求传输通道的频带也越宽。在异步通信时，波特率为每秒传送的字符个数和传送该字符所需要发送的二进制位数的乘积。例如，某异步串行通信每秒传送的速率为 120 字符/秒，而该异步串行通信的字符格式为 10 位(1 个起始位，7 个数据位，1 个偶校验位和 1 个停止位)，则该串行通信的波特率为

$$120 \text{ 字符/秒} \times 10 \text{ 位/字符} = 1200 \text{ 位/秒} = 1200 \text{ 波特}$$

**3. 异步串行通信的通信模式**

根据同一时刻串行通信的数据方向，异步串行通信可分为以下 3 种数据通信形式。

(1) 单工形式(Simplex)。在单工方式下，数据的传送是单向的。通信双方中，一方固定为发送方，另一方固定为接收方，如图 9-2(a)所示。在单工方式下，通信双方只需一根数据线进行数据传送。

(2) 全双工形式(Full-duplex)。在全双工方式下，数据的传送是双向的；可以同时接收和发送数据，如图 9-2(b)所示。在全双工方式下，通信双方需两根数据线进行数据传送。

(3) 半双工形式(Half-duplex)。在半双工方式下，数据的传送也是双向的，但与全双工方式不同的是：任何时刻只能由其中一方进行发送，而另一方接收，如图 9-3(c)所示。因此，在半双工方式下，通信双方既可以使用一条数据线，也可以使用两条数据线。

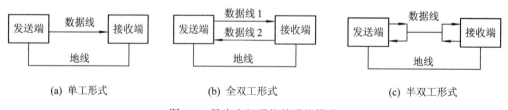

(a) 单工形式      (b) 全双工形式      (c) 半双工形式

图 9-2　异步串行通信的通信模式

## 9.1.2　RS-232C 总线标准

RS-232C 是串行通信的总线标准，由美国电子工业协会(Electronic Industry Association)

推荐，现已被全世界广泛采用。

### 1. RS-232C 信号引脚定义

RS-232C 总线标准定义了 25 条信号线，使用 25 个引脚的连接器，各信号引脚的定义如表 9-1 所示。

表 9-1　RS-232C 信号引脚定义

| 引脚 | 定　　义 | 引脚 | 定　　义 |
|---|---|---|---|
| 1 | 保护地(PG) | 14 | 辅助通道发送数据(STXD) |
| 2 | 发送数据(TXD) | 15 | 发送时钟(TXC) |
| 3 | 接收数据(RXD) | 16 | 辅助通道接收数据(SRXD) |
| 4 | 请求发送(RTS) | 17 | 接收时钟(RXC) |
| 5 | 清除发送(CTS) | 18 | 未定义 |
| 6 | 数据准备好(DSR) | 19 | 辅助通道请求(SRTS) |
| 7 | 信号地(GND) | 20 | 数据终端准备就绪(DTR) |
| 8 | 接收线路信号检测(DCD) | 21 | 信号质量检测 |
| 9 | 未定义 | 22 | 音响指示(RI) |
| 10 | 未定义 | 23 | 数据信号速率选择 |
| 11 | 未定义 | 24 | 发送时钟 |
| 12 | 辅助通道接收线路信号检测(SDCD) | 25 | 未定义 |
| 13 | 辅助通道允许发送(SCTS) | | |

RS-232C 标准中的许多信号是为通信业务联系或信息控制定义的，在计算机串行通信中主要使用如下信号。

(1) 数据传输信号：发送数据(TXD)，接收数据(RXD)。

(2) 调制解调器控制信号：请求发送(RTS)，清除发送(CTS)，数据准备好(DSR)，数据终端准备就绪(DTR)。

(3) 时钟信号：发送时钟(TXC)，接收时钟(RXC)。

(4) 地线：保护地(PG)，信号地(GND)。

### 2. 电气特性

RS-232C 是一种电压型总线标准，以不同极性的电压表示逻辑值，例如，$-3\sim-25$ V 表示逻辑 "1"(mark)；$+3\sim+25$ V 表示逻辑 "0"(space)。

标准数据传输速率有 50 b/s、75 b/s、110 b/s、150 b/s、300 b/s、600 b/s、1200 b/s、2400 b/s、4800 b/s、9600 b/s、19200 b/s 等。

## 9.1.3　串行接口电路

串行数据通信主要有两个技术问题，一个是数据传送，另一个则是数据转换。数据传送主要解决传送中的标准、格式及工作方式等问题。数据转换是指数据的串、并行转换，由于计算机中使用的数据都是并行数据，因此在发送端要把并行数据转换为串行数据，而在接收端要把接收到的串行数据转换为并行数据。

数据转换由串行接口电路实现，这种电路也称之为通用异步接收发送器(UART)。从原理上说，一个 UART 应包括发送器电路、接收器电路和控制电路等内容。

### 1. 数据的串行化/反串行化

所谓串行化处理就是把并行数据格式转换为串行数据格式，即按帧格式要求把格式信息(起始位、奇偶位和停止位)插入，和数据位一起构成串行数据的位串，然后进行串行数据传送。在 URAT 中，完成数据串行化的电路属于发送器电路。

所谓反串行化就是把串行数据格式转换为并行数据格式，即把帧中的格式信息清除而保留数据位。在 URAT 中，实现数据反串行化处理的电路属于接收器电路。

### 2. 错误检验

错误检验的目的在于检验数据通信过程是否正确。在串行通信中可能出现的错误包括奇偶错和帧错等。但需注意的是，要完成串行数据通信，仅有硬件电路还不够，还需要有软件的配合。

## 9.2  MCS-51 单片机的串行口及控制寄存器

MCS-51 型单片机的串行口是全双工串行口，其异步通用接收发送器已集成在芯片内部。它既可以实现串行异步通信，也可作为同步移位寄存器使用。

### 9.2.1  串行口寄存器结构

MCS-51 单片机串行口中寄存器的基本结构如图 9-3 所示。

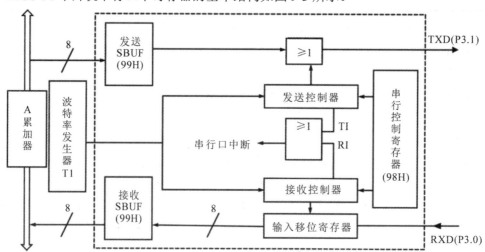

图 9-3  串行口结构示意图

MCS-51 单片机串行口有两个串行口的缓冲寄存器(SBUF)，其中一个是发送寄存器，另一个是接收寄存器，这两个寄存器使得 MCS-51 能以全双工方式进行通信。串行发送时，从片内总线向发送 SBUF 写入数据；串行接收时，从接收 SBUF 向片内总线读出数据。两个寄存器都是可寻址的，但由于发送与接收不能同时进行，所以给这两个寄存器的地址相同(99H)。

在接收方式下，串行数据通过引脚 RXD(P3.0)进入。由于在接收寄存器之前还有移位寄存器，因而串行接收具有双缓冲结构，避免了在数据接收过程中出现的帧重叠错误(下一帧数据来时，前一帧数据还没有读走)。当 RXD(P3.0)引脚由高电平变为低电平时，表示一帧数据的接收已经开始。输入移位寄存器在移位时钟的作用下，自动清除格式信息，将串行二进制数据逐位地接收进来。接收完毕后，将串行数据转换为并行数据传送到接收 SBUF 中，并置 RI 标志位为 1，以示一帧数据接收完毕。

在发送方式下，串行数据通过引脚 TXD(P3.1)送出。与接收数据情况不同的是，发送数据时，CPU 是主动的，不会发生帧重叠错误，所以发送电路就不需双重缓冲结构，这样可以提高数据发送的速度。当数据由单片机内部总线传送到发送 SBUF 时，就启动了一帧数据的串行发送过程。发送 SBUF 将并行数据转换成串行数据，并自动插入格式位，在移位时钟信号的作用下，将串行二进制信息由 TXD(P3.1)引脚按设定的波特率逐位发送出去。发送完毕后，TXD(P3.1)引脚呈高电平，并置 TI 标志位为 1，以示一帧数据发送完毕。

### 9.2.2　串行通信控制寄存器

在 MCS-51 型单片机中，与串行通信有关的控制寄存器共有 3 个，分别是串行控制寄存器 SCON、串行口电源控制寄存器 PCON 和中断允许寄存器 IE。

#### 1. 串行控制寄存器 SCON

SCON 是一个可位寻址的专用寄存器，用于串行数据通信的控制。单元地址 98H，位地址 9FH～98H。寄存器内容及位地址如表 9-2 所示。

表 9-2　SCON 寄存器内容及位地址

| 位 | $D_7$ | $D_6$ | $D_5$ | $D_4$ | $D_3$ | $D_2$ | $D_1$ | $D_0$ | 字节地址 |
|---|---|---|---|---|---|---|---|---|---|
| SCON | SM0 | SM1 | SM2 | REN | TB8 | RB8 | TI | RI | 98H |
| 位地址 | 9FH | 9EH | 9DH | 9CH | 9BH | 9AH | 99H | 98H | |

各位的功能说明如下。

(1) SM0、SM1：工作方式选择位。工作方式选择如表 9-3 所示。

表 9-3　串行口工作方式选择

| SM0 | SM1 | 方　式 | 功　能 | 波特率 |
|---|---|---|---|---|
| 0 | 0 | 0 | 同步移位寄存器 | $f_{osc}/12$ |
| 0 | 1 | 1 | 10 位异步收发 | 可变，由定时器控制 |
| 1 | 0 | 2 | 11 位异步收发 | $f_{osc}/64$ 或 $f_{osc}/32$ |
| 1 | 1 | 3 | 11 位异步收发 | 可变，由定时器控制 |

(2) SM2：多机通信控制位。多机通信是在方式 2 和方式 3 下进行的，因此，SM2 位主要用于方式 2 和方式 3。当串行口以方式 2 或方式 3 接收时，SM2 = 1 时，只有当接收到的第 9 位数据(RB8)为 1，才将接收到的前 8 位数据送入 SBUF，并置位 RI 产生中断请

求；否则，将接收到的前 8 位数据丢弃。当 SM2 = 0 时，无论第 9 位数据为 0 还是为 1，都将前 8 位数据装入 SBUF 中，并产生中断请求。

在方式 0 时，SM2 必须为 0。

(3) REN：允许接收位。REN 用于对串行数据的接收进行控制：REN = 0，禁止接收；REN=1，允许接收。该位由软件置位或复位。

(4) TB8：发送数据位 8。在方式 2 或方式 3 时，TB8 的内容是要发送的第 9 位数据，其值由用户通过软件设置。在双机通信时，TB8 一般作为奇偶校验位使用；在多机通信中，常以 TB8 位的状态表示主机发送的是地址帧还是数据帧,而且一般约定 TB8 = 0 为数据帧，TB8 = 1 为地址帧。

(5) RB8：接收数据位 8。在方式 2 或方式 3 时，RB8 存放接收到的第 9 位数据，代表着接收数据的某种特征(与 TB8 的功能类似)，故应根据其状态对接收数据进行操作。

(6) TI：发送中断标志。在方式 0 时，发送完第 8 位数据后，该位由硬件置位。在其他方式下，于发送停止位之前，该位由硬件置位。因此 TI = 1 表示帧发送结束，其状态既可供软件查询使用，也可请求中断。TI 位由软件清 0。

(7) RI：接收中断标志。在方式 0 时，接收完第 8 位数据后，该位由硬件置位。在其他方式下，当接收到停止位时，该位由硬件置位。因此 RI = 1 表示帧接收结束，其状态既可供软件查询使用，也可以请求中断。RI 位由软件清 0。

由图 9-3 可知，串行口的中断，无论是接收中断还是发送中断，当 CPU 响应中断都进入 0023H 程序地址，执行串行口的中断服务子程序，并由软件来判别是接收中断还是发送中断。而中断标志必须在中断服务子程序中加以清除，以防止出现一次中断、多次响应的现象。在系统复位时，SCON 的所有位均被清 0。

### 2. 串行口电源控制寄存器 PCON

PCON 主要是为 CHMOS 型单片机 8051 的电源控制而设置的。单元地址为 87H，不可位寻址。其内容如表 9-4 所示。

表 9-4    串行口电源控制器寄存器

| 位 | $D_7$ | $D_6$ | $D_5$ | $D_4$ | $D_3$ | $D_2$ | $D_1$ | $D_0$ | 字节地址 |
|---|---|---|---|---|---|---|---|---|---|
| PCON | SMOD | — | — | — | GF0 | GF1 | PD | ID | 87H |

在电源控制寄存器 PCON 中只有 1 位 SMOD 与串行口工作有关，SMOD 是串行口波特率的倍增位，当 SMOD = 1 时，串行口波特率加倍。系统复位时 SMOD = 0。

### 3. 中断允许寄存器 IE

中断允许寄存器 IE 的单元地址为 0A8H，位地址为 0AFH～0A8H。其内容如表 9-5 所示。

表 9-5    中断允许寄存器 IE

| 位 | $D_7$ | $D_6$ | $D_5$ | $D_4$ | $D_3$ | $D_2$ | $D_1$ | $D_0$ | 字节地址 |
|---|---|---|---|---|---|---|---|---|---|
| IE | EA | — | — | ES | ET1 | EX1 | ET0 | EX0 | 0A8H |
| 位地址 | 0AFH | 0AEH | 0ADH | 0ACH | 0ABH | 0AAH | 0A9H | 0A8H | |

注：ES 为串行中断允许位，ES = 0，禁止串行中断；ES = 1，允许串行中断。

# 9.3　MCS-51 单片机串行通信工作方式

MCS-51 的串行口有 4 种工作方式，通过 SCON 中的 SM1、SM0 位来决定，下面分别介绍各种工作方式。

## 9.3.1　串行工作方式 0

在方式 0 下，把串行口作为同步移位寄存器使用，这时以 RXD(P3.0)端作为数据移位的入口和出口，而由 TXD(P3.1)端提供移位时钟脉冲。波特率固定为单片机的 $f_{osc}/12$。移位数据的发送和接收以 8 位为一组，低位在前，高位在后。其格式为

| … | $D_0$ | $D_1$ | $D_2$ | $D_3$ | $D_4$ | $D_5$ | $D_6$ | $D_7$ | … |
|---|---|---|---|---|---|---|---|---|---|

### 1. 数据的发送

当数据写入串行口发送缓冲器 SBUF 后(MOV SBUF，#..)，在移位时钟 TXD 的控制下，按一定波特率将数据低位到高位从 RXD 引脚传送出去，发送完毕，硬件自动使 SCON 的 TI 位置 1，再次发送数据之前，TI 必须由软件清 0。此时，若在硬件中加上串入并出移位寄存器，如 CD4094、74LS164 等芯片，即可以将 RXD 引脚送出的串行数据重新转换为并行数据，实际上是将串行口当作并行输出口。电路连接图如图 9-4 所示，其输出时序图如图 9-5 所示。

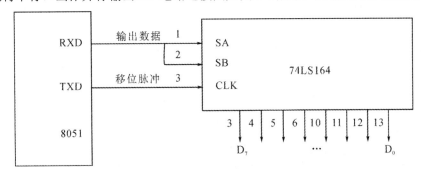

图 9-4　串行口与 74LS164 连接图

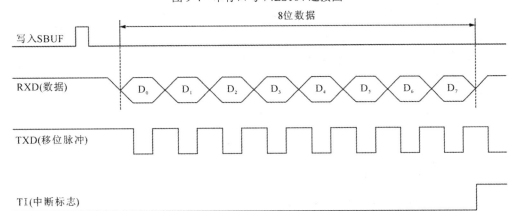

图 9-5　方式 0 数据输出时序图

## 2. 数据的接收

在满足 REN = 1 和 RI = 0 的条件下，串行口即开始从 RXD 端以 $f_{osc}/12$ 的波特率输入数据(低位在前)，当接收完 8 位数据后，置中断标志 RI 为 1，请求中断。再次接收数据之前，RI 必须由软件清 0。若将并入串出移位寄存器(如 CD4014 或 74LS165 等芯片)的输出连接到单片机的 RXD 引脚，则当串行口工作于方式 0 接收时，即可接收到 CD4014 或 74LS165 输入端的并行数据。此时，相当于把串行口当作扩展输入口用。电路连接图如图 9-6 所示，其输入时序图如图 9-7 所示。

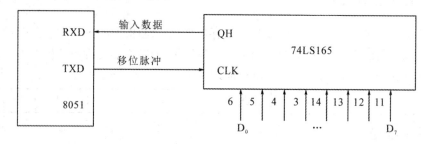

图 9-6 串行口与 74LS165 连接图

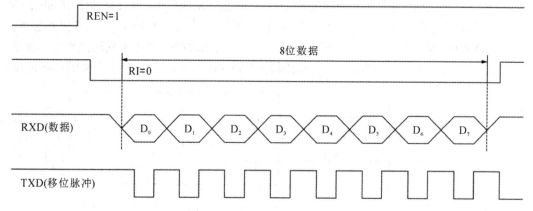

图 9-7 方式 0 数据输入时序图

【例 9-1】 用 8051 单片机的串行口外接串入并出的芯片 CD4094 扩展并行输出口控制一组发光二极管，使发光二极管从左到右依次点亮，并反复循环，如图 9-8 所示。

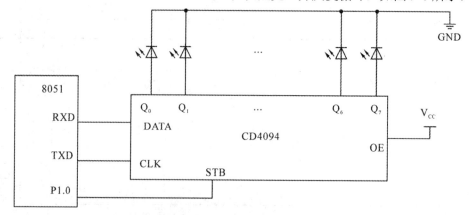

图 9-8 串口利用 CD4094 扩展 I/O 接口连接图

**解**　由硬件连接可知，要使某一个发光二极管点亮，必须使驱动该发光二极管的
CD4094 并行输出端输出高电平。因此，要点亮 $Q_0$ 对应的发光二极管，串行口应送出 80H，
要实现将发光二极管由左到右依次循环点亮，只需使串行口依次循环送出 80H→40H→20H→
10H→08H→04H→02H→01H 即可。串行口数据传送时，为避免 CD4094 并行输出端 $Q_0$～
$Q_7$ 的不断变化而使发光二极管闪烁，在传送时，使 P1.0 = 0(即 STB = 0)，每次串行口数据
传送完毕，即 SCON 的 TI 位为 1 时，使 P1.0 = 1(即 STB = 1)，$Q_0$～$Q_7$ 输出控制相应发光
二极管点亮。

程序如下：

```
            ORG     0000H
            LJMP    MAIN
            ORG     0040H
MAIN:
            MOV     SCON, #00H        ; 设置串行口工作于方式 0
            MOV     A, #80H           ; 点亮最左边的发光二极管的数据
LOOP: CLR   P1.0                      ; 串行传送时，切断与并行输出口的连接
            MOV     SBUF, A           ; 串行传送
            JNB     TI, $             ; 等待串行传送完毕
            CLR     TI                ; 清发送标志位
            SETB    P1.0              ; 串行传送完毕，选通并行输出
            ACALL   DELAY             ; 延时
            RR      A                 ; 选择点亮下一发光二极管的数据，右移
            LJMP    LOOP              ; 继续串行传送
DELAY: MOV  R7, #05H
LP0:  MOV   R6, #FFH
            DJNZ    R6, $
            DJNZ    R7, LP0
            RET
            END
```

C51 参考程序如下：

```
#include<reg51.h>
Sbit  P1_0=P1^0;                       /*定义位变量*/
void main()
{
    unsigned char i, j;
    SCON=0x00;                         /*设置串行口工作于方式 0*/
    j=0x80;                            /*点亮最左边的发光二极管的数据*/
    for(;;)
    {
        P1_0=0;                        /*串行传送时，切断与并行输出口的连接*/
```

```
        SBUF=j;                          /*串行传送*/
        while (!TI)                      /*等待串行传送完毕*/
        {;}
        P1_0=1;                          /*串行传送完毕，选通并行输出*/
        TI=0;                            /*清发送标志位*/
        for(i=0; i<=254; i++)            /*延时*/
        {; }
        j=j/2;                           /*选择点亮下一个发光二极管的数据，右移*/
        if(j==0x00)
          j=0x80;
      }
    }
```

## 9.3.2 串行工作方式 1

在方式 1 下，串行口以 10 位为一帧，为异步串行通信方式，主要包括 1 位起始位、8 位数据位和 1 位停止位。其主要特点是：RXD(P3.0)引脚接收数据，TXD(P3.1)引脚发送数据；数据位的接收和发送低位在前、高位在后。其格式如图 9-9 所示。

| 起始位 | $D_0$ | $D_1$ | $D_2$ | $D_3$ | $D_4$ | $D_5$ | $D_6$ | $D_7$ | 停止位 |
|---|---|---|---|---|---|---|---|---|---|

图 9-9 方式 1 帧格式

### 1. 数据的发送

在方式 1 下，且 TI = 0 时，数据的发送从执行"MOV SBUF，A"指令开始，随后在串行口由硬件自动加入起始位和停止位，构成一个完整的帧格式，然后在移位脉冲的作用下，由 TXD 端串行输出。一个字符帧发送完后，使 TXD 输出线维持在 1(mark)状态下，并将 SCON 寄存器的 TI 置 1，通知 CPU 可以接着发送下一个字符。

### 2. 数据的接收

接收数据时，SCON 的 REN 位应处于允许接收状态(REN = 1)且 RI = 0，串行口采样 RXD 端，当采样从 1 到 0 的状态跳变时，就认定接收到起始位，随后在移位脉冲的控制下，把接收到的数据位移入接收寄存器中，直到停止位到来之后置位中断标志位 RI，通知 CPU 从 SBUF 取走接收到的一个字符。

### 3. 波特率的设定

方式 0 的波特率是固定的，但方式 1 的波特率则是可变的，以定时器 T1 作波特率发生器使用，其值由定时器 1 的计数溢出率来决定，其公式为

$$波特率 = \frac{2^{SMOD}}{32} \times (定时器 1 的溢出率)$$

其中，SMOD 为 PCON 寄存器最高位的值，其值为 1 或 0。

当定时器 1 作波特率发生器使用时，选用工作方式 2(即 8 位自动加载方式)。这主要是因为方式 2 具有自动加载功能，可避免通过程序反复装入初值所引起的定时误差，能使波特率更加稳定。假定计数初值为 $X$，则计数溢出周期为

$$\frac{12}{f_{osc}} \times (256 - X)$$

溢出率为溢出周期的倒数。则波特率计算公式为

$$波特率 = \frac{2^{SMOD}}{32} \times \frac{f_{osc}}{12 \times (256 - X)}$$

实际使用时，总是先确定波特率，再计算定时器 T1 的计数初值，然后进行定时器的初始化。根据上述波特率的计算公式，可得出计数初值的计算公式为

$$X = 256 - \frac{f_{osc} \times 2^{SMOD}}{384 \times 波特率}$$

以定时器 T1 作波特率发生器是由系统决定的，用户只需要根据通信所要求的波特率计算出定时器 T1 的计数初值，以便在程序中设置。

**【例 9-2】**　单片机以串行工作方式 1 进行串行数据通信，波特率为 1200 b/s。若晶体振荡频率 $f_{osc}$ 为 6 MHz，试确定定时/计数器 1 的计数初值。

**解**　串行口工作于方式 1 时的波特率由定时/计数器 1 的溢出率决定，计数初值为

$$X = 256 - \frac{f_{osc} \times 2^{SMOD}}{384 \times 波特率}$$

式中，晶体振荡频率 $f_{osc} = 6$ MHz、波特率 = 1200 b/s(已由题中给出)，设 SMOD 位为 0，可得计数初值为

$$X = 256 - \frac{f_{osc} \times 2^{SMOD}}{384 \times 波特率} = 256 - \frac{6 \times 10^6 \times 2^0}{384 \times 1200} = 256 - 13 = 243 = 0F3H$$

因此，通过下面的指令可以对单片机的串行通信进行初始化，包括串行口的工作方式和波特率设置。

```
MOV    SCON, #50H        ; 串行口工作于方式 1，允许接收
MOV    PCON, #00H        ; SMOD=0，波特率不倍增
MOV    TMOD, #20H        ; 定时/计数器 1 工作于方式 2 定时方式
MOV    TH1, #F3H         ; 定时/计数器 1 得计数初值为 F3H
MOV    TL1, #F3H         ; 设置串行口工作于方式 0
SETB   TR1               ; 启动定时/计数器 1 工作，开始提供 1200 波特率
MOV    IE, #00H          ; 不允许中断
```

**【例 9-3】**　串行方式 1 的双机通信实例。假定甲机、乙机以串行工作方式 1 进行串行数据通信，其波特率为 9600 b/s，甲、乙双机的 8051 的晶振频率均为 11.0592 MHz，波特率不倍增。甲机发送，发送数据的个数在内部 RAM 的 40H 中，数据则存放于外部 RAM 的以 4000H 地址开始的单元中。乙机接收，并把接收到的数据个数存放于内部 RAM 的 50H 中，数据块则依次存入外部 RAM 的 5000H 地址开始的区域中。双机通信系统图如图 9-10 所示。

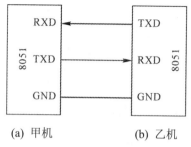

(a) 甲机          (b) 乙机

图 9-10 双机通信系统图

**解** 参考例 9-2,确定定时/计数器 1 的计数初值。

$$X = 256 - \frac{f_{osc} \times 2^{SMOD}}{384 \times 波特率} = 256 - \frac{11059200 \times 2^0}{384 \times 9600} = 256 - 3 = 253 = 0FDH$$

串行发送的内容包括数据个数和数据两部分内容。对数据个数发送以查询方式进行,而数据则以中断方式传送。因此在程序中要先禁止串行中断,后允许串行中断。

程序如下:

```
; 甲机的程序
        ORG     0000H
        LJMP    MAIN
        ORG     0023H
        LJMP    RSSEND
        ORG     0030H
MAIN:
        LCALL   RSINT           ; 调用串行口初始化子程序
        MOV     R7, 40H         ; 读取数据个数
        MOV     SBUF, R7        ; 发送数据个数
SOUT1:  JNB     TI, $           ; 等待一帧发送完毕
        MOV     DPTR, #4000H    ; 数据区地址指针
        SETB    ES              ; 开放串行中断
        AJMP    $               ; 等待中断
; 串行口初始化子程序
RSINT:
        MOV     SCON, #40H      ; 串行口工作于方式 1,禁止接收(REN=0)
        MOV     PCON, #00H      ; 波特率不倍增
        MOV     TMOD, #20H      ; 设置定时器 1 工作方式 2
        MOV     TH1, #FDH       ; 定时器 1 计数初值
        MOV     TL1, #FDH       ; 计数重装值
        SETB    EA              ; 中断总允许
        CLR     ES              ; 禁止串行中断
        SETB    TR1             ; 启动定时器 1
        RET
```

```
; 甲机中断服务程序:
        ORG     0100H
RSSEND:
        MOVX    A, @DPTR        ; 读数据
        CLR     TI              ; 清发送中断
        MOV     SBUF, A         ; 发送字符
        DJNZ    R7, AEND        ; 没发送完转 AEND
        CLR     ES              ; 禁止串行中断
        CLR     TR1             ; 定时器 1 停止计数
AEND:
        INC     DPTR
        RETI                    ; 中断返回
        END
; 乙机的程序
        ORG     0000H
        LJMP    MAIN
        ORG     0023H
        LJMP    RSRECEIVE
        ORG     0030H
MAIN:
        LCALL   RSINT           ; 调用串行口初始化子程序
SIN1:   JNB     RI, $           ; 等待
        CLR     RI              ; 清接收中断标志
        MOV     A, SBUF         ; 接收数据个数
        MOV     50H, A          ; 保存接收数据个数
        MOV     R7, A           ; 保存接收数据个数
        MOV     DPTR, #5000H    ; 设置接收数据区地址指针
        SETB    ES
        AJMP    $
                                ; 串行口初始化子程序
RSINT:
        MOV     SCON, #50H      ; 串行口工作于方式 1, 允许接收(REN=1)
        MOV     PCON, #00H      ; 波特率不倍增
        MOV     TMOD, #20H      ; 设置定时器 1 工作方式 2
        MOV     TH1, #FDH       ; 定时器 1 计数初值
        MOV     TL1, #FDH       ; 计数重装值
        SETB    EA              ; 中断总允许
        CLR     ES              ; 禁止串行中断
        SETB    TR1             ; 启动定时器 1
```

```
        RET
; 乙机中断接收服务程序:
        ORG     0100H
RSRECEIVE:
        MOV     A, SBUF         ; 接收数据
        MOVX    @DPTR, A        ; 保存数据
        CLR     RI              ; 清接收中断标志
        DJNZ    R7, AEND        ; 没接收完转 BEND
        CLR     ES              ; 禁止串行中断
        CLR     TR1             ; 定时器 1 停止计数
AEND:
        INC     DPTR
        RETI                    ; 中断返回
        END
```

### 9.3.3 串行工作方式 2

当设置 SCON 寄存器的 SM0SM1 位为 10 时，单片机串行口进入工作方式 2。在方式 2 下，串行口是以 11 位为一帧的异步串行通信方式，主要包括 1 位起始位、9 位数据位和 1 位停止位。其主要特点是：RXD(P3.0)引脚接收数据，TXD(P3.1)引脚发送数据；数据位的接收和发送为低位在前、高位在后，格式如图 9-11 所示。

| 起始位 | $D_0$ | $D_1$ | $D_2$ | $D_3$ | $D_4$ | $D_5$ | $D_6$ | $D_7$ | $D_8$ | 停止位 |
|---|---|---|---|---|---|---|---|---|---|---|

图 9-11 串行工作方式 2 帧格式

#### 1. 数据的发送和接收

在方式 2 下，字符还是 8 个数据位，只不过增加了一个第 9 个数据位($D_8$)，而且其功能由用户确定，是一个可编程位。

在发送数据时，应预先在 SCON 的 TB8 位中把第 9 个数据位的内容准备好。可以使用如下位操作指令来完成：

```
SETB    TB8             ; TB8 位置 1
CLR     TB8             ; TB8 位置 0
```

发送数据($D_0 \sim D_7$)由 MOV 指令向 SBUF 写入，而 $D_8$ 位的内容则由硬件电路从 TB8 中直接送到发送移位寄存器的第 9 位，并以此来启动串行发送。一个字符帧发送完毕后，将 TI 位置 1，其他过程与方式 1 相同。

方式 2 的接收过程也与方式 1 基本类似，所不同的只是在第 9 数据位上，串行口把接收到的前 8 个数据位送入 SBUF，而把第 9 数据位送入 RB8。

第 9 数据位 TB8、RB8 可作串行通信的奇偶校验位，也可作多机通信时的地址、数据帧识别。

### 2. 波特率的设定

方式 2 的波特率是固定的，且有两种。一种是晶振频率的 1/32，另一种是晶振频率的 1/64，即 $f_{osc}/32$ 和 $f_{osc}/64$，用公式表示则为

$$波特率 = \frac{2^{SMOD}}{64} f_{osc}$$

即波特率与 PCON 寄存器中 SMOD 位的值有关。当 SMOD = 0 时，波特率等于 $f_{osc}$ 的 1/64；当 SMOD = 1 时，波特率等于 $f_{osc}$ 的 1/32。

【例 9-4】　利用串行口完成双机通信。

如图 9-10 所示是双机通信系统，要求将甲机 8051 的片内 RAM 中的 40H～4FH 的数据串行发送至乙机。甲机工作于串行方式 2，TB8 为奇偶校验位；乙机用于接收串行数据，也工作于方式 2，并对奇偶校验位进行校验，接收数据存放于 RAM 的 60H～6FH 中。

程序如下：

```
        ; 甲机发送(采用查询方式)
        ORG     0000H
        LJMP    MAIN
        ORG     0030H
MAIN:
        MOV     SCON, #80H          ; 设置工作方式 2
        MOV     PCON, #00H          ; 设置 SMOD=0，波特率不倍增
        MOV     R0, #40H            ; 设置数据区地址指针
        MOV     R7, #10H            ; 设置数据个数
LOOP:
        MOV     A, @R0              ; 取发送数据
        MOV     C, P                ; 奇偶位送 TB8
        MOV     TB8, C              ; 送串行口并开始发送数据
        MOV     SBUF, A
WAIT:
        JBC     TI, NEXT            ; 检测是否发送结束并清 TI
        SJMP    WAIT
NEXT:
        INC     R0                  ; 修改发送数据地址指针
        DJNZ    R7, LOOP
        END
        ; 乙机接收(查询方式)
        ORG     0000H
        LJMP    MAIN
        ORG     0030H
MAIN:
```

```
              MOV    SCON, #90H           ; 设置工作方式 2 并允许接收
              MOV    PCON, #00H           ; 设置 SMOD=0
              MOV    R0, 60H              ; 设置数据区地址指针
              MOV    R7, #10H             ; 设置数据接收长度
       LOOP:
              JBC    RI, READ             ; 等待接收数据并清 RI
              SJMP   LOOP
       READ:
              MOV    A, SBUF              ; 读一帧数据
              MOV    C, P                 ; 读奇偶校验位
              JNC    LP0                  ; C 不为 1 转 LP0
              JNB    RB8, ERR             ; RB8=0 即 RB8 不为 P 转 ERR
              AJMP   LP1
       LP0:
              JB     RB8, ERR             ; RB8=1 即 RB8 不为 P 转 ERR
       LP1:
              MOV    @R0, A               ; RB8=P
              INC    R0
              DJNZ   R7, LOOP

       ERR:
              ……                          ; 奇偶校验不正确，出错处理程序
              ……
              END
```

### 9.3.4  串行工作方式 3

方式 3 同样是串行通信方式，以 11 位为一帧，其通信过程与方式 2 完全相同，所不同的仅在于波特率。方式 2 的波特率只有固定的两种，而方式 3 的波特率则可由用户根据需要设定，其设定方法与方式 1 相同，即通过设置定时器 1 的初值来设定波特率。

 **知识拓展**

大自然是人类赖以生存发展的基本条件。尊重自然、顺应自然、保护自然，是全面建设社会主义现代化国家的内在要求。二十大报告中强调，我们必须牢固树立和践行绿水青山就是金山银山的发展理念。

单片机不仅可以应用于实现智能电网，通过对电力需求和供应的实时监测和调节，提升各类电源的调控能力和网源协调发展水平，以达到提高电力的利用效率并节约能源的目的；也可以应用于实现智能交通，通过对道路状况、车辆行驶、信号灯等的智能控制，减

少拥堵和排放，实现交通与环境的协调发展。而在智能加工中应用单片机，实时调节工业设备的运行状态，也可以达到提高生产效率和质量，减少能源消耗和废弃物排放，并降低生产成本和环境污染的目标。此外，单片机可以实现模块化的设计和组合，通过标准化的接口和协议，能够实现不同工业设备的灵活配置和扩展，这为在不同的生产需求和场景中提高资源利用率提供了可能性。

因此，单片机在加快发展方式绿色转型中的应用具有重要意义。对于我们而言，了解 MCS-51 串行口的结构及控制寄存器的使用，熟练掌握各种串口工作方式下的通信程序的编写，是帮助我们实现低碳、节能、环保的社会目标，也是促进经济和社会的可持续发展的重要环节。

# 习　题

## 1. 填空题

(1) 计算机与计算机或外部设备之间的＿＿＿＿＿＿称为通信，通信的基本方式可分为＿＿＿＿＿和＿＿＿＿＿。

(2) 串行通信按传送的数据格式不同可分为＿＿＿＿＿和＿＿＿＿＿。

(3) 按照数据传送方向，串行通信可分为＿＿＿＿＿方式、＿＿＿＿＿方式、＿＿＿＿＿方式。

(4) 8051 串行口按方式 1 进行通信，若每分钟传送 300 个字符，则波特率为＿＿＿＿。

## 2. 简答题

(1) 简述 MCS-51 串行口发送和接收数据的过程。

(2) 请编程实现串行口在方式 2 下的发送程序。设发送数据缓冲区在外部 RAM，起始地址是 1500 H，发送数据长度为 60 H，采用奇校验，放在发送数据第 9 位上。

(3) 利用单片机的串行口扩展并行 I/O 接口，控制 16 个发光二极管依次发光，请画出电路图，分别用汇编语言和 C 语言编写相应的程序。

(4) 参照图 9-8 电路图，编程实现灯亮移位程序，要求 8 只发光二极管每次点亮一个，点亮时间为 250 ms，顺序是从下到上逐一循环点亮。设 $f_{osc}$ = 6 MHz。

(5) 片外 RAM 以 30H 开始的数据区中有 100 个数，要求每隔 100 ms 向片内 RAM 以 10H 开始的数据区传送 20 个数据，通过 5 次传送把数据全部传送完。以定时器 1 作为定时，编写有关的程序。设 $f_{osc}$ = 6 MHz。

# 第 10 章 单片机应用系统设计

## 内容提要

本章在简要分析应用系统设计要求、原则和步骤的基础上，详细讲述了需求分析、总体设计、硬件设计、软件设计和系统调试等内容，并给出了具体的应用实例。

## 知识要点

▶ 概　念
◇ 典型单片机应用系统、模块化设计。

▶ 知识点
◇ 应用系统的设计原则和步骤。
◇ 需求分析报告、总体方案设计的内容。
◇ 典型应用系统的硬件组成、软件设计方法。
◇ 系统调试方法。

▶ 重点及难点
◇ 需求分析确定总体方案设计的内容。
◇ 应用系统的软、硬件设计。
◇ 应用系统的调试。

## 案例引入

单片机看门狗机制是一种用于提高系统可靠性的功能，它可以检测并处理程序运行异常的情况，防止单片机死机或跑飞。在应用看门狗的时候，要选择合适的看门狗类型，设置合理的喂狗时间，分散喂狗操作并且避免在中断或其他函数中私自喂狗。

在设计看门狗程序时，单片机需要考虑两个重要因素：溢出时间和中断响应。溢出时间是指看门狗在没有收到清除信号时，会自动复位的时间。这个时间需要技术人员根据程序的实际需求来设置，既不能太长，让程序出错后无法及时恢复，也不能太短，导致频繁清除看门狗而浪费资源。中断响应是指看门狗在溢出时，会触发最高优先级的中断，强制单片机重启。这种方式虽然可以避免程序死循环或跑飞，但是也有可能造成数据丢失或系统不稳定的问题。因此，在一些关键的场合，还是要技术人员判断是否需要重启，不能完全依赖看门狗的自动功能，以免造成更大的损失。

请同学们思考：

结合实际，讲一讲为什么我们不能完全依赖机器的自动功能？

# 10.1　单片机应用系统的设计原则

不同的设计人员设计同一单片机应用系统时，可能采用不同的工作原理、不同的硬件和软件、不同的结构等，但其设计应满足的基本要求、遵循的设计原则和设计步骤大致是相同的。

## 10.1.1　基本要求

任何单片机应用系统，一般必须满足如下基本要求。

(1) 满足功能和技术指标要求。主要是满足基本的测量功能、控制功能、管理功能和各项技术指标的要求。

(2) 可靠性要高。可靠性是最重要的指标，系统必须能可靠、稳定地工作，特别是工作在环境比较恶劣的在线应用系统。

(3) 便于操作和维护。对用户来说，操作简单、易于维护，可延长单片机的使用寿命。

(4) 结构与造型合理。柔性化程度高，应用更为广泛。

## 10.1.2　设计原则

在单片机应用系统设计时，应按以下 6 条原则进行。

(1) 明确设计目标。通过用户需求分析得到系统要求的功能、性能和约束条件，避免功能、性能过高，约束条件过严，使得投入大、开发周期长，必须权衡利弊并留有一定的富余量。在整个设计过程中要不断地对照设计目标并满足目标要求。

(2) 自上而下设计。把复杂问题分解为简单问题(单元电路和基本程序可实现)，形成相互独立包含各项指标的子任务书，再逐级细分，直到可以由一个独立的电路或算法完成为止。子任务完成后汇总起来即完成总体任务。

(3) 软、硬件优化设计。大部分子任务可以以硬件为主实现，也可以以软件为主实现，必须进行协调优化设计，从而提高性能质量、降低成本。用硬件实现时，缺点是成本增加、故障点多，但具有处理及时、减轻微处理器负担的优点；用软件实现时，优点是降低了成本，但一次性人力和时间投入多。一般应按软件代替硬件、复杂软件用硬件取代的原则去协调。

(4) 较高性价比。在满足性能指标的前提下，尽可能采用简单的方案；依据产品化的规模权衡研制成本和生产成本；同时要考虑系统的使用和维护费用。

(5) 提高可维护性。采用自诊断技术、硬件保护电路、硬件冗余后备、留置方便测试点等提高可维护性；模拟运行环境对硬件进行试验和测试，对软件进行反复考核与诊断；

设置异常情况和极限环境检验系统的可维护性。

(6) 组合及开放式设计。采用流行的标准总线结构，选用成熟的软、硬件功能模块组合成系统，重点放在总体方案和专用软件设计上，从而缩短开发周期，使得系统的结构灵活、便于扩充，质量稳定、维修方便。

### 10.1.3 设计步骤

对单片机应用系统，其设计步骤如下。

(1) 确定设计任务。对具体的单片机应用系统进行设计时，首先要进行用户的需求分析，对现有产品和实际问题进行深入研究和细致分析，明确设计任务，即确定系统要完成的功能、达到的技术指标和性能，必须满足的使用环境等。同时，对系统的先进性、可靠性、可维护性、成本以及产生的经济效益有一个科学合理的定位，拟定出合理可行的技术性能指标。

(2) 总体方案的设计。在应用系统进行总体设计时，根据任务书的要求拟定出性能/价格比最高的方案，包括工作原理，主控芯片，软、硬件的分工等。总体设计方案一旦确定，系统的大致规模及软件的基本框架就基本确定了。

(3) 软、硬件的研制设计。硬件设计除了完成功能外，必须满足环境具备的抗干扰能力；软件设计要不断细化，避免逻辑错误和疏漏，采取必要的抗干扰设计。

(4) 综合调试和性能测试。综合调试必须在实验室模拟现场环境进行软、硬件联合调试，系统必须能正常稳定地工作；性能测试必须测试其功能、性能指标、运行可靠性等满足要求。

## 10.2 单片机应用系统硬件设计

根据总体硬件结构和任务书的要求，以硬件设计人员为主，与软件设计人员协商，进行以单片机为核心的硬件设计。通常包括微机系统、人机对话接口、数据采集接口、输出控制接口、电源等。

### 10.2.1 硬件设计基本要求

单片机应用系统硬件设计的基本要求如下。

(1) 充分了解所涉及的芯片性能，分析对比其性能，用功能强的芯片简化硬件电路，尽可能采用典型的成熟电路，并符合单片机系统的常规用法。

(2) 考虑到可能会修改和扩展，在满足应用系统当前的功能要求时，硬件资源要留有适当的余量。

(3) 系统中的主要器件要尽可能性能匹配，如果系统中相关的器件性能差异很大，系统的综合性能将降低，甚至不能正常工作。

(4) 采取有效的硬件抗干扰措施，针对可能出现的各种干扰，应设计抗干扰电路。

(5) 为自诊断功能设计监测报警电路。

(6) 设计元件、单元和板的布局，合理的布局便于进行连线、安装和调试。

## 10.2.2　系统的硬件组成

单片机应用系统有以下几个部分：前向通道、后向通道、中央控制器、人机交互通道、信息交互通道。前向通道用于获取各种信息；后向通道用于输出控制作用；中央控制器完成整个应用系统数据处理、管理与控制；人机交互通道负责向用户输出各种信息，并接受相应命令；信息交互通道与其他设备的信息交换，并与其他系统一起协同工作，完成某一任务。对于一个闭环控制系统，前向通道、后向通道和控制器构成一个闭环。通过前向通道反馈控制的结果，可以达到精确控制的目的。典型的单片机应用系统硬件结构如图 10-1 所示。

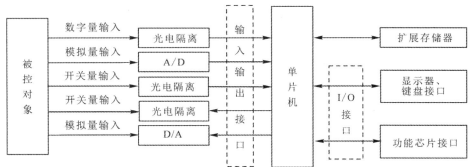

图 10-1　典型的单片机应用系统硬件结构

## 10.2.3　微机系统设计

微机系统是整个应用系统的核心，包括微处理器、总线结构、时钟电路、复位电路、存储器等。

### 1. 微处理器

不同类型、不同型号的微处理器，其字节长度、时钟频率、指令功能、寻址空间、存储能力、I/O 扩展能力、中断能力、定时/计数能力、特殊功能、功耗及兼容性等都不同。

根据所完成的功能确定微处理器的类型(单 CPU、多类型 CPU 等)；根据性能指标所需的字节长度、时钟频率、指令功能、寻址空间、I/O 扩展能力、中断能力、定时/计数能力、特殊功能、功耗确定芯片的型号。

### 2. 总线结构

系统中微处理器是通过总线与外围芯片、电路板、其他设备相互连接来实现数据传送的。总线的选择应与选机型、确定结构同时进行。

大多系统采用标准总线结构，可简化结构、方便连接、可扩充性和维护性好、可靠性高。按照使用范围标准总线结构可分为内总线和外总线。

1) 内总线

内总线是系统内部板与板间的连线，分为两种结构：

(1) 单板结构。系统功能简单，没有对外连接的总线。数据、地址线布局合理，并采用 $I^2C$(Inter IC Bus)和 SPI(Serial Peripheral Interface)等连接微处理器、存储器和 I/O 接口。单板结构较为简单、具有成本低、体积小、可靠性高等优点。

(2) 多板结构。系统功能复杂，为避免重复设计，可以选用标准总线连接多板结构，通用部分采用标准板，专用部分自行设计。这样可以缩短开发周期，是研制阶段经常采用的一种结构。

2) 外总线

外总线是设备与设备间连接的总线，一般采用标准总线。外总线分为并行和串行总线，其传输率、可靠性、传输距离、使用的传输线数量都不同，常用的外总线如下。

(1) IEEE-488 并行接口总线。通用目的接口总线。

(2) RS-232C 串行接口总线。早些年使用广泛。

(3) RS-422、RS-423、RS-485 串行接口总线，比 232 性能好，使用广泛。

### 3. 存储器

存储器有片内存储器和外扩展的存储器，也有存放数据和存放程序之分。

(1) 尽可能使选用的单片机芯片的内部存储器的存储类型、存储容量、存取时间、功耗、数据保护等满足系统的要求，并留有一定的余量。

(2) 需要扩展外部 ROM 或 RAM 时，一般选用容量较大的 ROM 和 RAM 芯片，如可选用 2764(8 KB)、27128(16 KB)、27256(32 KB)、6264(8 KB)或 62256(32 KB)，原则上应尽量减少芯片的数量，使译码电路简单。

### 4. I/O 接口

一般数据输入/输出都是通过数据总线与 I/O 接口交换信息，必须使其有序进行。

1) I/O 接口编址

信息交换的方法是对每个外设确定一个相应的地址，给对应的地址进行读/写操作，就完成了数据的输入/输出。不同的微处理器有两种编址方式。

(1) 统一编址方式(映射方式)：所有 I/O 接口当存储器看，对外设输入/输出操作和对单元的读/写操作一样。在一般的控制应用系统中，主要是以充分利用存储空间和简化硬件逻辑结构为原则，确定采用全译码、部分译码或线选法。

(2) 单独编址方式：I/O 接口地址和存储器分开编址，对 I/O 接口和存储器的操作指令相互独立，因此二者的地址可以重叠。

2) I/O 接口控制方式

微处理器和外部设备之间的信息有数据、状态信息、控制信息 3 种类型。控制方式有以下 3 种。

(1) 查询方式。查询 I/O 接口状态，了解外设情况，决定是否进行相应的处理。这种方式要占用 CPU 时间，响应不及时。

(2) 中断方式。外设通过 I/O 接口向 CPU 发出中断请求，CPU 响应中断执行相应的处理程序。该方式实时性好、效率高，如能分时操作更好。

(3) DMA 方式。在 DMA 控制器管理下，I/O 接口设备和存储器直接交换信息，无须 CPU 参与。

3) I/O 接口芯片

首先是用于大、中型应用系统的可编程芯片，如 8155、8255、8279 等，接口线多，硬件逻辑简单，但节约 CPU 的资源；其次是用于小型系统采用不可编程的 TTL 或 CMOS 芯片，完成简单的输入/输出功能，如三态缓冲器使 CPU 将控制信号和数据送至外设，寄存器将外设状态信号和数据送至数据总线。

I/O 接口芯片品种繁多，如 74LS 低功耗肖特基型，74AS 先进肖特基型，MC14500 系列，CD4000 系列，74HC、74HCT、74HCU 系列，HTL 高阈值系列，MC68×× 系列，Intel 和 Zilog 的 8××× 系列。选用芯片时，应按系统的要求选取，以速度为主要指标应选 TTL，以功耗为主要指标应选 CMOS，以抗干扰为主应选 CMOS 或 HTL。可编程芯片能减轻 CPU 的负担，程序简单，专门完成特定的任务。

### 5. 总线驱动

微处理器通过数据总线、地址总线、控制总线与 I/O 接口交换信息，微处理器自身总线的驱动能力有限，如 MCS-51 系列单片机的 P0 口能驱动 8 个 LSTTL 电路，P1～P3 口只能驱动 4 个 LSTTL 电路。在实际应用中，这些端口的负载不应超过总负载能力的 60%～70%，如果满载或负载太重，会引起芯片发热、逻辑混乱、波形失真，导致系统混乱，从而大大降低系统的稳定性和抗干扰能力。

按照总线信息流动的方向，总线驱动可分为单向和双向。一般地址线、大部分控制线、状态线是单向的，可采用恒定接通的单向 8 路三态缓冲器 74LS244 作为单向总线驱动器；数据总线是双向的，用两个单向驱动器或双向驱动器，可采用双向 8 路三态缓冲器 74LS245 作为总线驱动器，以提高端口的驱动能力和系统的抗干扰能力。

系统中尽可能选用低功耗的 CMOS 芯片，以使负载消耗电流最小，这样可缓解总线驱动能力不足的问题。

### 6. 时钟电路

时钟是 CPU 定时的基准，最好使用其典型值，对最高频率必须留有一定的富余量。必须按照微处理器对时钟电平、频率、波形的要求进行设计，包括允许的最低和最高频率、高低电平容差、脉冲宽度容差、最大与最小升降时间；晶振有标准、高速、低功耗、精度、多频切换可以选择。

因要求时钟的频率要稳定，又要简化设计，最好选用典型的时钟电路，优先使用内部时钟电路，再选用专用时钟芯片。外部提供时钟时应选数倍于所需频率的晶振，经分频得到所需频率，从而保证稳定的频率。

### 7. 复位电路

系统的复位有上电复位、按钮复位、掉电冻结、故障恢复等几种情况。

(1) 上电复位、按钮复位。不同的 CPU 和接口芯片所要求的复位电平和持续时间不同，应按照其要求设计，一般都采用典型的复位电路。

(2) 掉电冻结。电源电压较低时把数据保存起来，冻结 CPU 的运行，电压恢复时自动启动运行，掉电保护电路和复位电路要一起进行设计，区分上电复位和故障复位。

(3) 故障恢复。为了避免复位时造成数据丢失，从而采取一定的措施。

## 10.2.4　人机接口设计

系统的人机接口是按照任务书的要求完成人机对话功能对应的输入和输出操作，是用户对应用系统进行干预(如手/自动设置、参数的设置、应急控制、配置系统的存储等)，以及查询系统运行状态所设置的对话通道。

输入/输出设备包括正常运行和维修使用的开关、按钮、键盘、显示、打印等。

人机接口由I/O接口和相应的驱动电路组成。I/O接口作为微机系统的组成部分，通过驱动电路与人机对话设备连接。人机接口设计时应注意以下几点：

(1) 具有人性化设计，具备容错功能。

(2) 系统中的人机对话通道以及人机对话设备的配置都是小规模的，若需高水平的人机对话可将单片机应用系统与通用计算机通信，由通用计算机实现强大的人机对话功能。

(3) 单片机应用系统中，人机对话通道及接口大多采用内总线形式。

### 10.2.5  数据采集设计

数据采集是系统的核心，直接影响系统的测量精度、分辨率、输入阻抗、速度、抗干扰能力等主要指标。虽然来自现场的信息多种多样，但是按物理量的特征可将其分为模拟量和数字量(开关量)两种。

#### 1. 数字量的采集

对于数字量(频率、周期、相位、计数)的采集，输入比较简单。它们可直接作为计数输入、测试输入、I/O接口输入或中断源输入进行事件的计数或定时计数，实现脉冲的频率、周期、相位及计数测量。对于开关量的采集，一般通过I/O接口线或扩展I/O接口线直接输入。在数字量和开关量的采集通道中，一般要对其信号进行整形，并用隔离器件进行隔离(如光电耦合元器件)后输入，以提高系统的可靠性和抗干扰能力。

#### 2. 模拟量的采集

模拟量采集电路一般包括传感器、隔离放大、滤波、采样保持器、多路转换开关、A/D转换器及其接口电路，把不同的模拟信号(电压、电流、频率、相位、脉宽)转换成数字信号，如图10-2所示。

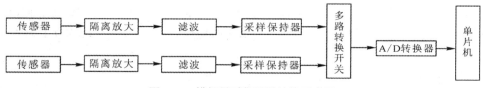

图10-2  模拟量采集通道结构示意图

(1) 传感器。传感器主要完成现场各种信号的采集并转换成电信号。现场信号主要有两大类信号：电信号，如电压、电流、电磁量等；非电信号，如温度、压力、流量、位移等。对不同的物理量应选择相应的传感器。

(2) 隔离放大。传感器的输出信号一般比较微弱，不能满足一般单片机应用系统的输入要求，因此信号需要进行放大。另外，要提高系统的可靠性和抗干扰性，需要增加隔离单元。

(3) 滤波。信号来自于工业现场，必定夹杂着各种噪声干扰。为了降低干扰，很有必要加入滤波环节，削弱干扰信号对有效信号的影响。

(4) 采样保持器。增加采样保持器的作用，主要在于两点：一是实现多路模拟信号的同时采集；二是消除 A/D 转换器的"孔径误差"。

(5) 多路转换开关。在单片机应用系统中对信号采集的实时性要求不是特别高的情况下，利用多路转换开关实现一个 A/D 转换器分时对多路模拟信号进行转换，降低系统硬件的成本。

(6) A/D 转换器。A/D 转换器是模拟量信号采集的核心器件，主要完成模拟量到数字量的转换，其器件的重要技术指标可详细参考 A/D 转换器的数据手册。

数据采集设计时应注意如下几点：

(1) 数据采集部分与现场被采对象相连，是现场干扰进入的主要通道，也是整个系统抗干扰设计的重点部位。

(2) 所采集的对象不同，有开关量、模拟量和数字量，而这些都是由安放在测量现场的传感、变换装置产生的，许多参量信号不能满足单片机输入的要求，故要有大量的、形式多样的信号变换调理电路，如测量放大器、I/F 变换、A/D 转换、放大、整形电路等。

(3) 对各单元电路进行误差分配后，再选电路和器件。

(4) 对滤波、标度变换等用软件实现，并采取程控放大、零点和增益校正、非线性校正等措施。

(5) 采集电路功耗小，一般没有功率驱动要求。

## 10.2.6 输出控制接口设计

输出控制接口是产生作用于控制对象的控制信号，控制信号也分为模拟量和数字量(开关量)两种。用输出控制接口控制开关量输出、数/模转换及驱动变换电路等。

### 1. 开关量输出

开关量(或数字量)输出时要具有足够的驱动能力，并实现电气隔离及电平转换，如控制信号灯、继电器、蜂鸣器等。

### 2. 模拟量输出

模拟量输出是要进行 D/A 转换、V/I 变换、隔离放大、功率驱动等，以实现控制电动执行机构、可控硅设备、步进电机驱动装置等。

设计输出控制接口时应注意以下几点：

(1) 输出接口大多数需要功率驱动，接口电路应具有足够的耐压和过冲击的能力。

(2) 输出接口必须与系统采取隔离措施，否则会影响系统稳定运行，如设备开、关动作不能影响系统的正常工作。

(3) 在发生事故时，输出接口电路能保证系统正常运行。

(4) 输出接口电路输出信号形式多种多样，如模拟电路、数字电路、开关电路、电流输出、电压输出等形式。

## 10.2.7 电源设计

一般应用系统的供电电源大多为工频交流供电。电源有普通电源和开关电源两种。

### 1. 普通电源

普通电源由变压器、整流器、低通滤波器、稳压器等组成，其结构简单、成本低、体积大，能满足一般系统的要求。

### 2. 开关电源

开关电源按照 PWM(Pulse Width Modulation)原理工作，其体积小、精度高、稳定性好、成本高，大多由专业厂家生产。

电源设计时应注意以下几点：

(1) 有足够的功率，避免满负荷时发热从而降低精度。

(2) 变压器等有良好的屏蔽，降低电源引入的干扰。

(3) 电压档次满足主机、放大、A/D、继电器等的要求。

(4) 共地系统不用隔离电源，隔离系统不用共地电源。

## 10.3  单片机应用系统软件设计

单片机应用系统的软件一般是由系统的监控程序和应用程序两部分构成的，监控程序是控制单片机系统按预定操作方式运行的程序，它负责组织调度各应用程序模块，完成系统自检、初始化、处理键盘命令、处理接口命令，处理条件触发和显示等功能。应用程序是用来完成测量、计算、显示、打印、输出控制、通信等各种实质性功能的软件。

单片机应用系统的软件设计应根据硬件结构和任务书的要求，按照科学合理的设计步骤和方法进行设计。

### 10.3.1  软件设计基本要求

单片机应用系统软件设计的基本要求如下。

(1) 可靠性。分析可能偶然出现的异常现象，避免出现逻辑错误，反复运行调试解决软件失误和潜在的硬件故障搅在一起的错误。运行状态采用标志化管理，程序的分支、运行、控制都可通过标志位控制，各个功能程序运行状态、运行结果以及运行需求都设置状态标志以便查询，从而提高设计者思路的清晰度，减少错误。

(2) 精度。软件精度由算法的精度(算法本身制约)和程序的精度决定，一般软件精度要比 A/D 精度高一个数量级以上才符合要求，且同时满足系统分配的精度要求。用多字节、浮点运算，建立高精度数据表格可提高精度，但同时存在速度慢、存储量大、程序复杂的问题，故应结合实际情况满足要求即可。

(3) 速度。在保证实时性的前提下，改进程序结构和方式可提高速度。如采取延时等待改为中断方式，循环次数减少和较快的循环指令，计算方法简化，实时性要求高的采用汇编语言编写程序等。

(4) 效率。效率可分为开发效率和运行效率。采用高级语言开发效率高，运行效率低；采用汇编语言开发效率低，运行效率高。因此，一般采用高级语言开发、汇编语言运行是较理想的方式。

注意：① 运行效率满足要求时，优先使用高级语言；② 尽量使用各种现成程序和开发调试工具；③ 必要时用硬件简化软件；④ 速度与程序长度冲突时，以速度为主；⑤ 不要过分重视设计技巧浪费时间。

(5) 用户界面。良好的用户界面，应符合使用者的文化素质及习惯；采用文字、图形相结合的友好界面，具有良好的容错性。

(6) 抗干扰设计。软件抗干扰是计算机应用系统提高可靠性的有力措施，许多硬件干扰都以软件的形式表现出来，所以进行全面的软件抗干扰设计非常必要。

(7) 设置自诊断程序。在系统运行前、运行中执行必要的自诊断程序，以检查系统各特征参数是否正常，进而提高运行的可靠性。

(8) 可读性和可扩展性。可读性指程序结构合理、清晰、易于阅读和理解；可扩展性指程序结构标准化、便于修改和扩充。

注意：① 采用结构化的程序设计方法；② 不要将子程序分得太细以致反复出现子程序嵌套；③ 不宜过多使用编程技巧使程序生涩费解；④ 程序区和数据区留有适当的空间，扩展时不打乱结构；⑤ 程序文件完整(流程、注解、存储分配、参数定义等)。

## 10.3.2　程序设计方法

结构化程序设计是软件设计的基本方法，按如下 3 步实施。

(1) 自上而下的分层设计。把整个软件设计任务划分成若干大的任务(模块)，每个大的任务分为若干子任务，这样分下去，直到每个子任务可编程实现为止。应先设计监控程序，再设计各应用程序模块。

注意：① 每个模块都有明确的功能和输入/输出条件,且与高一级的标志相吻合;② 某一子任务可以纳入低一级的模块时，就不要考虑此子任务的具体实现；③ 对任一层次、任一模块具体规定不宜过大；④ 模块间接口的内容主要包括其数据和功能。

(2) 模块化设计。分层设计后对每层的子任务应保证同一模块内任一段落的修改不影响其他程序模块，形成特定的功能模块，便于独立运行、调试、修改和移植，为程序进一步细分奠定基础。

模块化设计应遵循如下原则：① 模块大小随问题的复杂程度而定，过大难以普遍使用，过小零乱、程序可读性差，一般应有几十句到一两百句；② 模块设计为一个入口和一个出口，正确与否与其他模块无关；③ 与硬件相适应的典型试通程序是模块内最重要的内容；④ 每一模块都应独立上机调试运行。

(3) 结构化设计。任何一个单输入、单输出都可以由 3 种基本结构构成，细分各个程序模块至不含复合结构为止，即与语句对应。3 种基本结构为：① 顺序结构是指执行顺序与模块排列顺序一致的结构；② 条件结构是指根据条件决定程序走向的结构；③ 循环结构是指满足某条件与否，从而决定继续循环还是向下执行的结构。

## 10.3.3　软件设计

软件设计包括题目定义、题目细分、确定算法、画流程图和编写程序 5 部分内容。

### 1. 题目定义

题目定义是在分析软件设计任务书后，根据系统软件功能的要求，作出软件的总体规划和详细说明。定义题目时必须明确如下内容：

(1) 输入/输出信息列表，包括信息的性质、信息的来源或去向、数据信息、状态信息、控制信息、数据输入/输出端口地址、外设控制方式、中断源的类别及优先级安排、每个数据的输入/输出以及与其他输入/输出的关系等。

(2) 人机对话良好，包括操作简便灵活，显示直观易读，有提示信息、有容错功能，哪类错误提示、哪类错误人工干预，有出错信息表等。

### 2. 题目细分

用结构化、模块化设计方法，将整个软件划分成若干个相对独立的功能模块，并根据它们之间的联系和时间上的关系，设计出合理的软件总体结构，明确各模块之间的因果关系。

(1) 功能模块。执行模块是完成各种实质性功能，如输入、显示、运算、数据采集、输出控制、定时、通信、报警等模块；主控模块(监控)用于组织管理、协调各模块之间及与操作者间的关系，使系统按要求完成指定的功能。

(2) 模块间的关系。规定各模块之间的接口关系，包括接口参数的数据类型和结构、运行状态标志、存储单元分配表、每个模块的输入/输出参数表、每个模块调用时的条件、模块间相互调用时对标志和参数的影响、堆栈应保存的内容等。

### 3. 确定算法

确定算法是软件非常重要的工作。不同功能块或同一功能块有多种算法，必须在达到功能要求的基础上，力求流程结构简单、算法可靠。

### 4. 画流程图

画出结构清晰、简洁、合理的各功能模块的详细流程图，对系统资源作具体的分配和详细说明。流程图包括主控、数据采集、人机对话、数据存储、数据处理、输出控制、报警、自检自诊断、自补偿、自适应、自校准、自学习等。

### 5. 编写程序

再次明确系统资源(如标志位、存储单元、堆栈单元、显示等)的分配，采用不同的语言书写程序。

# 10.4 单片机应用系统设计实例

## 10.4.1 系统设计要求

对于单片机的实时控制和智能仪表等应用系统，被测对象的有关参数往往是一些连续变化的模拟量，如温度、压力、流量、位移等。这些模拟量必须转换成数字量后，才能输入到单片机中进行处理。有时还要求将处理的结果转换成模拟量，驱动相应的执行机构，以实现对被控对象的控制，并要求通过键盘进行设置以显示输出等。

下面是一个 8 路模拟量实时数据采集系统的主要功能和技术指标。

### 1. 主要技术指标

(1) 模拟量输入范围 0～5 V。

(2) 采集精度±10 mV。

(3) 模拟量输出范围 0～5 V。

(4) 输出精度±10 mV。

(5) 工作电压±15 V。

### 2. 主要功能

(1) 每隔 0.5 s 对 8 路模拟信号巡回采集 1 次。

(2) 具有数据存储功能。

(3) 能够实时显示模拟量输入电压值。

(4) 具有键盘输入选择通道显示。

(5) 具有打印功能。

## 10.4.2　系统硬件设计

### 1. 系统的组成

根据系统的主要技术指标和功能可知，本系统为一个 8 路数据实时采集系统，系统选用 AT89C52 单片机为主机。由于 AT89C52 片内具有 8 KB 的程序存储器，因此系统不需要外部扩展程序存储器。AT89C52 片内虽然有 256 字节的 RAM，但对于数据采集系统来说，由于需要存储大量的实时采集的数据，因此系统可外扩一个 8 KB 的 6264 作为数据存储器，也可采用 74LS373 作为地址锁存器。本系统要求对 8 路模拟量信号进行信号循环采集，系统选用具有 8 路模拟输入的 A/D 转换器 ADC0809，1 路 D/A(DAC0832)转换输出。系统选用 HD7279 键盘、显示器接口芯片来管理 8 位 LED 显示器及 2×8 键盘输入，采用可编程 I/O 接口芯片 8155 完成与打印机 PP40 的连接。系统总体结构框图如图 10-3 所示。

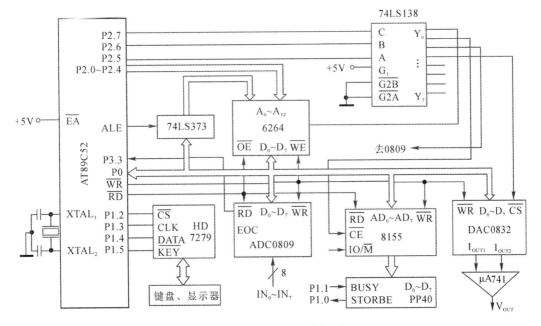

图 10-3　系统总体结构框图

### 2. 系统的工作原理

本系统设计采用定时采样控制方式进行工作，每隔 0.5 s 对 8 路模拟量进行巡回采集 1 次。系统开始工作后，CPU 启动定时器 T0，定时 50 ms，定时器定时到使 26H 单元加 1，当 26H 单元加到 10 即 0.5 s 后，开始启动 A/D 转换器分别对 8 路模拟量进行转换，将转换的数据依次存入 RAM 中。同时，根据键盘输入的命令将对应路数的采集数据送至显示缓冲区，经 LED 显示出来，并送 D/A 转换器输出。当 RAM 中数据存满后，关闭定时器。

### 3. 系统的硬件设计

#### 1) 键盘、显示器电路设计

如图 10-4 所示，采用 8 只共阴极 LED 显示器及 16 个按键组成 2×8 矩阵键盘，由 7279 控制实现键盘、显示器的扫描。在键盘电路的 16 个按键中，系统定义了 10 个数字键、6 个功能键，本系统只使用了两个功能键：打印键和显示切换键。

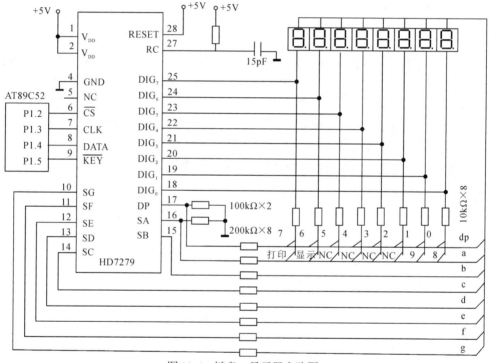

图 10-4　键盘、显示器电路图

#### 2) A/D 转换器的选择

目前 A/D 转换器的种类很多，但是它们在精度、速度和价格上的差别很大。系统中因为需对 8 路模拟量信号进行循环采集，所以选用 ADC0809 A/D 转换器，其在精度、速度和价格等方面都属于中等。这对一般实时控制、数据采集系统来讲是合适的。ADC0809 有 8 个模拟量输入，通过编程控制，可任意接通其中的一路进行 A/D 转换，并可得到相应的 8 位二进制数字量。由于 ADC0809 要求转换的时钟频率不能高于 640 kHz，本系统采用 500 kHz(当频率为 500 kHz 时，ADC0809 的转换时间约为 128 μs)。本系统单片机的晶振采用 12 MHz，通过对单片机的 ALE 信号 4 分频得到 500 kHz 的时钟信号给 ADC0809。A/D 转换器与单片机的接口电路如图 10-5 所示。

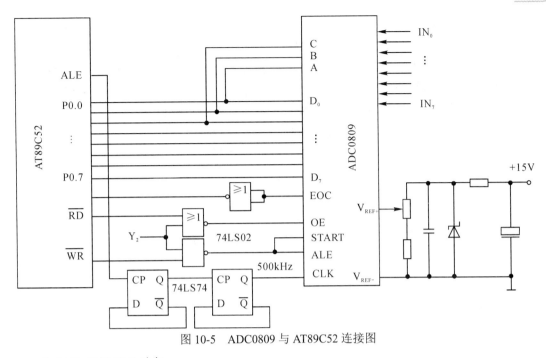

图 10-5 ADC0809 与 AT89C52 连接图

3) D/A 转换器的选择

对 D/A 转换器, 常用的有并行输入及串行输入的 D/A 转换器。考虑到串行 D/A 转换器的转换速度较低, 本系统选用并行输入的 8 位 D/A 转换器 DAC0832。DAC0832 内部由 8 位数据输入寄存器、8 位 DAC 寄存器和 8 位 D/A 转换器 3 部分组成, 它是电流输出型的, 即将输入的数字量转换成模拟电流输出。$I_{OUT1}$ 与 $I_{OUT2}$ 的和是常数, 它们的值随 DAC 寄存器的内容呈线性变化。但是, 在单片机应用系统中, 常常需要电压信号输出, 为此, 将输出的电流通过运算放大器 μA741, 即可得到转换输出的电压, 如图 10-6 所示。

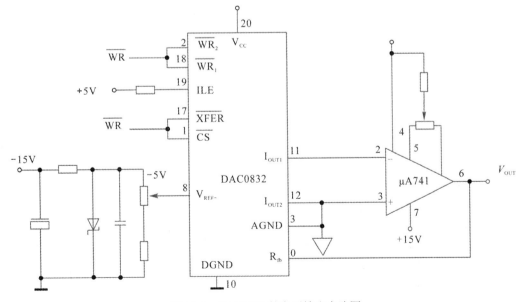

图 10-6 DAC0832 的电压输出电路图

4) 打印机的选择

在单片机系统中，经常选用微型打印机，如 PP40、GP16 等。本系统选用 PP40 微型彩色打印机，其接口简单、功能强，能打印 ASCII 码字符和绘制各种彩色图案。单片机通过 8155 的 PA 口输出要打印的数据 PP40 打印机的数据输入端，当单片机向 PP40 输出选通信号 STROBE 时，数据就输入到 PP40，并启动 PP40 打印机的机械装置，进行打印或绘图。当 PP40 正在打印(或绘图)时，其状态输出线 BUSY 呈现高电平，空闲时输出低电平，因此，BUSY 可作为中断请求线或供 CPU 查询用。PP40 打印机和 8155 的连接如图 10-7 所示。

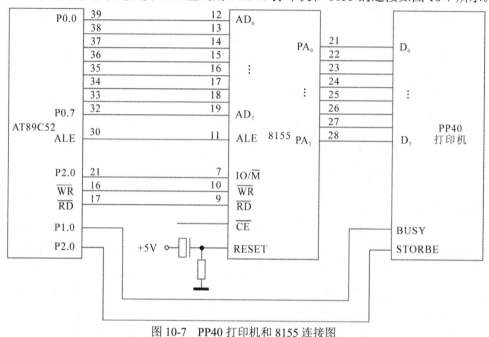

图 10-7 PP40 打印机和 8155 连接图

## 10.4.3 系统软件设计

### 1. 存储器及 I/O 口地址分配

系统软件设计采用模块化结构。整个程序由主程序、显示子程序、定时采样子程序、打印子程序等模块组成。

由于 AT89C52 单片机内有 256 字节的 RAM，且高 128 字节的 RAM 只能采用间接寻址方式，因此本系统将堆栈顶地址设置在片内 RAM 数据缓冲区 0A0H，显示缓冲区设置在片内 RAM 的 40H～47H 单元。

MCS-51 单片机系统中，片外 RAM 及 I/O 口存储空间的地址是统一编址的。本系统采用 1 片 74LS138 地址译码器实现对片外 RAM 及 I/O 接口的地址译码，其中，74LS138 译码器的译码输入端 C、B、A 分别接单片机的 P2.7、P2.6、P2.5，则其译码器输出端对应的口地址为：$\overline{Y_0}$ = 0000H～1FFFH；$\overline{Y_1}$ = 2000H～3FFFH；$\overline{Y_2}$ = 4000H～5FFFH；$\overline{Y_3}$ = 6000H～7FFFH。

(1) 根据硬件电路的连接，系统中 RAM 及 I/O 接口地址分配如下：

6264RAM 的地址设定为 0000H～1FFFH。

8155：状态口　　　3F00H

```
        RAM          3E00H～3EFFH
        A 口          3F01H
        B 口          3F02H
        C 口          3F03H
0809：口地址          5FFFH
0832：口地址          7FFFH
```

(2) 在键盘电路中，键盘中各键对应的键号及键值如表 10-1 所示。

表 10-1 键盘中各键对应的键号及键值

| 键 号 | 键 值 | 键 号 | 键 值 | 键 号 | 键 值 |
|---|---|---|---|---|---|
| 0 | 07H | 6 | 37H | C(NC) | 26H |
| 1 | 0FH | 8 | 3FH | D(NC) | 2EH |
| 2 | 17H | 8 | 06H | E(路数键) | 36H |
| 3 | 1FH | 9 | 0EH | F(打印键) | 3EH |
| 4 | 27H | A(NC) | 16H | | |
| 5 | 2FH | B(NC) | 1EH | | |

## 2. 程序设计

(1) 主程序。主程序的流程如图 10-8 所示。

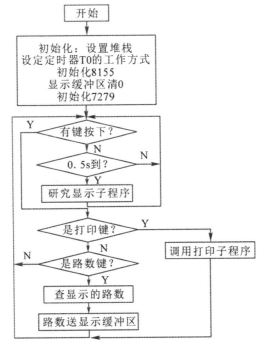

图 10-8 主程序流程图

主程序如下：

```
        DAT    BIT    P1.4              ; 7279 的 DATA 口为 P1.4
```

```
           KEY    BIT    P1.5            ; 7279 的 KEY 口为 P1.5
           CS     BIT    P1.2            ; 7279 的 CS 口为 P1.2
           CLK    BIT    P1.3            ; 7279 的 CLK 口为 P1.3
           ORG    0000H
           LJMP   START
           ORG    000BH
           LJMP   T0     INT             ; T0 中断服务程序入口
   START:  MOV    R7, #59H                ; 延时 25ms
   LOOP:   MOV    R7, #255H               ; 确保系统中其他硬件复位
   LOOP2:  DJNZ   R6, LOOP2
           DJNZ   R7, LOOP1
           MOV    SP, #A0H                ; 定义堆栈
           MOV    TMOD, #01H              ; 定义定时器工作方式
           MOV    TL0, #B0H               ; T0 初值，定时为 50ms
           MOV    TH0, #3CH
           SETB   TR0                     ; 启动定时器
           SETB   EA                      ; 开中断
           MOV    DPTR, #3F00H            ; 初始化 8155
           MOV    A, #03H                 ; PA、PB 口为输出，PC 口为输入
           MOVX   @DPTR，A
           MOV    R0, #40H                ; 显示缓冲区清 0
           CLR    A
   ML0:    MOV    @R0, A
           INC    R0
           CJNE   R0, #48H, ML0
           MOV    30H, #10100100B         ; 7279 复位命令
           LCALL  SEND                    ; 调用串口通信子程序
           SETB   CS                      ; 恢复 CS 为高电平
           MOV    R1, #40H                ; 显示缓冲区首地址为 R1
           LCALL  DISP                    ; 调用显示子程序
           CLR    A
           MOV    20H, A                  ; 20H、21H 暂存片外 RAM 地址
           MOV    21H, A
           MOV    26H, A                  ; 采用时间计时单元
           MOV    25H, A                  ; 25H 为 50ms 计数单元
           MOV    24H, A                  ; 当前显示路数暂存单元
   MAIN:   JNB    KEY, ML5                ; 有键按下吗？无，跳出
           MOV    30H, #00010101B         ; 有，发送键盘指令
           LCALL  SEND                    ; 调用串口发送子程序
```

```
        LCALL   RECEIVE            ; 调用串口接收子程序
        SETB    CS                 ; 恢复 CS 为高电平
        MOV     A, 31H             ; 键值送 A
        CJNE    A, #3EH, ML1       ; 是打印机键吗?
        LCALL   PRINT              ; 是打印机键, 打印子程序调用
        MOV     25H, #00H          ; 50 ms 计数单元清 0
        LJMP    MAIN               ; 返回主程序
ML1:    CJNE    A, #36H, MAIN      ; 是路数键吗? 否, 则返回
ML2:    JB      KRY, ML2           ; 是, 等待按下数字键
        MOV     30, #00010101B     ; 有键按下, 发送对键盘命令
        LCALL   SEND               ; 调用串行发送子程序
        LCALL   RECEIVE            ; 调用串行接收子程序
        SETB    CS                 ; 恢复 CS 为高电平
        MOV     A, #00H            ; 取键号
        MOV     R6, #00H           ; 暂存键号
        MOV     R7, #00H           ; 只查 0~7 数字键
        MOV     DPTR, #TAB1        ; 键值表首地址送 DTPR
ML3:    MOVC    A, @A+DTPR         ; 查表
        CJNE    A, 31H, ML4        ; 键值相同? 否, 转 ML4
        MOV     24H, R6            ; 相同, 键号送 24 单元
        MOV     25H, #00H          ; 50 ms 计数单元清 0
        LJMP    MAIN               ; 返回主程序
ML4:    INC     R6                 ; 键号加 1
        INC     A                  ; 查下一个键
        DJNZ    R7, ML3            ; 0~7 号键查完
        LJMP    ML2                ; 全部查完, 不是 0~7 号键, 转至 ML2
ML5:    MOV     A, 25H             ; 判断 0.5 s
        CLR     C
        SUBB    A, #0AH
        JC      ML6                ; 0.5 s 到?
        MOV     25H, #00H          ; 每隔 0.5 s 刷新一次显示
        LCALL   DISP               ; 调用显示子程序
ML6:    LJMP    MAIN               ; 返回主程序
```

(2) 显示子程序

程序如下:

```
DISP:   MOV     R3, #10000000B     ; 下载数据且译码指令(第 0 位)
        MOV     R4, #08H           ; 8 位显示器
        MOV     R0, #40H           ; 显示缓冲区首地址
DISP1:  MOV     30H, R6            ; 发送命令
```

| | | |
|---|---|---|
| LCALL | SEND | ;调用串行发送子程序 |
| MOV | 30H, @R0 | ;发送数据 |
| LCALL | SEBD | ;调用串行发送子程序 |
| INC | R3 | ;指向下一个显示器 |
| INC | R0 | ;指向下一位显示数据 |
| DJNZ | R4, DISP1 | ;8位发送完 |
| SETB | CS | ;恢复 CS 为高电平 |
| RET | | ;子程序返回 |

(3) T0 中断服务。中断服务流程如图 10-9 所示。

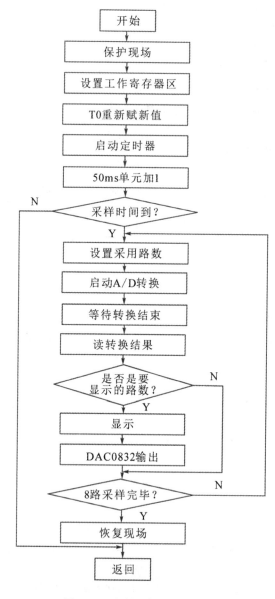

图 10-9　中断服务程序流程图

程序如下：

```
    ; T0 中断服务程序：
T0 INT: PUSH   PSW                      ; 保护现场
        PUSH   ACC
        PUSH   DPL
        PUSH   DPH
        SETB   PSW.3                    ; 设置工作寄存器区为 1 区
        CLR    PSW.4
        MOV    TL0, #B0H                ; 重置定时计数初值
        MOV    TH0, #3CH
        SETB   TR0                      ; 继续启动定时器
        INC    25H                      ; 50 ms 单元加 1
        INC    26H                      ; 采样时间单元加 1
        MOV    A, 26H
        CLR    C
        SUBB   A, #0AH                  ; 0.5 s 到？
        JNC    ST                       ; 采样时间到，进行 A/D 转换
        LJMP   CCT2                     ; 否，退出
ST:     MOV    26H, #00H                ; 采样时间单元清 0
        MOV    R7, #08H                 ; 采样 8 路
        MOV    R6, #00H                 ; 第 0 路
CCT:    MOV    DPTR, #5FFFH             ; ADC0809 口地址
        MOV    A, R6                    ; 选择转换通道
        MOVX   @DPTR,A                  ; 启动 A/D 转换
        LCALL  DELAY                    ; 延时等待
        JNB    P3.3, $                  ; EOC 是否变为高电平
        MOVX   A, @A+DPTR               ; 读取 A/D 转换的通道数
        MOV    R5, A                    ; 暂存结果到 R5
        MOV    A, R6                    ; 取 A/D 转换的通道数
        CJNE   A, 24H, CCT1             ; 是否为当前要显示及输出的路数
        MOV    A, R5                    ; 取转换结果，送显示缓冲区
        ANL    A, #0FH                  ; 拆字
        MOV    40H, A                   ; 显示
        MOV    A, R5
        SWAP   A
        ANL    A, #0FH
        MOV    41H, A
        MOV    42H, #0AH
```

```
            MOV     43H, #0AH
            MOV     44H, 24H
            MOV     45H, #0FH
            MOV     46H, #0FH
            MOV     47H, #0FH
            MOV     DPTR, #7FFFH        ; 0832 口地址
            MOV     A, R5               ; D/A 输出
            MOVX    @DPTR, A
CCT1:       MOV     A, R5               ; 准备存储转换结果
            MOV     DPL, 20H            ; 取 RAM 地址指针
            MOV     DPH, 21H
            MOVX    @DPTR, A            ; 存结果
            INC     DPTR                ; 修改 RAM 地址指针
            MOV     20H, DPL            ; 保存地址指针
            MOV     21H, DPH
            INC     R6                  ; 修改通道数
            DJNZ    R7, CCT             ; 8 路采样完毕?
            MOC     A, 21H              ; 8 路采样完
            CLR     C
            SUBB    A, #20H
            JC      CCT2                ; RAM 地址 < 1FFFH 继续采样
            CLR     EA                  ; RAM 地址 > 1FFFH 关中断
            CLR     TR0
            MOV     43H, #0AH           ; 显示器显示 "——"
            MOV     42H, #0AH
            MOV     41H, #0AH
            MOV     40H, #0AH
CCT2:       POP     DPH                 ; 恢复现场
            POP     DPL
            POP     ACC
            POP     PSW
            RETI
DELAY:      MOV     R3, #64H            ; 延时 128 μs
            DJNZ    R3, $
            RET
```

(4) 打印子程序。

程序如下：

```
PRINT: MOV    27H, #FFH                ; 将 0000H～00FFH 中内容逐个打印输出
```

```
              MOV     28H, #0FFH
LOK:   SETB    P1.1                  ; 启动打印机
              MOV     DPL, 27H
              MOV     DPL, 28H
              INC     DPTR                 ; 修改地址
              MOVX   A, @DPTR
              MOV     R7, A                ; 取打印数到 R7
              MOV     27H, DPL             ; 保存打印地址
              MOV     28H, DPL
              MOV     A, R7
              ANL     A, #0F0H             ; 取打印的高半字节
              SWAP    A
              MOV     R2, A
              LCALL   ASC                  ; 十六进制转换成 ASCII
              MOV     A, R2
              MOV     22H, A
              LCALL   LPST                 ; 打印驱动程序
              MOV     A, R7
              ANL     A, #0FH              ; 取打印的低半字节
              MOV     R2, A
              LCALL   ASC                  ; 十六进制转换成 ASCII
              MOV     A, R2
              MOV     22II, A
              LCALL   LPST                 ; 打印驱动程序
              MOV     A, #0DH              ; 回车
              MOV     22H, A
              LCALL   LPST
              MOV     A, #1DH              ; 换色
              MOV     22H, A
              LCALL   LPST                 ; 打印驱动程序
              DJNZ    R3, LOK
              RET
                                           ; 打印驱动程序
LPSTS: SETB    C
              ANL     C, P1.0              ; 判断打印机忙吗?
              JNC     REL1                 ; 不忙, 转
              LJMP    LPST
REL1:  PUSH    DPL
              PUSH    DOH
```

```
        PUSH    PSW
        PUSH    ACC
        MOV     A, 22H
        MOV     DPTR, #3F01H
        MOV     @DPTE, A
        CPL     P1.1
        NOP
        NOP
        NOP
        CPL     P1.1
        POP     ACC
        POP     PSW
        POP     DPH
        POP     DPL
        RET
; 十六进制转换成 ASCII 码程序
ASC:    MOV     A, R2
        ADD     A, #F6H         ; 将待转换的数据+246，判断是否有进位
        MOV     A, R2           ; 有无进位判断是否大于 10
        JNC     AD30
        ADD     A, #07H         ; 无进位，只加 30H
AD30:   ADD     A, #30H         ; 有进位，加 37H
        MOV     R2, A
        RET
; 发送串行数据到 HD7279
SEND:   MOV     R7, #08H        ; 发送次数
        CLR     CS              ; 置 CS 为低电平
        LCALL   LONG_DLY        ; 延时
        MOV     A, 30H
SEND_LP: RLC    A               ; 输出 1 位
        MOV     DAT, C
        SETB    CLK             ; 置 CLK 为高电平
        LCALL   LONG_DLY        ; 延时
        CLR     CLK             ; 置 CLA 为低电平
        DJNZ    R7, SEND_LP     ; 8 位是否发送完毕
        RET
; 从 HD7279 接收 1 个字节
RECEIVE: MOV    R7, #08H        ; 接收次数
        SETB    DAT             ; 置 DAY 为高电平(输入状态)
```

```
                LCALL   LONG_DLY            ; 延时
    REC_LP:     SETB    CLK
                LCALL   SHORT_DLY           ; 短延时
                RL      A                   ; 数据左移
                MOV     C, DAT              ; 读取 1 位
                MOV     ACC.0, C            ; 保存
                CLR     CLK
                LCALL   SHORT_DLY
                DJNZ    R7, REC_LP          ; 8 位是否接收完毕
                MOV     31H, A
                RET
    LONG_DL:    MOV     R6, #25H            ; 50 μs 延时
                DJNZ    R6, $
                RET
    SHORT_D:    MOV     R5, #4H             ; 8 μs 延时
                DJNZ    R5, $
                RET
    TAB:        DB      07H, 0FH, 17H, 1FH, 27H, 2FH, 37H, 3FH
                DB      06H, 0EH, 16H, 1EH, 26H, 2EH, 36H, 3EH
                END     START
```

## 知识拓展

　　功以才成，业由才广。培养造就大批德才兼备的高素质人才，是国家和民族长远发展的大计。党的第二十次全国代表大会报告中提出，我们要深入实施人才强国战略。

　　单片机的应用对人才强国的作用是不可忽视的，它可以培养和锻炼人才的创新能力、实践能力和综合素质。首先，在创新能力方面，使用者需要根据不同的需求进行灵活的设计开发，以实现各种复杂的功能和效果，在不断通过尝试和改进解决各种问题的同时，可以拓宽自己的知识面和视野，提高自己的创新能力和水平。其次，在实践能力方面，由于单片机的应用涉及硬件设计、软件编程、电路连接、调试测试等多个环节，每个环节都需要使用者亲自动手参与，在使用者通过实践来检验理论和设计是否正确有效的过程中，可以增强自己的动手能力和实践能力，提高自己的工程素养和质量意识。最后，在综合素质方面，单片机的应用是一个综合性的过程，它需要使用者具有跨学科、跨领域、跨界别的知识和能力，在使用者与其他专业和行业进行有效沟通和协作，共同完成一个项目或任务的过程中，可以提升自己的沟通能力、协作能力等综合素质。

　　因此，单片机的应用可以从多个方面培养和锻炼人才，为国家的科技进步和经济发展提供强大的支撑。对于我们而言，掌握单片机应用系统设计的步骤和方法，并且独立完成

中、小型应用系统的开发和研制，是帮助我们成为单片机方向的专业人才，为国家的发展作出贡献的重要途径。

# 习　　题

## 1. 填空题

(1) 应用系统的功能主要是指_____、_____和_____。

(2) 应用系统的技术指标主要包括_____。

(3) 按照在应用系统中的作用，软件的模块可分为_____和_____两类。

(4) 软件的状态标志的作用主要是_____和_____。

(5) 典型应用系统的硬件结构主要包括_____、_____、_____、_____、_____、_____。

(6) 应用系统的_____是系统最重要的一个指标，必须贯穿于整个设计过程中，在_____设计和_____设计中都必须充分考虑。

## 2. 简答题

(1) 简答进行需求分析的要点及需求分析报告的内容。

(2) 试述总体设计方案的内容。

(3) 怎样实现软件和硬件的协调优化设计？

(4) 你是怎样理解模块化设计的？

(5) 你是怎样理解自上而下的分层设计方法的？

(6) 你是怎样理解系统资源的？它包括哪些内容？

(7) 试述系统调试的步骤及内容。

(8) 硬件抗干扰可以采用哪些措施？

(9) 软件抗干扰可以采用哪些措施？

## 3. 设计题

试设计一个采用单片机控制的电热恒温培养箱，可应用于科研机构及医院作为细菌培养，或用于育种发酵及其他恒温试验。培养箱加热功率范围为 200～700 W，容积为 350 mm × 350 mm × 400 mm，电源为交流 220 V，温度控制范围为室温至 99℃，升温速度为 0.5℃/min，温度控制精度为 ±0.5℃。根据电热恒温培养箱的指标，对以单片机组成的恒温控制系统提出以下要求。

(1) 温度设置：2 位十进制数。

(2) 温度显示：3 位十进制数。

(3) 打印输出：标准并行口。

(4) 控温范围：室温至 99℃。

(5) 控制方式：数字式 PID 调节。

(6) 控制精度：< ±0.5℃。

# 单片机项目实验

单片机项目实验

# 参 考 文 献

[1] 何业民. MCS-51 系列单片机应用系统设计[M]. 北京：北京航空航天大学出版社，1900.

[2] 李广第，等. 单片机基础[M]. 3 版. 北京：北京航空航天大学出版社，2008.

[3] 王幸之，等. AT89 系列单片机原理与接口技术[M]. 北京：北京航空航天大学出版社，2005.

[4] 夏路易. 单片机原理及应用[M]. 北京：电子工业出版社，2010.

[5] 张培任. 基于 C 语言编程 MCS-51 原理与应用[M]. 北京：清华大学出版社，2003.

[6] 薛均义，等. 单片微型计算机及应用[M]. 西安：西安交通大学出版社，1990.

[7] 杨文龙. 单片机原理及应用[M]. 西安：西安电子科技大学出版社，2000.

[8] 王幸之，等. 单片机应用系统抗干扰技术[M]. 北京：北京航空航天大学出版社，2000.

[9] 何立民. 单片机高级教程[M]. 北京：北京航空航天大学出版社，2000.

[10] 何立民. $I^2C$ 总线应用系统设计[M]. 北京：北京航空航天大学出版社，1995.

[11] 陈忠孝. 单片机原理与应用[M]. 西安：西北大学出版社，2011.

[12] 李朝青. 单片机原理及接口技术[M]. 北京：北京航空航天大学出版社，1998.

[13] 李华. MCS-51 系列单片机实用接口技术[M]. 北京：北京航空航天大学出版社，1993.

[14] 杨恢先. 单片机原理及应用[M]. 北京：人民邮电出版社，2007.

[15] 李群芳. 单片微型计算机与接口技术[M]. 北京：电子工业出版社，2005.

[16] 周广兴，张子红. 单片机原理及应用教程[M]. 北京：北京大学出版社，2010.

[17] 刘训飞，陈希. 单片机技术及应用[M]. 北京：清华大学出版社，2010.

[18] 马忠梅，籍顺心，张凯，等. 单片机的 C 语言程序应用程序设计[M]. 北京：北京航空航天大学出版社，2000.

[19] 杨学昭，王东云. 单片机原理接口技术及应用(含 C51)[M]. 西安：西安电子科技大学出版社，2009.

[20] 高锋. 单片微型计算机原理与接口技术[M]. 2 版. 北京：科学出版社. 2008.

[21] 姜志海，刘连鑫，王蕾. 嵌入式系统基础：单片微型计算机原理及应用[M]. 北京：机械工业出版社，2009.